共立叢書
現代数学の潮流

可積分系の機能数理

中村 佳正 著

<u>編集委員</u>
岡本 和夫
桂　 利行
楠岡 成雄
坪井　 俊

共立出版株式会社

刊行にあたって

　数学には，永い年月変わらない部分と，進歩と発展に伴って次々にその形を変化させていく部分とがある．これは，歴史と伝統に支えられている一方で現在も進化し続けている数学という学問の特質である．また，自然科学はもとより幅広い分野の基礎としての重要性を増していることは，現代における数学の特徴の一つである．

　「21世紀の数学」シリーズでは，新しいが変わらない数学の基礎を提供した．これに引き続き，今を活きている数学の諸相を本の形で世に出したい．「共立講座　現代の数学」から30年．21世紀初頭の数学の姿を描くために，私達はこのシリーズを企画した．

　これから順次出版されるものは，伝統に支えられた分野，新しい問題意識に支えられたテーマ，いずれにしても，現代の数学の潮流を表す題材であろう，と自負する．学部学生，大学院生はもとより，研究者を始めとする数学や数理科学に関わる多くの人々にとり，指針となれば幸いである．

編集委員

はじめに

　本書の起点は，1998年3月2日，春先の共立出版社編集部にて山口昌哉先生，広田良吾先生，岡本和夫先生，共立出版の坂野一寿氏，赤城圭氏から新しい数学書のシリーズの出版計画をうかがった日に遡る．20世紀を振り返り，ミレニアムをどう迎え，また，新世紀はどのような時代になるのか，様々な気分が渦巻いていた頃である．「今世紀中に果たして書けるのだろうか」とやや不安であったが，これはお引き受けする他はないと感じた．その夜，同宿の山口先生からホテルのバーで様々なお話をうかがうことができた．山口先生とはそれまでゆっくりお話する機会はなかったが，この夜，世代や分野の違いを越えて数学に対する感じ方，考え方が非常に近いのに驚いた．同じ課題を30年も前に徹底的に考え抜いた先達がそこにいた．世紀末の昂揚の中で，部屋に帰りひとつひとつの言葉を夢中で手帳にメモしたものである．

　山口先生はその年の暮れ，にわかに不帰の客となった．これに伴い，先生が企画したシリーズは中止となったが，その精神は新シリーズ「現代数学の潮流」へと受け継がれた．また，出版を通じて日本の文化を育むことに心血を注いだ坂野氏もしばらくして故人となった．本書の上梓を真っ先に報告すべき人を失い残念という他はない．20世紀のアカデミズムを両面から支えてきたお二人に心から敬意を表したい．

　可積分系研究の理論的進展をふまえ，成果の多方面への応用を図ることで，その妥当性を検証したい．そのころ計画を温めていたのが研究仲間との「可積分系の応用数理」の分担執筆である．可積分系の応用数理的側面についての様々なアプローチを解説した専門書である．私はその中で，第5章，可積分系とアルゴリズムを担当し，アルゴリズムと関係がある様々な可積分系の分類を行っている．「…の応用数理」の共同作業は順調に進み，裳華房から2000年の刊行をみた．可積分系とアルゴリズムの意外な結びつきは，可積

分系がもつ新しい数理構造として多くの興味を引いたが，あくまで可積分系研究におけるトピックであった．既知のアルゴリズムの新しい解釈に過ぎなかった．この頃は，実はまだ可積分系に基づいて開発した新しいアルゴリズムが，既存のアルゴリズムを上回るもの，実用段階に達したものになっていなかったのである．

数学の応用というからには，数学を深く考えたからこそ達成できたという価値がほしい．単に（物理学，生物学などを含む）応用分野から問題をもらって数学の理論を構築しました，というだけでは，もらいっぱなしの一方通行のようで物足りない．そこは山口先生の考え方と微妙にずれるところだけれども，本シリーズの目指す「今を活きている数学」のひとつの姿と思う．

本書の構想は早々と決まり，仮のタイトルは「可積分系の機能的数理(Functionality of Integrable Systems)」となった．可積分系に本来備わっている「機能」を解明することで，数学の内外にある未解決問題の解決に真に役立てたいのである．「機能数理」は筆者の造語であったが，その後，21世紀COEで「機能数理」を使う大学が出てきて，言葉として定着した感がある．

定着が遅れたのは本書の「なかみ」である．前述の「可積分系の応用数理」で広く浅く書いた延長上に，ある可積分系，あるアルゴリズムに限って200ページにわたって詳しく書き，しかも，可積分アルゴリズムが実用段階に達したことを読者に報告しなければならない．その後の5年間は本書を構想通りに仕上げるために研究を続けてきたといってよい．幸い，岩﨑雅史氏をはじめとする研究協力者と科学技術振興機構(JST)からの研究費の援助を得て研究が展開し，ここに本書が完成した．関係各位に感謝したい．

2006年3月

中 村 佳 正

目 次

第 1 章　序論　　　　　　　　　　　　　　　　　　　　　　　　1

第 2 章　モーザーの戸田方程式研究：概観　　　　　　　　　　14
　1. 有限非周期戸田方程式 14
　2. 戸田方程式の可積分性 16
　3. 戸田方程式の解の挙動 26
　4. 戸田方程式と固有値計算の QR アルゴリズム 28
　5. 戸田方程式階層 30
　6. 戸田方程式と QR アルゴリズム－再考－ 35
　7. 有理関数空間の幾何学と戸田型方程式 39
　8. 戸田方程式のタウ関数解 44
　9. 可積分な勾配系としての戸田方程式 47

第 3 章　直交多項式と可積分系　　　　　　　　　　　　　　　51
　1. 直交多項式の基礎 51
　2. クリストフェル・ダルブーの公式 63
　3. 直交多項式の零点 67
　4. 直交多項式，連分数とパデ近似 70
　5. モーザーの研究と直交多項式 79

第 4 章　直交多項式のクリストフェル変換と qd アルゴリズム　84
　1. 直交多項式のクリストフェル変換 84
　2. クリストフェル変換と不等間隔離散戸田方程式 90
　3. 対称な直交多項式のクリストフェル変換 97
　4. ルティスハウザーの qd アルゴリズム 102

5. qd アルゴリズムによる行列の固有値計算 112
　　6. qd アルゴリズムによる連分数展開とパデ近似 118

第 5 章　dLV 型特異値計算アルゴリズム　　128
　　1. 行列の特異値と特異値分解 128
　　2. qd アルゴリズム型特異値計算アルゴリズム 133
　　3. dLV アルゴリズムによる特異値計算 138
　　4. dLV アルゴリズム：基本的性質 144
　　5. シフト付き dLV アルゴリズム mdLVs 156
　　6. mdLVs アルゴリズム：収束定理 166
　　7. mdLVs アルゴリズム：収束次数 171
　　8. mdLVs アルゴリズム：数値実験 175
　　9. まとめ 179

第 6 章　特異値分解 I-SVD アルゴリズム　　183
　　1. 種々の特異値分解アルゴリズム 183
　　2. dLV 型変換による 2 重コレスキー分解 188
　　3. ツイスト分解による特異ベクトル計算 194
　　4. I-SVD アルゴリズム：数値実験 196
　　5. おわりに 200

第 7 章　結論　　201

参考文献　　205
索　引　　213

1

序論

　ソリトンと無限次元可積分系の発見以来，約 40 年が経過している．この間，可積分系研究において「ラックス表示」と「タウ関数」という重要な数学的概念が導入され，可積分系の解析のために，計算機シミュレーションを含む様々な数学的手法が開発された．可積分系研究の進展により，1980 年前後からは，逆に，このような数学的手法を数学，数理科学の多くの領域に応用する動きも出はじめた．理論的成熟に伴って新しい応用が芽生えるのである．本書で述べる数値計算アルゴリズムへの応用もそのような研究のひとつである．ここでは，「直交多項式」という可積分系研究におけるもうひとつのキーワードを使って，いかに可積分系とアルゴリズムが深い関わりをもつかを概観する．意外なことに，可積分系とアルゴリズムの出合いはソリトンの発見のさらに 10 年前にさかのぼる．

　よく知られているように，無限次元可積分系の研究は，1965 年のザブスキーとクルスカル (Zabusky, Kruskal) による **KdV 方程式** (KdV equation)

$$\frac{\partial u}{\partial t} + 6u\frac{\partial u}{\partial x} + \frac{\partial^3 u}{\partial x^3} = 0, \quad u = u(x,t) \tag{1.1}$$

の数値シミュレーション [102] に起源をもつ．彼らの計算機実験において，KdV 方程式によって記述される孤立波は壊れずに進み，衝突を経ても同じ形と速度を保つことが示された．ザブスキーとクルスカルはこの性質をもった波を**ソリトン** (soliton) と名づけた．1967 年には，ガードナー，グリーン，クルスカル，ミウラ (Gardner, Greene, Kruskal, Miura, GGKM)[27] は**逆散乱法** (inverse scattering method) を開発し，KdV 方程式の初期値問題を解いた．その基礎となったのは以下の性質である．KdV 方程式は $\psi = \psi(x,t;\lambda), (\lambda \in \mathbf{R})$ についての 2 つの線形方程式

$$L\psi = \lambda\psi, \quad \frac{\partial \psi}{\partial t} = B\psi, \tag{1.2}$$

ただし,

$$L\psi := \frac{\partial^2 \psi}{\partial x^2} + u\psi, \quad B\psi := -4\frac{\partial^3 \psi}{\partial x^3} - 6u\frac{\partial \psi}{\partial x} - 3\frac{\partial u}{\partial x}\psi \tag{1.3}$$

の**両立条件** (compatibility condition)

$$\frac{dL}{dt} = [B, L], \quad [B, L] := BL - LB \tag{1.4}$$

として表すことができる．(1.2) の第 1 式は量子力学に現れる 1 次元のシュレディンガー (Schrödinger) 方程式である．第 2 式が波動関数 ψ の時間発展を記述するとき，シュレディンガー方程式のポテンシャル関数 $u(x,t)$ は KdV 方程式 (1.1) の解を与える．ある条件を満たす波動関数に対しては，線形積分方程式を解くことでポテンシャル関数を具体的に書き下し，KdV 方程式の多ソリトン解を実際に構成できる．(1.2) を KdV 方程式の**ラックス対** (Lax pair), (1.4) を**ラックス表示** (Lax representation) という．逆散乱法の考え方は，波動関数の時間発展 $\psi(x,0;\lambda) \to \psi(x,t;\lambda)$ の引き起こす KdV 方程式の解の時間発展 $u(x,0) \to u(x,t)$ として

$$
\begin{array}{ccc}
u(x,0) & \xrightarrow{\text{KdV eq.}} & u(x,t) \\
{\scriptstyle L\psi=\lambda\psi}\downarrow & & \uparrow{\scriptstyle L\psi=\lambda\psi} \\
\psi(x,0;\lambda) & \xrightarrow[\partial\psi/\partial t = B\psi]{} & \psi(x,t;\lambda)
\end{array}
$$

と表される．

　GGKM の一連の研究の中で，ミウラ，ガードナー，クルスカル [58] は KdV 方程式を無限次元の力学系とみなし，エネルギー積分や運動量積分を含む無限個の**保存量** (conserved quantities)（運動の定数）をもつことを示した．各保存量の保存密度は，$u(x,t)$ とその x についての高次の導関数からなる定数係数の多項式として表される．続いてザハロフとファデーフ (Zakharov, Faddeev)[103] は，KdV 方程式は適当な**正準変換** (canonical transformation) で自明な可積分系に変換できるという意味で**完全積分可能** (completely integrable) なハミルトン系であることを証明した．それまで，重力場のケプラー (Kepler) の 2 体運動，オイラー (Euler)，ラグランジュ (Lagrange)，コワレフスカヤ (Kovalevskaya) のコマのような限られた力学系しか完全積分可能系は知られていなかった．ソリトン解をもつ可積分系のクラス，**ソリトン方程式** (soliton equations) の発

見により，未知の新しい世界が広がることが認識されはじめた．**無限可積分系** (infinite dimensional integrable systems) の概念の誕生である．

最も重要なソリトン方程式のひとつに，**戸田盛和** (M. Toda) [88] が 1967 年に発見した**無限戸田格子方程式** (infinite Toda lattice equation)

$$\frac{dV_k}{dt} = V_k(J_k - J_{k+1}), \quad \frac{dJ_k}{dt} = V_{k-1} - V_k,$$
$$V_k = V_k(t) > 0, \quad J_k = J_k(t), \quad (k = 0, \pm 1, \pm 2, \ldots) \tag{1.5}$$

がある．ここに，添え字 k は格子番号を表す．戸田格子は，非線形電気回路 [36] など，多くの物理現象を記述する完全積分可能なハミルトン系として知られている．また，一方向に進む波に注目して連続極限をとれば，戸田格子は KdV 方程式に移行する [90]．戸田格子のラックス対

$$V_{k-1}\psi_{k-1} + J_k\psi_k + \psi_{k+1} = \lambda \psi_k,$$
$$\frac{d\psi_k}{dt} = V_{k-1}\psi_{k-1}, \quad \psi_k = \psi_k(t) \tag{1.6}$$

はフラシュカ (Flaschka)[23] により与えられた．これらの線形方程式が両立するとき，関数 $\{V_k, J_k\}$ が戸田格子を満たすことと，パラメータ λ が時間変数 t に依存しないことは同値である．戸田格子に対する逆散乱問題もまたラックス対を通じて解かれている．戸田格子の多ソリトン解は，**広田良吾** (R. Hirota)[36] によって**双線形化法** (bilinear method) を用いて構成された．ソリトン解の存在は $\lim_{|k| \to \infty} V_k(t) = c$ なる境界条件の存在に強く依存している．有限格子，半無限格子，あるいは周期的境界条件のもとでの戸田格子も同様に，解を具体的に書き下すことが可能な可積分系として知られている．ソリトン解は指数関数型であるが，有理関数型，特殊関数型の解も得られている．

ここでは，半無限 $(k = 0, 1, 2, \ldots)$ の場合の戸田格子を取り上げよう．ただし，$V_0(t) = 0$ なる境界条件を課すものとする．ラックス対は半無限 3 重対角行列

$$L\Psi = \lambda \Psi, \quad \frac{d\Psi}{dt} = L_-\Psi, \tag{1.7}$$

$$L := \begin{pmatrix} J_1 & 1 & & & \\ V_1 & J_2 & 1 & & \\ & V_2 & \ddots & \ddots & \\ & & & \ddots & \end{pmatrix}, \quad \Psi := \begin{pmatrix} \psi_1 \\ \psi_2 \\ \psi_3 \\ \vdots \end{pmatrix} \tag{1.8}$$

となるが，ここでは波動関数にも $\psi_1(t) = 1$ なる条件をおく．便宜上，$\psi_0(t) = 0$ とする．L_- は**ラックス行列** (Lax matrix) と呼ばれる L の下 3 角部[1]を表す．ラックス対の両立条件は

$$\frac{dL}{dt} = [L_-, L] \tag{1.9}$$

となる．実際，$L\Psi = \lambda\Psi$ を微分して $d\Psi/dt = L_-\Psi$ と $d\lambda/dt = 0$ を用いれば (1.9) が導かれる．半無限の場合も (1.9) は $d\lambda/dt = 0$ と同値である．この意味で (1.9) は作用素 L の**固有値保存変形** (isospectral deformation) の方程式とみなせる．(1.9) を成分についてみれば，半無限戸田格子

$$\begin{aligned}
\frac{dV_k}{dt} &= V_k(J_k - J_{k+1}), \quad V_0 = 0, \\
\frac{dJ_k}{dt} &= V_{k-1} - V_k, \quad (k = 0, 1, 2, \ldots)
\end{aligned} \tag{1.10}$$

となる．半無限戸田格子は狭い意味でのソリトン方程式ではない．格子力学という物理学的意味はやや希薄になっている．しかし，無限個の保存量をもち，ラックス対に基づく解法や双線形化法により解を具体的に構成できる可積分系の仲間である．そればかりか，本書で述べるように半無限戸田格子は豊かな応用数学的側面をもち，可積分系の機能数理における基礎方程式となっている．以下では，半無限戸田格子を**半無限戸田方程式** (semi-infinite Toda equation) と呼ぶことにする．

λ を実数とする．ラックス対の第 1 式 $\psi_{k+1} = (\lambda - J_k)\psi_k - V_{k-1}\psi_{k-1}$ は，$\psi_k = \psi_k(\lambda)$ の満たす 3 項漸化式とみなすことができる．最初のいくつかを書き下せば

$$\psi_1 = 1, \quad \psi_2 = \lambda - J_1, \quad \psi_3 = \lambda^2 - (J_1 + J_2)\lambda + J_1 J_2 - V_1$$

となる．ψ_k は λ の $k-1$ 次の多項式である．3 項漸化式で定義された無限個の多項式 $\{\psi_k\}_{k=1,2,\ldots}$ は，適当に定めた内積 $\{*,*\}$ について直交関係式 $\{\psi_k, \psi_\ell\} = c_k \delta_{k,\ell}$ を満たす（3 章参照）．ここに，内積は，測度関数 $\mu(\lambda)$，積分路 $F \subset \mathbf{R}$ についての積分汎関数 $\{\psi_k, \psi_\ell\} := \int_F \psi_k \psi_\ell d\mu(\lambda)$ で定まる．このような多項式を**直交多項式** (orthogonal polynomials) といい，例としてはエルミート (Hermite) 多項式，ラゲール (Laguerre) 多項式などがある．

---

[1] $L_- = (\ell_{ij})$ と書くとき，$i - j \leq 0$ であれば $\ell_{ij} = 0$．

直交多項式が同時にラックス対の残りの式 $d\psi_k/dt = V_{k-1}\psi_{k-1}$ を満たせば，3項漸化式の係数 V_k, J_k は，パラメータ t を時間変数とする半無限戸田方程式 (1.10) の解となることになる．この意味で，戸田方程式は直交多項式の1パラメータ変形を記述している．個々の直交多項式に対応して戸田方程式の特殊解を考えることができる．半無限戸田方程式の解の表現には，以下で述べるように，直交多項式の理論が大いに役に立つ．

積分汎関数の定める**モーメント** (moments) を $s_j = \int_F \lambda^j d\mu(\lambda),\ (j = 0, 1, \ldots)$ と書く．モーメントのなす行列式

$$D_k := \begin{vmatrix} s_0 & \cdots & s_{k-1} \\ \vdots & & \vdots \\ s_{k-1} & \cdots & s_{2k-2} \end{vmatrix},\quad \widetilde{D}_k := \begin{vmatrix} s_0 & \cdots & s_{k-2} & s_k \\ \vdots & & \vdots & \vdots \\ s_{k-1} & \cdots & s_{2k-3} & s_{2k-1} \end{vmatrix} \quad (1.11)$$

を考える．ただし，$D_0 = 1, \widetilde{D}_0 = 0$ とおく．D_k は必ず正の値をとる [2]．モーメントを用いると，直交多項式と3項漸化式の係数 V_k, J_k は

$$\psi_k(\lambda) = \frac{1}{D_k} \begin{vmatrix} s_0 & \cdots & s_{k-1} & s_k \\ \vdots & & \vdots & \vdots \\ s_{k-1} & \cdots & s_{2k-2} & s_{2k-1} \\ 1 & \cdots & \lambda^{k-1} & \lambda^k \end{vmatrix},\quad \psi_0 = 1, \quad (1.12)$$

$$V_k = \frac{D_{k-1} D_{k+1}}{D_k^2}, \quad J_k = \frac{\widetilde{D}_k}{D_k} - \frac{\widetilde{D}_{k-1}}{D_{k-1}} \quad (1.13)$$

のように表される．

可積分系において，ラックス対とならぶ重要な概念に双線形化法の主役となる**タウ関数** (tau function) がある．半無限戸田方程式のタウ関数 $\tau_k = \tau_k(t)$ は変数変換

$$V_k = \frac{d^2 \log \tau_k}{dt^2}, \quad J_k = \frac{d\log(\tau_{k-1}/\tau_k)}{dt}, \quad \tau_0 = 1 \quad (1.14)$$

により導入される．この結果，半無限戸田方程式は，双線形形式[2]

$$\tau_k \frac{d^2 \tau_k}{dt^2} - \left(\frac{d\tau_k}{dt}\right)^2 = \tau_{k-1} \tau_{k+1} \quad (1.15)$$

---

[2] (1.15) のような従属変数の2次式となる表現は広田 [40] によって導入され，**双線形形式** (bilinear form) と名づけられた．線形空間の2重線形写像という意味ではない．

に表される (cf. [39]). タウ関数についてみると，可積分系のもつラックス形式とは異なる線形構造が明らかとなる．半無限戸田方程式の場合，$g_0(t)$ を任意の解析関数とし，関数列 g_j を無限個の線形関係式

$$\frac{dg_j}{dt} = g_{j+1}, \quad (j = 0, 1, \ldots) \qquad (1.16)$$

で導入すれば，行列式

$$\tau_k(t) = \begin{vmatrix} g_0 & g_1 & \cdots & g_{k-1} \\ g_1 & g_2 & \cdots & g_k \\ \vdots & \vdots & & \vdots \\ g_{k-1} & g_k & \cdots & g_{2k-2} \end{vmatrix}(t), \quad (k = 1, 2, \ldots) \qquad (1.17)$$

は半無限戸田方程式の双線形形式 (1.15) を満たす [63]．$\tau_k(t)$ は任意関数 g_0 を含む戸田方程式のタウ関数解を与える．特に，$g_0(t)$ として**モーメント母関数** (moment generating function)

$$g_0(t) = \sum_{j=0}^{\infty} \frac{s_j}{j!} t^j \qquad (1.18)$$

を選べば $\tau_k(0) = D_k$ だから，戸田方程式のタウ関数は直交多項式のモーメント母関数の定める行列式に他ならないことがわかる．逆に，各モーメントはタウ関数における任意関数 $g_0(t)$ のテイラー展開の係数 $s_j = d^j g_0/dt^j|_{t=0} = g_j(0)$ として与えられる．1 パラメータ t に依存するモーメント $s_j(t) = d^j g_0/dt^j$ について

$$D_k(t) = \tau_k(t)$$

と書けば，(1.13) と (1.14) は同値となる．

　戸田方程式に対する変数変換 (1.14) の導入により，半無限戸田方程式を双線形形式に変形することで発見されたタウ関数であるが，上で述べたように，直交多項式の行列式表示を通じて自然にその意味が理解できるようになった[3]．同様に，直交多項式に基づいて多くの可積分系の行列式解が構成可能である．そればかりか，逆に，半無限戸田方程式，あるいはその他の可積分系のもつ豊富

---

[3] KdV 方程式や無限戸田格子のタウ関数については，いわゆる**佐藤理論** (Sato theory) (1981 年) に基づく理解がなされている [78, 94]．

な解の情報に基づいた新しい直交多項式や特殊関数の未知の構造の探索なども期待できる.このように,直交多項式との関わりの中から可積分系研究における新しいテーマ群がみえてきた.

戸田方程式は,3項漸化式 $L\Psi = \lambda\Psi$ で定まる直交多項式に,$d\Psi/dt = L_-\Psi$ によって変形パラメータ t をもち込む働きをしているが,このパラメータの意味を考えることもまた重要なテーマである.直交多項式は,連分数や近似理論を通じて数値計算の数学的基礎を与えている.一般に,単なる多項式近似,有理関数近似より,直交多項式を用いた有理関数近似のほうが優れていることが知られている [43].問題は,そのような有理関数をいかに高速,高精度に計算するかである.戸田方程式が導入する変形パラメータは,一方では,直交多項式による有理関数近似の精度を高める変形のパラメータでもある.本書4章では直交多項式の理論に基づいて半無限戸田方程式の**離散化** (discretization) を実行する.この結果,連分数の効率のよい計算法,すなわち,連分数展開アルゴリズムが定式化されることをみる.物理変数に起源をもつパラメータ t がそのままアルゴリズムのステップ数 n に対応することは,不思議であるが,可積分系の機能数理の急所となる大事な対応である.

可積分系の行列式解をもつような離散化そのものは,直交多項式の理論とは無関係に,双線形形式に基づいて発見的に得られていた [37, 38].ここではタウ関数解に基づく半無限戸田方程式の発見的な離散化 [64] を実行してみよう.戸田方程式の**離散類似** (discrete analogue) の導出である.

戸田方程式のタウ関数の最も基礎にある線形関係式 (1.16) に注目する.ε を任意の正数とする.簡単のため,$t = n\varepsilon$ における関数 $g_0(t)$ の値を $g^{(n)}$ と書く.$g^{(n+1)}$ は $g_0(n\varepsilon + \varepsilon)$ を表す.モーメントの1パラメータ変形 $s_j(t) = d^j g_0 / dt^j$ の離散類似を

$$\widetilde{s}_1 := \Delta g^{(n)} = \frac{g^{(n+1)} - g^{(n)}}{\varepsilon}, \quad \widetilde{s}_j := \Delta^j g^{(n)}, \quad (j = 2, 3, \ldots) \qquad (1.19)$$

とおく.Δ は離散変数 n に関する前進差分作用素,$\Delta^j g^{(n)}$ は高階差分である.$t = n\varepsilon$ を保ったまま $\varepsilon \to 0$ とすれば,(1.19) は (1.16) に戻る.

タウ関数 $\tau_k(t)$ の離散類似 $\tau_k^{(n)}$ を

$$\tau_k^{(n)} := \begin{vmatrix} g^{(n)} & \Delta g^{(n)} & \cdots & \Delta^{k-1} g^{(n)} \\ \Delta g^{(n)} & \Delta^2 g^{(n)} & \cdots & \Delta^k g^{(n)} \\ \vdots & \vdots & & \vdots \\ \Delta^{k-1} g^{(n)} & \Delta^k g^{(n)} & \cdots & \Delta^{2k-2} g^{(n)} \end{vmatrix}, \quad (k=1,2,\ldots) \quad (1.20)$$

とおく．ここに，$\tau_0^{(n)} := 1$．行列式の計算により $\tau_k^{(n)}$ は，双線形形式

$$\tau_k^{(n)} \tau_k^{(n+2)} - (\tau_k^{(n+1)})^2 = \varepsilon^2 \tau_{k-1}^{(n+2)} \tau_{k+1}^{(n)} \quad (1.21)$$

を満たすことがわかる．しかし，このままではこの関係式と半無限戸田方程式との関係は自明ではない．ところが，

$$V_k^{(n)} := \frac{\tau_{k-1}^{(n+1)} \tau_{k+1}^{(n)}}{\tau_k^{(n)} \tau_k^{(n+1)}}, \quad J_k^{(n)} := \frac{1}{\varepsilon} \left(1 - \frac{\tau_{k-1}^{(n)} \tau_k^{(n+1)}}{\tau_{k-1}^{(n+1)} \tau_k^{(n)}} \right) \quad (1.22)$$

で定義される変数は，漸化式

$$\Delta V_k^{(n)} = V_k^{(n+1)} J_k^{(n+1)} - V_k^{(n)} J_{k+1}^{(n)}, \quad V_0^{(n)} = 0,$$
$$\Delta J_k^{(n)} = V_{k-1}^{(n+1)} - V_k^{(n)} \quad (1.23)$$

を満たす．(1.23) は，連続極限 $\varepsilon \to 0$, $(n\varepsilon = t)$ で，連続時間の戸田方程式 (1.10) に移行する．さらに，(1.23) は戸田方程式と同じ形の行列式解をもつ．これらの意味で，(1.23) を可積分な離散時間半無限戸田方程式，簡単に**離散戸田方程式** (discrete Toda equation), (1.21) をその双線形形式，$\tau_k^{(n)}$ を離散戸田方程式のタウ関数とみることができる．

微分方程式の離散化（差分化）の仕方は一意的ではない．もとの微分方程式の解の挙動や特徴を再現する離散化が重要である．もとの方程式がハミルトン構造や保存量をもつ場合について，そのような構造を保つ離散化手法が盛んに研究されている．ルンゲ・クッタ (Runge-Kutta) 法など汎用的な離散化手法では通常はみられない性質である．ここで述べた可積分系のタウ関数解をもつような離散化 [37, 38] も，そのような離散化手法のひとつである[4]．

---

[4] 解をもつ微分方程式（可積分系）では解がわかっているのだから数値シミュレーションの必要はなく，可積分系にのみ有効な離散化手法にどれくらい意味があるのかとの疑問が寄せられることがある．しかし，可積分系といえども，解は原理的にしか得られていない．任意の初期条件に対する解の表示式はわかっていない，勝手なパラメータについての特殊関数の値を計算すること自体が大変であるなどの状況では，漸化式の反復計算により，少ない計算量で解の正確な挙動を知ることができることには十分な意味がある．

離散戸田方程式 (1.23) は半無限戸田方程式の解の挙動を正確に再現する良い離散化であるが，この式が意味するものはそれだけではない．離散戸田方程式は，数値計算法として**ルティスハウザー** (H. Rutishauser)[72] によって 1954 年に定式化された **qd アルゴリズム** (quotient difference algorithm)[5]の漸化式に同値である．qd アルゴリズムはルティスハウザーが考えた連分数展開 [72]，有理形関数の極の計算 [72]，行列の固有値計算 [74] の他，行列の特異値計算 [22]，符号の復号法 [67]，ラプラス変換の計算 [64] など様々な問題に適用されている．qd アルゴリズムについては 4 章で詳しく述べる．

変数 $q_k^{(n)}, e_k^{(n)}$ を

$$q_k^{(n)} := 1 - \varepsilon J_k^{(n)}, \quad e_k^{(n)} := \varepsilon^2 V_k^{(n)} \tag{1.24}$$

によって導入する．ここに，$n = 0, 1, \ldots$, $k = 1, 2, \ldots$ である．離散戸田方程式 (1.23) は

$$q_k^{(n)} e_{k-1}^{(n)} = q_{k-1}^{(n+1)} e_{k-1}^{(n+1)}, \quad q_k^{(n)} + e_k^{(n)} = q_k^{(n+1)} + e_{k-1}^{(n+1)} \tag{1.25}$$

と書かれるが，これが qd アルゴリズムの漸化式である．ただし，$e_0^{(n)} = 0$．

例えば，関数 $f(\lambda) := \sum_{j=0}^{\infty} g^{(j)} \lambda^j$ の実軸上 k 番目の極の逆数は，極限 $\lim_{n \to \infty} q_k^{(n)}$ として計算される (4 章)．もうひとつの変数の極限は $\lim_{n \to \infty} e_k^{(n)} = 0$ となる．定義により変数 $q_k^{(n)}$ と $e_k^{(n)}$ は離散戸田方程式のタウ関数 $\tau_k^{(n)}$ の比として表されるが，これらの行列式を直接計算するのではなく，$q_k^{(n)}$ と $e_k^{(n)}$ は，$e_0^{(n)} = 0$ と $q_1^{(n)} = g^{(n+1)}/g^{(n)}$ を初期値とする漸化式 (1.25) についての反復計算で求められる．

離散戸田方程式の時間変数 n，空間変数 k は，そのまま qd アルゴリズムのステップ数 n と変数の番号 k に対応する．もし，このような対応がその他の離散可積分系とアルゴリズムの間に存在するとしたら，可積分系の良い離散化は新しい数値計算アルゴリズムの開発に有効と考えられる．これが本書のモチーフのひとつである．

なお，ルティスハウザー [73] は，漸化式 (1.25) の一般項 $q_k^{(n)}, e_k^{(n)}$ の漸近的な振る舞いを調べるために，漸化式の連続極限を考えることで半無限戸田方程式 (1.10) を導出していた．戸田盛和が戸田格子方程式 (1.5) の周期系を発見する 13 年も前のことである．歴史の不思議である．

---

[5] 日本名，商差法．文献 [34, 35] に詳しい解説がある．和書では [44, 91] などがある．

有理関数 $f(\lambda)$ の極とべき級数展開の係数との関係を調べる中で，この有理関数の連分数展開の係数 $q_k^{(0)}, e_k^{(0)}$ の間の関係式として発見された qd アルゴリズムの漸化式であるが，この有理関数を，相異なる実固有値 λ_k をもつ m 次行列 A の固有多項式 $|\lambda I - A|$ の逆数ととれば，極はこの行列の固有値に他ならない．qd アルゴリズムの $n \to \infty$ 方向の漸近的挙動

$$\lim_{n\to\infty} q_k^{(n)} = \frac{1}{\lambda_k}, \quad \lim_{n\to\infty} e_k^{(n)} = 0 \tag{1.26}$$

を考慮すれば，qd アルゴリズムによって行列の固有値計算が可能であることがわかる．

ルティスハウザー [74] は 1958 年，qd アルゴリズムの漸化式を下 3 角行列 $L^{(n)}$ と上 3 角行列 $R^{(n)}$ を用いて

$$L^{(n+1)} R^{(n+1)} = R^{(n)} L^{(n)} \tag{1.27}$$

と表し，さらに，与えられた 3 重対角行列 $A = A^{(0)}$ の固有値計算の 1 ステップを

$$A^{(n)} = L^{(n)} R^{(n)} \Rightarrow A^{(n+1)} := R^{(n)} L^{(n)}, \quad (n = 0, 1, \dots) \tag{1.28}$$

と表現した．行列 $A^{(n)}$ の下 3 角行列と上 3 角行列の積への分解 $A^{(n)} = L^{(n)} R^{(n)}$，さらに，因子の取り替えによる行列 $A^{(n+1)}$ の導入 $A^{(n+1)} = R^{(n)} L^{(n)}$ である．$A^{(n)}$ は常に 3 重対角で，互いに

$$A^{(n+1)} = R^{(n)} A^{(n)} (R^{(n)})^{-1} \tag{1.29}$$

の関係がある．$A^{(n)}$ と $A^{(n+1)}$ の固有値は一致するから，qd アルゴリズムは 3 重対角行列 $A^{(n)}$ の離散的な固有値保存変形の方程式，相似変形 $A^{(n+1)} = R^{(n)} A^{(n)} (R^{(n)})^{-1}$ は qd アルゴリズム（離散戸田方程式）に対するラックス形式とみなせる．ここでは $A^{(n)}$ がラックス行列に相当する．また，漸近的挙動 (1.26) は，$A^{(n)}$ が $n \to \infty$ で対角成分に $A^{(0)}$ の固有値が並ぶ下 3 角行列に収束することを意味する．

行列の分解と因子の取り替えによる固有値計算法 (1.28) を，特に **LR アルゴリズム** (LR algorithm)[6] という．LR アルゴリズムによる固有値計算は，四則

---

[6] L は左 3 角 (left triangular), R は右 3 角 (right triangular) という意味であるが，最近では，分解 (1.28) を，下 3 角 (lower triangular) と上 3 角 (upper triangular) 行列への分解として LU 分解というのが普通である．

演算のみで m 次代数方程式 $|\lambda I - A| = 0$ を数値的に解く方法である．しかし，一般の3重対角行列にこのアルゴリズムを適用すると，計算の過程で漸化式の分母が零となったりして，固有値へ収束しないことがある．つまり固有値計算の qd アルゴリズムは**数値不安定性** (numerical instability) をもつ．

ルティスハウザーの研究をふまえて，1962 年，下3角行列と上3角行列の積への分解の代わりに，直交行列 Q と上3角行列 R の積への QR 分解と因子の取り替えによる類似のアルゴリズム

$$A^{(n)} = Q^{(n)} R^{(n)} \Rightarrow A^{(n+1)} := R^{(n)} Q^{(n)}, \quad (n = 0, 1, \ldots)$$

が別の研究者達 [24, 53] によって定式化された．このアルゴリズムは **QR アルゴリズム** (QR algorithm) と呼ばれ，数値安定性をもち，幾多の改良を経て，今日，高い信頼性をもつアルゴリズムとして，行列の固有値問題の標準解法となっている [97]．一方，下敷きとなったルティスハウザーの qd アルゴリズムは QR アルゴリズムの陰に完全に忘れられてしまった．

転回点は意外にも戸田方程式と QR アルゴリズムの関係の発見として訪れた．**サイムス** (W. Symes)[83] は，1982 年，ラックス形式で表した有限の場合の連続時間戸田方程式の $L(n)$ から $L(n+1)$ への時間発展 $L(n) \Rightarrow L(n+1)$ と，$L(n)$ の指数関数に対する QR アルゴリズムの1ステップとが，以下の関係にあることを発見した．時刻 $t = n$ におけるラックス行列 $L(t)$ の値を $L(n)$ と書くとき，

$$\exp L(n) = Q^{(n)} R^{(n)} \Rightarrow \exp L(n+1) = R^{(n)} Q^{(n)}, \quad (n = 0, 1, \ldots).$$

つまり，行列指数関数に対する QR アルゴリズムが生成する行列の系列は，連続時間の戸田方程式の解軌道上を固有値からなる対角行列に収束するのである．この事実は著名なアルゴリズムの新しい数理的解釈として，1980 年代，特にアメリカの数値解析の研究者の関心を集めた ([96, 11], [16], p.255) が，これにより QR アルゴリズムが改良されたり，新しいアルゴリズムが開発されたりするということはなかった．

サイムスに遅れること約 10 年，qd アルゴリズムの漸化式 (1.25) が離散時間戸田方程式 (1.23) に他ならないことが，日本の複数の可積分系研究者により発見された [42, 79]．1993 年のことである．40 年近く経て，ようやくルティスハウザー [73] を発見したというべきかもしれない．

しかしながら，離散時間可積分系が数値計算アルゴリズムと等価であったとしても，それが直ちにアルゴリズムの改良や新しいアルゴリズムの開発に結びつくものではない．qd アルゴリズムには，数値不安定性という致命的な欠点があり，固有値への収束次数は 1 次に過ぎないことと合わせて，そのままではルティスハウザーの夢が叶うにはほど遠い状態であった．

本書では，**モーザー** (J. Moser) の戸田方程式研究 [59] を祖形とする直交多項式論に基づく可積分系の研究，とりわけ，可積分系のラックス表示，タウ関数解，さらには，可積分な離散化について統一的な視点から論じる．直交多項式は近似理論を通じて数値計算法の数学的基礎となっており，直交多項式を用いた可積分系の記述は，同時に，**可積分系の機能数理** (functionality of integrable systems) の解明に直結する．本書で議論の対象とする可積分系は，この方面の中心に位置する有限，半無限の戸田方程式，および，ロトカ・ボルテラ方程式に限定する．

まず，2 章では，サイムスの発見の元となったモーザーによる有限非周期戸田方程式の研究を概観する．モーザーの論文は様々な示唆に富むもので，その後の KP 方程式階層，戸田方程式階層の研究の先駆けともみることができる．2 重括弧のラックス表示をもつ可積分な勾配系研究の出発点でもある．

3 章では，本書の数学的基礎として，直交多項式とその連続時間可積分系との関係についてまとめる．

4 章では，直交多項式論に基づいてルティスハウザーの qd アルゴリズム（離散時間戸田方程式）を導出し，その性質と応用について様々な角度から論じる．さらには，同様な方法で離散時間ロトカ・ボルテラ (dLV) 方程式を導く．その結果，差分ステップサイズを任意の大きさに選ぶことができるという著しい性質をもった離散力学系が自然に現れる．

5 章では，dLV 方程式によって行列の特異値が数値安定に計算できることが示される．これは qd アルゴリズムにない大きな利点である．さらに，数値安定性を壊すことなく原点シフトを導入することができ，その結果，**3 次収束** (cubic convergence) 性をもつ高精度・高速な新しい特異値計算法「mdLVs アルゴリズム」が誕生する．現代の標準解法である原点シフト付き QR アルゴリズムと比べて，より高精度，より高速なアルゴリズムであり，ルティスハウザーの夢が 50 年の歳月を経て，ようやくここに実現したといえる．

躍進は特異値計算に留まらない．6 章では，新たな可積分系 dLV 型変換の導

入により，高精度な特異ベクトル計算法が定式化される．この結果，3種類のdLV型漸化式を駆使した，新しい特異値分解法「I-SVDアルゴリズム」が実現される．QRアルゴリズムに基づく現代の標準ルーチンと比べて，特異値はかなり高精度，特異ベクトルの精度はほぼ同等，計算時間で圧倒的に高速である．

　本書は，可積分系と直交多項式を理論的支柱とした，数理としての面白さだけでなく，シンプルで力強く，役に立つから重要であるという新しい研究領域「可積分系の機能数理」誕生の報告である．

2

モーザーの戸田方程式研究：概観

「可積分系の機能数理」の端緒は，1975 年の J. モーザー (Jürgen Moser, 1928–1999) の 1 次元の有限非周期戸田方程式の研究により開かれた．それまで戸田方程式研究は，ソリトン物理学，ソリトン数理物理学の観点から，無限格子または周期的境界条件のもとでの研究に限られていた．モーザーは戸田方程式を完全積分可能な力学系として理解するため，有理関数と連分数に基づく斬新な解析手法を開発した．筆者が 1991 年にドイツの Oberwolfacher 数学研究所で発表した際，有限非周期戸田方程式を「Moser-Toda lattice」と呼んだところ，「そんな言い方はちょっと困る」とたしなめられた．この力学の巨人にとって，「私は戸田方程式を少し考えてみただけです」といいたかったのだろう．しかし，その後の展開は単に戸田方程式の解析にとどまることはなく，モーザーの予想を大きく超えるものになった．

1. 有限非周期戸田方程式

直線上に並んだ同じ質量の質点がフックの法則に従う同じ強さのバネで結ばれているとき，質量やバネ定数を適当に調整すれば，k 番目の質点の変位 $x_k = x_k(t)$ は連成振動系の運動方程式

$$\frac{d^2 x_k}{dt^2} = x_{k-1} - 2x_k + x_{k+1}, \quad (k = 0, \pm 1, \pm 2, \ldots)$$

に従う．この方程式は波動方程式 $\partial_t^2 u = \partial_x^2 u$ (∂_t などは偏微分を表す) の空間変数 x についての離散化とみることができ，周期的な解は 3 角関数の重ね合わせで表すことができる．

1967 年に発見された戸田格子方程式 [90] は，線形バネの運動方程式の次のような非線形への拡張である．

$$\frac{d^2 x_k}{dt^2} = e^{x_{k-1}-x_k} - e^{x_k-x_{k+1}}$$

特に，質点が無限個の場合，すなわち，$k = 0, \pm 1, \pm 2, \ldots$ の場合を無限戸田格子方程式といい，浅い水の波の運動を記述する KdV (Korteweg-de Vries) 方程式 $\partial_t u = 6u\partial_x u + \partial_x^3 u$ と同様，逆散乱法 [90] や広田の双線形化法 [40] で解くことができる．その結果，指数関数の行列式で表される多ソリトン解が得られている．また，周期的境界条件 $x_{k+K_0} = x_k, (k = 0, \pm 1, \pm 2, \ldots, {}^{\exists}K_0 > 0)$ を満たすときを**周期戸田格子方程式** (periodic Toda lattice equation) といい，特殊関数の一種であるテータ関数解をもつことが知られている [90].

モーザー [59] が取り上げたのは有限かつ非周期の場合

$$\frac{d^2 x_k}{dt^2} = e^{x_{k-1}-x_k} - e^{x_k-x_{k+1}}, \quad (k = 1, 2, \ldots, N) \tag{2.1}$$

で，両端を無限に押しのけて固定した境界条件

$$x_0 = -\infty, \quad x_{N+1} = +\infty \tag{2.2}$$

を要請している．(2.1) を**有限非周期戸田方程式** (finite nonperiodic Toda equation) という[2]．境界条件のため，例えば $k = 1$ では，(2.1) は $d^2 x_1/dt^2 = -e^{x_1-x_2}$ となる．相対変位 $x_k - x_{k-1} > 0$ がゼロに近いほど大きな正の加速度を与える．また，相対変位 $x_{k+1} - x_k > 0$ がゼロに近いほど大きな負の加速度を与える．つまり両端が無限遠方にある斥力のバネである[3]．したがって，任意の初期値からスタートしても，十分時間が経過すれば，質点は自由粒子のようにバラバラになって無限遠方に飛び去ってしまうであろう．モーザーは新しい解析手法を導入して質点の散乱の問題を解き，この性質を証明している．質点数が有限であるだけでなく，いわば自由端の境界条件のた

Jürgen Moser (1928–1999)[1]

---

[1] 写真は筆者が参加した研究集会（モントリオール大学，1989 年 10 月）の折りのスナップである．常ににこやかで暖かい眼差しをもった人であった．
[2] 境界条件 (2.2) を満たす戸田方程式を 1 次元の有限戸田分子 (finite Toda molecule) と呼ぶことがある．外国の最近の論文では，unrestricted Toda lattice とも呼ばれている．
[3] 例えば，非線形の空気バネのようなものを想像されたい．

め,無限戸田格子や周期戸田格子に比べて扱いが容易になり,解は指数関数を用いて比較的簡単な形に表すことができる.以下ではモーザーの議論を振り返ってみよう.簡単のため有限非周期戸田方程式を戸田方程式と呼ぶことにする.

2. 戸田方程式の可積分性

戸田方程式は自由度 N のハミルトン力学系である.方程式はハミルトン関数

$$H := \frac{1}{2}\sum_{k=1}^{N} y_k{}^2 + \sum_{k=1}^{N-1} \exp(x_k - x_{k+1}) \tag{2.3}$$

に関するハミルトンの運動方程式として,次のように表される.

$$\begin{aligned}\frac{dx_k}{dt} &= \frac{\partial H}{\partial y_k} = y_k, \\ \frac{dy_k}{dt} &= -\frac{\partial H}{\partial x_k} = e^{x_{k-1}-x_k} - e^{x_k-x_{k+1}}.\end{aligned} \tag{2.4}$$

ここに,y_k は x_k の運動量を表す.

新しい変数 a_k, b_k を

$$a_k := \frac{1}{2}\exp(\frac{1}{2}(x_k - x_{k+1})), \quad b_k := -\frac{1}{2}y_k \tag{2.5}$$

として導入すれば,戸田方程式は

$$\frac{da_k}{dt} = a_k(b_{k+1} - b_k), \quad \frac{db_k}{dt} = 2(a_k{}^2 - a_{k-1}{}^2), \tag{2.6}$$

なる簡単な形で表される.この変数は正準変数ではないが,ラックス表示をみるのに便利な変数で,**フラシュカの変数**(Flaschka's variables)[23] と呼ばれる.境界条件は $a_0 = 0, a_N = 0$ となる.さらに,a_k, b_k を成分とする N 次 3 重対角対称行列 $L = L(t)$,および,歪対称行列 $A = A(t)$ を

$$L = \begin{pmatrix} b_1 & a_1 & & 0 \\ a_1 & b_2 & \ddots & \\ & \ddots & \ddots & a_{N-1} \\ 0 & & a_{N-1} & b_N \end{pmatrix}, \quad A = \begin{pmatrix} 0 & a_1 & & 0 \\ -a_1 & 0 & \ddots & \\ & \ddots & \ddots & a_{N-1} \\ 0 & & -a_{N-1} & 0 \end{pmatrix}, \tag{2.7}$$

と定めると,戸田方程式のラックス表示

$$\frac{dL}{dt} = [A, \ L] \tag{2.8}$$

が得られる．ここに，$[A, L] = AL - LA$ は行列の**交換子積** (commutator) を表す．ラックス行列 L は対称だから，その固有値はすべて実数である．定義より $a_k \neq 0$ だから，L は非対角成分がすべてゼロでない3重対角行列であり，固有値 λ_k はすべて相異なる[4]．これを以下のように書く．

$$\lambda_1 < \lambda_2 < \cdots < \lambda_N. \tag{2.9}$$

行列 L の固有値 λ が時間変数 t に依存しないとき，ラックス表示はラックス対と呼ばれる2つの線形方程式

$$L\Psi = \lambda\Psi, \quad \frac{d\Psi}{dt} = A\Psi \tag{2.10}$$

が同時に成り立つ（両立する）ための必要十分条件である．すなわち，

$$\frac{d(L\Psi)}{dt} = \frac{dL}{dt}\Psi + LA\Psi, \quad \frac{d(\lambda\Psi)}{dt} = \frac{d\lambda}{dt}\Psi + AL\Psi.$$

ここに，$\Psi = \Psi(t; \lambda)$ は λ に対応する固有ベクトルで，ラックス対 (2.10) の第2式は固有ベクトルの時間変化を表す．逆に，与えられた方程式が (2.8) のようなラックス表示をもつとき，行列 $L(t)$ の固有値は時間 t によらず，$L(t)$ の固有値は初期値 $L_0 = L(0)$ の固有値に常に一致する．すなわち，ラックス表示は t を変形パラメータとするラックス行列 L の固有値保存変形を与えている．

各固有値 λ_k は $a_k = a_k(t)$, $b_k = b_k(t)$ を通じて t の関数である．例えば，$N = 2$ のとき，

$$\lambda_1, \lambda_2 = \frac{1}{2}(b_1 + b_2) \pm \frac{1}{2}\sqrt{(b_1 - b_2)^2 + 4a_1^2}$$

である．固有値が t に依存しないということは，固有値は戸田方程式の保存量を与えることを意味する．

$$\frac{d\,\mathrm{trace}(L^k)}{dt} = \mathrm{trace}[A, L^k] = 0$$

だから，トレース $J_k := \mathrm{trace}(L^k)$ も戸田方程式の保存量で，$J_k = \prod_{j=1}^{N} \lambda_j{}^k$ と表される．戸田方程式の運動量 M やハミルトン関数 H は，それぞれ，このようなトレースから得られる保存量のひとつに一致する．すなわち，$M = -2\,\mathrm{trace}(L)$,

---

[4] L の固有値 λ_j はすべて相異なる実数であることの線形代数による証明は，例えば数値解析の教科書 [98] にある．次章では直交多項式を用いた証明を与える．

$H = \frac{1}{2}\mathrm{trace}(L^2)$. また，$\det(\lambda I - L) = \prod_{j=1}^{N}(\lambda - \lambda_j)$ であるから，固有多項式

$$\det(\lambda I - L) = \lambda^N + I_1 \lambda^{N-1} + I_2 \lambda^{N-2} + \cdots + I_N = 0$$

の係数 $I_k = I_k(a_k, b_k)$ も戸田方程式の保存量である．ただし，このようにして次々と新しい保存量が生成されるとは限らず，関数的に独立なのは高々 N 個である．すべての保存量の力学的意味がはっきりしているわけでもない．

保存量とは解に対する一種の拘束条件であるから，力学系が多くの保存量をもつとき，運動は相対的に簡単なものしか許されないことになる．実際，重力場のケプラー2体運動や単振子の運動では，保存量を用いて従属変数を減らすことで，運動方程式を具体的に積分する手順が古くから知られている．この事実の精密化は，古典力学では，有限自由度力学系の完全積分可能性についての**リュービル・アーノルドの定理** (Liouville-Arnold theorem)[3] として知られている．以下，この定理の主張を簡単に引用する．ここで，**求積** (quadrature) とは有限回の四則演算，微分積分，逆関数をとる操作，代数方程式を解く操作をいう．

2.1 [定理]（リュービル・アーノルド）　　ハミルトン方程式が自由度 N に等しい個数の，微分が互いに独立で**ポアソン括弧** (Poisson bracket) について可換な保存量をもてば，完全積分可能である．すなわち，運動方程式は有限回の求積によって解ける．さらに，適当な正準変換を経て，運動方程式は

$$\frac{dP_j}{dt} = 0, \quad \frac{dQ_j}{dt} = \omega_j, \quad (j = 1, \ldots, N) \qquad (2.11)$$

と表される．ω_j は定数．新しい変数 $P_j = P_j(x_k, y_k)$, $Q_j = Q_j(x_k, y_k)$ は完全積分可能系の**作用角変数** (action-angle variables) と呼ばれ，作用角変数についてみれば運動方程式は直線運動を記述していることになる．もし相空間（とりうる状態の全体）がコンパクトな場合は，相空間はトーラスと微分同相となる．

ハミルトン関数は $2N$ 次元相空間の適当な開集合上で定義された滑らかな関数であるから，リュービル・アーノルドの定理は非線形力学系が大域的に線形化可能であるための十分条件を与えている．同時に，この定理から，自由度1のハミルトン系は常に完全積分可能である反面，自由度2以上の完全積分可能系はハミルトン系全体の中でも例外的であることがわかる．しかし，ラックス

表示をもつ力学系であれば，必要な個数のポアソン可換な保存量が存在する可能性が高くなる．

さて，(有限非周期) 戸田方程式に対してポアソン括弧を

$$\{F, G\} := \sum_{j=1}^{N} \left(\frac{\partial F}{\partial x_j} \frac{\partial G}{\partial y_j} - \frac{\partial F}{\partial y_j} \frac{\partial G}{\partial x_j} \right) \quad (2.12)$$

で定める．ハミルトン関数 H は $H = \frac{1}{2} I_1{}^2 - I_2$ と書け，I_j がこのハミルトン系の保存量であることは $\{I_j, H\} = 0$ と表される．さらに，I_j 達のポアソン可換性 $\{I_j, I_k\} = 0$ が確かめられる[5]．これを保存量 $\{I_j\}$ は**包合系をなす** (be in involution) という[6]．したがって，戸田方程式はリューピル・アーノルドの意味で完全積分可能なハミルトン力学系である．ゆえに戸田方程式は線形化可能で，有限回の求積で解が具体的に得られる．戸田方程式はモーザーによって以下のように線形化された[7]．

3 重対角行列 $L(t)$ に対して N 次有理関数 $f(\lambda)$ を

$$f(\lambda) := e_1^\top (\lambda I - L)^{-1} e_1, \quad e_1 := (1, 0, \ldots, 0)^\top \quad (2.13)$$

で定める．$f(\lambda)$ は $(\lambda I - L)^{-1}$ の $(1,1)$ 成分であり，

$$f(\lambda) = \frac{q_N(\lambda)}{p_N(\lambda)},$$

$$p_N(\lambda) := \begin{vmatrix} \lambda - b_1 & -a_1 & & 0 \\ -a_1 & \lambda - b_2 & \ddots & \\ & \ddots & \ddots & -a_{N-1} \\ 0 & & -a_{N-1} & \lambda - b_N \end{vmatrix},$$

$$q_N(\lambda) := \begin{vmatrix} \lambda - b_2 & -a_2 & & 0 \\ -a_2 & \lambda - b_3 & \ddots & \\ & \ddots & \ddots & -a_{N-1} \\ 0 & & -a_{N-1} & \lambda - b_N \end{vmatrix} \quad (2.14)$$

---
[5] この事実は，周期的境界条件のもとでの戸田方程式の完全可積分性を示した Hénon[33] の方法に基づいて示される．

[6] 別のポアソン括弧 $\{,\}_J$ を定義すれば，トレース J_k も互いに包合系をなすこと $\{J_j, J_k\}_J = 0$ が確かめられる [59]．

[7] モーザーは e_1 の代わりに $e_N = (0, \ldots, 0, 1)^\top$ を用いて**有理関数** (rational function) を導入している．戸田方程式を線形化するためにはどちらの取り方でもよいが，直交多項式との関係をみるのに便利なように，ここでは e_1 を選ぶこととする．

と書ける．$p_N(\lambda) = \det(\lambda I - L)$ は L の特性多項式で，その零点は L の固有値である．L は非対角成分が零でない実対称3重対角行列だから，L の固有値 λ_j がすべて相異なる実数であり，$p_N(\lambda) = \prod_{j=1}^{N}(\lambda - \lambda_j)$ と書ける．$q_N(\lambda)$ も同様に $q_N(\lambda) = \prod_{j=1}^{N-1}(\lambda - \mu_j)$ と書ける．

対称行列 L は適当な直交行列により対角化可能である．実際，固有値 λ_j に対応する長さ1の固有ベクトルを $v_j = (v_j^{(1)}, v_j^{(2)}, \ldots, v_j^{(N)})^\top$ と書くと，v_j は互いに直交し，v_j を第 j 列とする行列 $Q = (v_1\, v_2\, \cdots\, v_N)$ が $Q^\top L Q = \Lambda$，ただし，$\Lambda = \mathrm{diag}(\lambda_1, \lambda_2, \ldots, \lambda_N)$，なる直交行列である．このとき，$f(\lambda)$ は

$$f(\lambda) = (Q^\top e_1)^\top (\lambda I - \Lambda)^{-1} Q^\top e_1$$
$$= \sum_{j=1}^{N} \frac{(v_j^{(1)})^2}{\lambda - \lambda_j}$$

と部分分数展開される．いま，$v_j^{(1)} = 0$ と仮定する．$Lv_j = \lambda_j v_j$ を書き下すと

$$b_1 v_j^{(1)} + a_1 v_j^{(2)} = \lambda_j v_j^{(1)},$$
$$a_{k-1} v_j^{(k-1)} + b_k v_j^{(k)} + a_k v_j^{(k+1)} = \lambda_j v_j^{(k)}, \quad (k=2,\ldots,N-1)$$
$$a_{N-1} v_j^{(N-1)} + b_N v_j^{(N)} = \lambda_j v_j^{(N)}$$

となるが，これに $v_j^{(1)} = 0$ を代入すると，$^\forall a_k \neq 0$ だから，$v_j^{(1)} = v_j^{(2)} = \cdots = v_j^{(N)} = 0$，すなわち，$v_j$ は零ベクトルとなり固有ベクトルであることに反する．ゆえに，$(v_j^{(1)})^2 > 0$ である．$v_j^{(1)}$ は直交行列 Q の第1行の成分でもあるから $\sum_{j=1}^{N} (v_j^{(1)})^2 = 1$ が成り立つ．以下では $r_j{}^2 = (v_j^{(1)})^2$，$r_j > 0$ と書く．以上により，モーザーの有理関数 $f(\lambda)$ は

$$f(\lambda) = \sum_{j=1}^{N} \frac{r_j{}^2}{\lambda - \lambda_j}, \qquad \sum_{j=1}^{N} r_j{}^2 = 1, \qquad r_j > 0 \qquad (2.15)$$

と部分分数展開されることがわかる．さらに，モーザー [59] は以下を示した．

2.2 [定理](モーザー) $a_j > 0$ なる3重対角対称行列 L の空間

$$D := \{a_1, \ldots, a_{N-1}, b_1, \ldots, b_N |\, ^\forall a_k > 0\}$$

から

$$\Lambda := \left\{\lambda_1, \ldots, \lambda_N, r_1, \ldots, r_N \,\middle|\, \lambda_1 < \cdots < \lambda_N, \sum_{k=1}^{N} r_k{}^2 = 1,\, ^\forall r_k > 0\right\}$$

なる $\mathrm{R}^N \times \mathrm{R}^N_+$ の部分空間 Λ への単射準同型写像 ϕ が存在する．

証明 $p_k(\lambda)$ は $(\lambda I - L)$ の主座小行列式として定まる k 次多項式であるが，この行列式を展開すれば，**3項漸化式** (3-terms recurrence relation)

$$p_k(\lambda) = (\lambda - b_k)p_{k-1}(\lambda) - a_{k-1}{}^2 p_{k-2}(\lambda) \tag{2.16}$$

を満たすことがわかる．$p_{-1}(\lambda) = 0$, $p_0(\lambda) = 1$ とおけば，(2.16) は $k = 1, \ldots, N$ について成り立つ．$q_k(\lambda)$ も同様に 3 項漸化式

$$q_k(\lambda) = (\lambda - b_k)q_{k-1}(\lambda) - a_{k-1}{}^2 q_{k-2}(\lambda), \quad (k = 2, 3, \ldots) \tag{2.17}$$

および，初期値 $q_0(\lambda) = 0$, $q_1(\lambda) = 1$ により定まる $k-1$ 次多項式である．3 項漸化式より

$$\begin{aligned}
&p_0 = 1, & &q_0 = 0, \\
&p_1 = \lambda - b_1, & &q_1 = 1, \\
&p_2 = (\lambda - b_2)(\lambda - b_1) - a_1{}^2, & &q_2 = \lambda - b_2, \\
&p_3 = (\lambda - b_3)((\lambda - b_2)(\lambda - b_1) - a_1{}^2) & &q_3 = (\lambda - b_3)(\lambda - b_2) - a_1{}^2, \\
&\quad - (\lambda - b_1)a_2{}^2,
\end{aligned}$$

などだから，有理関数 $f(\lambda)$ は有限**連分数** (continued fraction)

$$f(\lambda) = \frac{q_N(\lambda)}{p_N(\lambda)} = \cfrac{1}{\lambda - b_1 - \cfrac{a_1{}^2}{\lambda - b_2 - \cfrac{a_2{}^2}{\lambda - b_3 - \cfrac{\ddots}{\ddots - \cfrac{a_{N-1}{}^2}{\lambda - b_N}}}}} \tag{2.18}$$

の形に表される．この結果，与えられた 3 重対角対称行列 L, $(\forall a_k > 0)$, から N 次有理関数 $f(\lambda)$ が（逆行列や行列式計算を経ずとも）直接定まる．さらに，$f(\lambda)$ の部分分数展開 (2.15) を経て空間 Λ の 1 点が指定される．この結果，D から Λ への写像 ϕ が定義できる．

次に，逆写像 ϕ^{-1} について考える．空間 Λ の任意の点から (2.15) によって，$\operatorname{Im}\lambda > 0$ に対して $\operatorname{Im} f(\lambda) < 0$, かつ，$\lim_{|\lambda| \to \infty} \lambda f(\lambda) = 1$ なる有理関数

$f(\lambda)$ が定まる．このとき，適当な実数 B_1, 実軸上に相異なる $N-1$ 個の極をもち，$\operatorname{Im} \lambda > 0$ に対して $\operatorname{Im} g(\lambda) < 0$ なる有理関数 $g(\lambda)$ で，

$$\frac{1}{f(\lambda)} = \lambda - B_1 - g(\lambda)$$

を満たすものが存在する．(2.15) を $f = 1/(\lambda - B_1 - g)$ に代入して，両辺を $\lambda = \infty$ の周りで展開すれば

$$B_1 = \sum_{k=1}^{N} \lambda_k r_k{}^2, \quad \lim_{|\lambda| \to \infty} \lambda g(\lambda) = \sum_{k=1}^{N} \lambda_k{}^2 r_k{}^2 - \left(\sum_{k=1}^{N} \lambda_k r_k{}^2\right)^2 > 0$$

を得る．$\lim_{|\lambda| \to \infty} \lambda f(\lambda) = 1$ より，有理関数 $g(\lambda)$ は $g(\lambda) = A_1 f_{N-1}(\lambda)$, ただし，$A_1 > 0$, $\lim_{|\lambda| \to \infty} \lambda f_{N-1}(\lambda) = 1$ と書ける．この結果，有理関数 $f(\lambda)$ は

$$f(\lambda) = \frac{1}{\lambda - B_1 - A_1 f_{N-1}(\lambda)},$$
$$A_1 = \sum_{k=1}^{N} \lambda_k{}^2 r_k{}^2 - \left(\sum_{k=1}^{N} \lambda_k r_k{}^2\right)^2$$

となる．連分数の係数のうち $a_1{}^2, b_1$ が

$$a_1{}^2 = \sum_{k=1}^{N} \lambda_k{}^2 r_k{}^2 - \left(\sum_{k=1}^{N} \lambda_k r_k{}^2\right)^2, \quad b_1 = \sum_{k=1}^{N} \lambda_k r_k{}^2 \qquad (2.19)$$

と書けたことに注意する．以上を繰り返して B_k, A_k を導入すれば，$A_k = a_k{}^2$, $B_k = b_k$ が示される．

さらに，$\lambda = \infty$ でのローラン展開

$$f(\lambda) = \sum_{k=0}^{\infty} \frac{h_k}{\lambda^{k+1}}, \quad h_0 = 1, \quad h_k = \sum_{j=1}^{N} \lambda_j{}^k r_j{}^2 \qquad (2.20)$$

で定義される**マルコフパラメータ** (Markov parameter) h_k を用意する [26]．連分数の係数 $a_k{}^2, b_k$ は，マルコフパラメータ h_k のなす**ハンケル行列式** (Hankel determinant)

$$H_{-1} := 0, \quad H_0 := 1, \quad H_n := \begin{vmatrix} h_0 & h_1 & \cdots & h_{n-1} \\ h_1 & h_2 & \cdots & h_n \\ \vdots & \vdots & & \vdots \\ h_{n-1} & h_n & \cdots & h_{2n-2} \end{vmatrix},$$

$$H_{-1}^{(1)} := 0, \quad H_0^{(1)} := 1, \quad H_n^{(1)} := \begin{vmatrix} h_1 & h_2 & \cdots & h_n \\ h_2 & h_3 & \cdots & h_{n+1} \\ \vdots & \vdots & & \vdots \\ h_n & h_{n+1} & \cdots & h_{2n-1} \end{vmatrix} \quad (2.21)$$

を用いると，一意に

$$a_k{}^2 = \frac{H_{k-1}H_{k+1}}{H_k{}^2}, \quad b_k = \frac{H_{k-2}^{(1)} H_k}{H_{k-1} H_{k-1}^{(1)}} + \frac{H_{k-1} H_k^{(1)}}{H_{k-1}^{(1)} H_k} \quad (2.22)$$

と表される[8]．例えば，(2.19) は

$$a_1{}^2 = \frac{\begin{vmatrix} h_0 & h_1 \\ h_1 & h_2 \end{vmatrix}}{h_0{}^2}, \quad b_1 = \frac{h_1}{h_0}$$

となる．この手順により，空間 Λ の任意の点から 3 重対角対称行列 L が定まる．ゆえに，写像 ϕ は D から Λ への単射準同型である．∎

$n = 1, 2, \ldots, N$ のとき，H_n の定義と行列式の性質により

$$H_n = \sum_{1 \leq j_1 < \cdots < j_n \leq N} r_{j_1}{}^2 \cdots r_{j_n}{}^2 \begin{vmatrix} 1 & 1 & \cdots & 1 \\ \lambda_{j_1} & \lambda_{j_2} & \cdots & \lambda_{j_n} \\ \vdots & \vdots & & \vdots \\ \lambda_{j_1}{}^{n-1} & \lambda_{j_2}{}^{n-1} & \cdots & \lambda_{j_n}{}^{n-1} \end{vmatrix}^2$$

と書ける．右辺の**ヴァンデルモンド行列式** (Vandermonde determinant) は零でないから $H_n > 0$．ハンケル行列の列ベクトルとして独立なものは高々 N だから，$n = N+1, \ldots$ のときは $H_n = 0$ となる．

最後に，Λ の変数を用いて戸田方程式 (2.6) を表す．まず，L の**レゾルベント** (resolvent) を $R = (\lambda I - L)^{-1}$ とおく．微分してラックス表示 (2.8) を代入すると

$$\frac{dR}{dt} = R\frac{dL}{dt}R = (\lambda I - L)^{-1}(AL - LA)(\lambda I - L)^{-1} = AR - RA.$$

---

[8] (2.22) の導出は，連分数に対するスティルチェス (Stieltjes) の方法として戸田 [90] の補注に述べられている．パデ (Padé) 近似を扱った [44] にも説明がある．次章では直交多項式に基づく証明を与える．

ここで，$LR = RL = \lambda R - I$ を用いている．この $(1,1)$ 成分をみれば

$$\frac{df(\lambda)}{dt} = 2a_1{}^2 \frac{u_N(\lambda)}{p_N(\lambda)}, \quad u_N(\lambda) = \begin{vmatrix} \lambda - b_3 & -a_3 & & 0 \\ -a_3 & \lambda - b_4 & \ddots & \\ & \ddots & \ddots & -a_{N-1} \\ 0 & & -a_{N-1} & \lambda - b_N \end{vmatrix}$$

を得る．一方，λ_k が保存量であること $(d\lambda_k/dt = 0)$ に注意して (2.15) を微分し，

$$\frac{df(\lambda)}{dt} = \sum_{j=1}^{N} \frac{2r_j dr_j/dt}{\lambda - \lambda_j}.$$

関数 $u_N(\lambda)/p_N(\lambda)$ の $\lambda = \lambda_k$ における留数は，$u_N(\lambda_k) \neq 0$, $p_N(\lambda_k) = 0$, $p'_N(\lambda_k) \neq 0$ より，$u_N(\lambda_k)/p'_N(\lambda_k)$ で与えられる．ただし，$p'_N = dp_N/d\lambda$. 留数を比較して

$$r_k \frac{dr_k}{dt} = a_1{}^2 \frac{u_N(\lambda_k)}{p'_N(\lambda_k)}.$$

これに行列式の展開 $p_N = (\lambda - b_1)q_N - a_1{}^2 u_N$ を代入すれば

$$r_k \frac{dr_k}{dt} = (\lambda_k - b_1) \frac{q_N(\lambda_k)}{p'_N(\lambda_k)}$$

となるが，$q_N(\lambda_k)/p'_N(\lambda_k)$ は $f(\lambda)$ の $\lambda = \lambda_k$ における留数だから，$r_k{}^2$ に一致する．ゆえに，微分方程式は $dr_k/dt = (\lambda_k - b_1)r_k$ となる．(2.19) に示したことにより $b_1 = \sum_{k=1}^{N} \lambda_k r_k{}^2$ だから，Λ の変数による戸田方程式の表示

$$\frac{dr_j}{dt} = \left(\lambda_j - \sum_{k=1}^{N} \lambda_k r_k{}^2\right) r_j, \quad \frac{d\lambda_j}{dt} = 0, \quad (j = 1, \ldots, N) \qquad (2.23)$$

を得る．ここで，

$$r_j{}^2 = \frac{s_j{}^2}{\sum_{k=1}^{N} s_k{}^2}, \quad {}^\forall s_j > 0 \qquad (2.24)$$

とおくと，条件 $\sum_{j=1}^{N} r_j{}^2 = 1$ は自明となり，s_j が

$$\frac{ds_j}{dt} = \lambda_j s_j, \quad \frac{d\lambda_j}{dt} = 0, \quad (j = 1, \ldots, N) \qquad (2.25)$$

に従えば, r_j は (2.23) を満たすことがわかる. この方程式は簡単に積分できて, Λ 上の解の表示

$$f(\lambda) = \frac{1}{\sum_{k=1}^{N} s_k(0)^2 \exp(2\lambda_k t)} \sum_{j=1}^{N} \frac{s_j(0)^2 \exp(2\lambda_j t)}{\lambda - \lambda_j} \qquad (2.26)$$

を得る. さらに, $s_j = e^{\alpha_j}$ とおけば, 戸田方程式は $R^{2N} = \{\lambda_j, \alpha_j\}$ 上で線形化されて,

$$\frac{d\alpha_j}{dt} = \lambda_j, \quad \frac{d\lambda_j}{dt} = 0, \quad (j = 1, \ldots, N) \qquad (2.27)$$

となる. この方程式は, $H = \frac{1}{2} J_2 = \frac{1}{2} \sum_{k=1} \lambda_k{}^2$ をハミルトン関数とする自明なハミルトン系 $d\alpha_k/dt = \partial H/\partial \lambda_j, d\lambda_k/dt = -\partial H/\partial \alpha_k$ であることに注意する. 戸田方程式の相空間は, ユークリッド空間 $\{\lambda_j, \alpha_j\} = \mathbf{R}^{2N}$ の部分空間 $\mathbf{R}^N$ を, (2.24) により射影してできる $N-1$ 次元球面の $r_j > 0$ なる一部で, $\mathbf{R}^{N-1}$ と同相となる. リュービル・アーノルドの定理で注目されたトーラスではない.

リュービル・アーノルドの定理 (定理 2.1) では有限自由度の力学系の完全積分可能性が述べられている. 一方, 20 世紀の後半に展開したソリトン研究では KdV 方程式や戸田格子方程式のような無限自由度の力学系の積分可能性が問題となった. そこで, 同じ完全積分可能という用語を使うのではなく, 包括的な定義の獲得を意図して, **可積分系** (integrable systems) という言葉が使われるようになった[9]. 21 世紀初頭において, 可積分系は, リュービル・アーノルドの意味での有限自由度完全積分可能系や KdV 方程式のようなソリトン方程式だけでなく, 自己双対ヤン・ミルズ (Yang-Mills) 方程式のような高次元方程式, パンルベ (Painlevé) の常微分方程式, 離散戸田格子方程式や離散パンルベ方程式のような離散時間系, 箱玉系と呼ばれるセル・オートマトン系や超離散系, 表現論に深く関わる量子可積分系などの量子系などを含む広範な概念に成長している. なお, イジング模型の本質的な拡張をめざす格子模型の研究では**可解** (solvable) という言葉が用いられることが多い.

---

[9] 1980 年代までは, 非線形波動, ソリトン理論, 非線型積分可能系など様々な名称で呼ばれていたが, 筆者は 1990 年頃から意識して研究集会名などで「可積分系」という言葉を使いはじめた. その後, 文部省科学研究費重点領域「無限自由度の可積分系の理論とその応用:幾何学・解析学の新展開」(上野健爾研究代表, 1992-1996 年) と日本数学会年会, 同秋期総合分科会における「無限可積分系セッション」の設置 (1995 年) を契機に広く用いられるようになった.

3. 戸田方程式の解の挙動

ラックス表示をもつ非線形方程式は，ラックス対と呼ばれる線形方程式を通じて解析可能であり，保存量の導出だけでなく，例えば，初期値問題を具体的に解くことが可能となる場合がある．このため，そのような方程式を「ラックスの意味で可積分」ということがある．リュービル・アーノルドの意味で完全可積分であることを示し，さらに作用角変数をみつけて求積するには，方程式ごとに特別な工夫を必要とするので，可積分性の判定条件にラックス表示をもつことを採用するという考え方である[10]．

本節では，戸田方程式のラックス表示 (2.8) を通じて時刻無限大での解の挙動について調べる．モーザー [59] は，$t \to \infty$ で，変数 a_k はゼロに，変数 b_k は行列 L の固有値 λ_{N-k+1} に収束することを示した．L の固有値は t によらず一定な値をとるから，λ_{N-k+1} はラックス表示の初期値 $L(0)$ の固有値でもある．

2.3 [定理] (モーザー)

$$\lim_{t\to\infty} a_k(t) = 0, \quad \lim_{t\to\infty} b_k(t) = \lambda_{N-k+1}. \tag{2.28}$$

証明 関数 $B_1(t) := b_1 - b_N$ を考える．運動量の有限性 $|b_k| < \infty$ より $|B_1(t)| < \infty$．$B_1(t)$ を微分して戸田方程式 (2.6) を用いると，$dB_1/dt = 2(a_1{}^2 + a_{N-1}{}^2) > 0$ を得る．これを区間 $[-T, T]$ で積分して，

$$B_1(T) - B_1(-T) = 2\int_{-T}^{T} (a_1{}^2 + a_{N-1}{}^2)dt.$$

T は任意だから，$|B_1(t)| < \infty$ より

$$\int_{-\infty}^{\infty} (a_1{}^2 + a_{N-1}{}^2)dt < \infty$$

がわかる．

---

[10] 非線形微分方程式をラックス表示に表すことは，P.D. ラックス [56] の KdV 方程式研究に端を発する．KdV 方程式の場合，L は 2 階の線形微分作用素で，やはりラックス対を通じて無限個の保存量の存在が示されている．KdV 方程式はリュービル・アーノルドの定理の枠に収まらないが，ラックス表示の存在をはじめとする様々な理由により，KdV 方程式を無限自由度可積分系の典型とみるのである．

$B_2(t) := b_2 - b_{N-1}$ とおいて戸田方程式を用いると，$\int_{-\infty}^{\infty}(a_2{}^2 + a_{N-2}{}^2)dt < \infty$ となり，以下同様にして，

$$\int_{-\infty}^{\infty}(a_1{}^2 + a_2{}^2 + \cdots + a_{N-1}{}^2)dt < \infty$$

を得る．もし，$\lim_{t\to\infty} a_k{}^2 \geq \delta > 0$ なる δ が存在するならば，$\int_{-\infty}^{\infty}(a_1{}^2 + \cdots + a_{N-1}{}^2)dt = \infty$ となり，上と矛盾する．したがって，

$$\lim_{t\to\infty} a_k(t) = 0$$

が示された．

戸田方程式 (2.6) より $\lim_{t\to\infty} db_k/dt = 0$ だから，$b_k(t)$ は，$t \to \infty$ において，ある定数に収束する．以上よりラックス表示 (2.8) における行列 $L(t)$ は，$t \to \infty$ で対角行列に収束することがわかった．一方，前節で示したように，行列 $L(t)$ の固有値 λ_j は t によらない定数である．したがって，対角行列 $\lim_{t\to\infty} L(t)$ の各対角成分は，ラックス表示の初期値 $L_0 = L(0)$ の固有値に一致する．

最後に，各固有値が対角行列 $\lim_{t\to\infty} L(t)$ の対角成分にどのように並ぶかを調べよう．$a_k > 0$ かつ $\lim_{t\to\infty} a_k(t) = 0$ に注意すれば，十分大きな $T > 0$ について

$$\frac{d \log a_k}{dt}(T) = b_{k+1}(T) - b_k(T) < 0$$

となるから，$\lambda_1 < \cdots < \lambda_N$ と合わせて，$\lim_{t\to\infty} b_k(t) = \lambda_{N-k+1}$ がわかる．すなわち，$\lim_{t\to\infty} L(t)$ の対角成分には L_0 の固有値が降順に並ぶ． ∎

定理 2.3 と同様にして，$t \to -\infty$ の極限をとると

$$\lim_{t\to-\infty} a_k(t) = 0, \quad \lim_{t\to-\infty} b_k(t) = \lambda_k \tag{2.29}$$

も確かめられる．この結果，モーザーは，時刻 $-\infty$ で $y_k = -2\lambda_k$ の速度をもつ粒子が，相互作用で速度が入れ替わり，時刻 ∞ で $y_k = -2\lambda_{N-k+1}$ の速度をもつ粒子となって無限遠方に飛び去っていくという戸田方程式の物理的描像を得た．

4. 戸田方程式と固有値計算の QR アルゴリズム

これまでに述べたように，(有限非周期) 戸田方程式はユークリッド空間部分空間 $\mathbf{R}^N$ に同相な相空間をもち，非線形の相互作用ののち無限遠方に飛び去っていく有限個の粒子を記述する，数学的にも物理学的にも比較的単純な方程式である．解は $t \to \infty$ の極限で初期値の3重対角対称行列の固有値に収束する．また，モーザーが発見した変数変換による具体的な線形化は，戸田方程式の見通しのよい解法となっている．これらは戸田方程式のラックス表示に基づいて明らかになった性質である．KdV 方程式の研究以来，ラックス表示は主としてソリトン方程式の多ソリトン解や無限個の保存量の構成に用いられてきたが，モーザーの研究はラックス表示に新しい機能を与えたものとみることができる．解の固有値への収束性について別の角度 [51, 83] からみよう．

非対角成分が正の $N \times N$ 3重対角対称行列 L_0 に対して，行列の指数関数

$$\exp(tL_0) := \sum_{k=0}^{\infty} \frac{t^k}{k!} L_0{}^k$$

を考える．任意の実数 t について右辺の級数はある正則行列に収束し，これを $\exp(tL_0)$ と書いている [100]．**グラム・シュミットの直交化** (Gram-Schmidt orthogonalization) とは，N 個の1次独立なベクトルの適当な1次結合をとることで正規直交系を生成する手順である．1次独立なベクトルを並べてつくった行列は正則であるから，A をそのような行列とすれば，グラム・シュミットの直交化により $AR^{-1} = Q$ と書ける．ここに，R は正の対角成分をもつ上3角行列，Q は直交行列である．これは $A = QR$ とも書けるから，グラム・シュミットの直交化は正則行列を直交行列 Q と上3角行列 R の積へと一意に分解する操作，すなわち，**QR 分解** (QR decomposition) と同値である．QR 分解を $\exp(tL_0)$ に適用すれば

$$\exp(tL_0) = Q(t)R(t), \quad Q(0) = I, \quad R(0) = I \tag{2.30}$$

となる．直交行列 Q を用いて

$$L(t) := Q(t)^\top L_0 Q(t) \tag{2.31}$$

と定めると，$\dot{L} = [-Q^\top \dot{Q}, L]$ である．一方，$\exp(tL_0)$ の微分から $L = Q^\top \dot{Q} + \dot{R}R^{-1}$．これより $Q^\top \dot{Q}$ は L の歪対称部 $L_- - L_-^\top$ に一致する．L_- は L の強

下3角部をとるの意味．以上より，$L(t)$ はラックス型非線形方程式

$$\frac{dL(t)}{dt} = [L_-^\top - L_-,\ L], \quad L(0) = L_0 \tag{2.32}$$

を満たすことがわかる．これは戸田方程式のラックス表示 (2.8) に他ならない．任意の t について $L(t)$ が3重対角に保たれることは，行列微分方程式 (2.32) の解の一意性より確認することができる．すなわち，$L = (\ell_{ij})$ と書くと，$|i-j| \geq 2$ のとき $\ell_{ij}(0) = 0$ だから，$d\ell_{ij}/dt$ を左辺とする微分方程式の解の一意性より $\ell_{ij}(t) \equiv 0$ が成り立つ．相似変形 (2.31) はまた $L(t) = R(t)L_0 R(t)^{-1}$ とも書ける．

サイムス [83] は以下を指摘した．(2.30) で $t = 1$ とおき，$\exp L_0 = Q(1)R(1)$．一方，(2.31) を用いて，$\exp L(1) = Q(1)^\top \exp L_0 \cdot Q(1) = R(1)Q(1)$．まとめると

$$\exp L_0 = Q(1)R(1), \quad \exp L(1) = R(1)Q(1) \tag{2.33}$$

となる．戸田方程式の時間発展 $L_0 = L(0) \to L(1)$ のもとで，QR 分解による行列の指数関数の分解 $\exp L_0 = Q(1)R(1)$ と因子の取り替え $\exp L(1) = R(1)Q(1)$ が起きている．

行列の固有値計算は，数値計算における最も重要な問題のひとつである．QR アルゴリズムは優れた固有値計算法として知られている[11]．この方法は正則行列の QR 分解 $A_k = Q_k R_k$ と因子の交換 $R_k Q_k = A_{k+1}$ によって行列の相似変形を行い，同じ固有値をもつ行列の系列 $\{A_k\}$ を生成する方法である．A_k と A_{k+1} のすべての固有値が一致することは，A_{k+1} が A_k の相似変形であること，$A_{k+1} = Q_k^\top Q_k R_k Q_k = Q_k^\top A_k Q_k$，より明らか．適当な条件のもとで，$k \to \infty$ で A_k は対角行列，または，上3角行列に収束し，その対角成分に初期値 A_0 の固有値がその絶対値の大きな固有値の順に並ぶ．収束性に関する詳しい議論は [98] を参照されたい．

サイムスが示したことは，戸田方程式の時間1の時間発展は行列の指数関数 $A_0 = \exp L_0$ に対する QR アルゴリズムの1ステップに一致することである．$L(1)$ を L_1 と書き，$\exp L_1$ をあらためて初期値とし，QR 分解と因子の取り替えを行う．この手順を繰り返せば行列の指数関数の系列 $\exp L_k$ が生成される．

---

[11] J.H. Wilkinson [97] では QR アルゴリズムを "champion algorithm" と表現している．

一方,戸田方程式については解の存在と一意性が成り立つから,戸田方程式の解 $L(t)$ の定める行列の指数関数の1パラメータ変形 $\exp L(t)$, $(t \geq 0)$ 上に QR アルゴリズムにより計算される行列の指数関数の系列 $\exp L_k$ があることがわかる.実際,戸田方程式の解の固有値への収束性(定理 2.3)

$$\lim_{t \to \infty} L(t) = \mathrm{diag}(\lambda_N, \lambda_{N-1}, \ldots, \lambda_1)$$

は,相異なる正の固有値をもつ実対称行列 $A_0 = \exp L_0$ に対する QR アルゴリズムの対角行列への収束性 [98]

$$\lim_{k \to \infty} \exp L_k = \mathrm{diag}(e^{\lambda_N}, e^{\lambda_{N-1}}, \ldots, e^{\lambda_1})$$

と対応している.このように,有限自由度可積分系である戸田方程式は,ラックス表示を通じて,定評ある固有値計算法である QR アルゴリズムと一種の等価性をもつ.

2.4 [注] 戸田方程式の解の極限として計算される固有値 $\{\lambda_j\}$ は対角行列 $\lim_{t \to \infty} L(t)$ の対角成分に大小順に並ぶ(定理 2.3).ところが,QR アルゴリズムによって計算される固有値は極限 $\lim_{k \to \infty} A_k$ の対角成分に絶対値の大小順に並ぶ.両者は一見異なる順序付けであるが,固有値 $\{\lambda_j\}$ の指数関数の値でみると同じ順序となっていることに注意する.すなわち,

$$e^{\lambda_N} > e^{\lambda_{N-1}} > \cdots > e^{\lambda_1} > 0.$$

(有限非周期)戸田方程式は数学的にも物理学的にも単純な方程式である.モーザーはラックス表示と連分数に基づいてこの方程式の解の挙動を調べたが,その後のサイムスらにより,行列の QR 分解によるラックス表示の解法 (2.31) とともに,戸田方程式と QR アルゴリズムの意外な関係が明らかとなった.次章以降では,連分数に注目して,「半無限」に拡張した戸田方程式とそのアルゴリズムとの関わりについて,様々な角度から論じることにする.

この章の残りの節では,引き続きモーザーのアイデアを起点として行われた戸田型の有限自由度の可積分系研究を概観する.

5. 戸田方程式階層

戸田方程式のラックス表示 (2.32) を

$$\frac{dL}{dt} = [\Pi(L),\ L], \quad \Pi(L) = L_-^\top - L_-$$

と書く．$\Pi(L)$ は行列 L の歪対称部をとるの意味．$g = g(x)$ を x の解析関数とし，L の部分を $g(L)$ に変えることで，方程式

$$\frac{dL}{dt} = [\Pi(g(L)),\ L] \tag{2.34}$$

を定義することができる．ラックス表示に注目した新しい可積分系の導入である．これを**戸田型方程式** (Toda type equation) と呼ぶことにする．

このクラスの最も基本的な例は，モーザー自身 [59] による（有限非周期）**戸田方程式階層** (Toda equation hierarchy)

$$\frac{dL}{dt} = [\Pi(L^\ell),\ L] \tag{2.35}$$

である．ここに，ℓ は 1 から $N-1$ までのある整数である．

2 節で述べたようにトレース $J_k = \mathrm{trace}(L^k) = \prod_{j=1}^{N} \lambda_j^k$ は $\ell = 1$ のときの戸田方程式階層，すなわち，モーザーの戸田方程式の保存量である．特に，$\frac{1}{2}J_2$ は戸田方程式のハミルトン関数 H そのものである．モーザーは以下を主張した．

2.5 [定理](モーザー)　戸田方程式階層 (2.35) は，それぞれ，トレース $J_{\ell+1}$，$(\ell = 1, \ldots, N-1)$ をハミルトン関数とする完全積分可能なハミルトン系である．

証明　トレース $\{J_j\}$ が包合系をなすことから，ある J_k をハミルトン関数とするハミルトン系が，その他の J_j 達を保存量とする完全積分可能なハミルトン系となることは明らかである．(2.35) は $J_{\ell+1}$ をハミルトン関数とするハミルトン系と同じく，a_k, b_k について $\ell + 1$ 次の非線形性をもつ．■

以下では $\ell = 2$ の戸田方程式階層の性質を調べよう．

$$H_3 = \frac{4}{3}J_3 = \frac{4}{3}\mathrm{trace}(L^3) \tag{2.36}$$

を書き下すと

$$H_3 = -\frac{1}{6}\sum_{k=1}^{N} y_k^3 - \frac{1}{2}\sum_{k=1}^{N} y_k \left(e^{x_{k-1}-x_k} + e^{x_k - x_{k+1}} \right) \tag{2.37}$$

となる.ただし,$x_0 = -\infty$, $x_{N+1} = \infty$. H_3 をハミルトン関数とするハミルトン系

$$\frac{dx_k}{dt} = \frac{\partial H_3}{\partial y_k}, \quad \frac{dy_k}{dt} = -\frac{\partial H_3}{\partial x_k}$$

をフラシュカの変数 (2.5) を用いて表すと

$$\frac{da_k}{dt} = a_k({a_{k+1}}^2 - {a_{k-1}}^2 + {b_{k+1}}^2 - {b_k}^2),$$
$$\frac{db_k}{dt} = 2{a_k}^2(b_k + b_{k+1}) - 2{a_{k-1}}^2(b_{k-1} + b_k) \tag{2.38}$$

となる.モーザーは,この方程式は物理学的解釈はできないが解の挙動は戸田方程式 ($\ell = 1$ の場合) と同様に議論することができるとしている.実際,レゾルベント $R = (\lambda I - L)^{-1}$ を微分してラックス表示 (2.35) を代入すると

$$\frac{dR}{dt} = \Pi(L^2)R - R\Pi(L^2).$$

この $(1,1)$ 成分は

$$\frac{df(\lambda)}{dt} = 2(\lambda^2 - {b_1}^2 - {a_1}^2)\frac{q_N(\lambda)}{p_N(\lambda)} - 2(\lambda + b_1)$$

と表される.ここで,行列式の展開 $p_N = (\lambda - b_1)q_N - {a_1}^2 u_N$,および,$q_N = (\lambda - b_2)u_N - {a_2}^2 v_N$,ただし,

$$v_N(\lambda) = \begin{vmatrix} \lambda - b_4 & -a_4 & & 0 \\ -a_4 & \lambda - b_5 & \ddots & \\ & \ddots & \ddots & -a_{N-1} \\ 0 & & -a_{N-1} & \lambda - b_N \end{vmatrix}$$

を利用している.(2.15) を t について微分し,$\lambda = \lambda_k$ における留数をとり (2.19) を用いると

$$\frac{dr_j}{dt} = \left({\lambda_j}^2 - {b_1}^2 - {a_1}^2\right)r_j$$
$$= {\lambda_j}^2 r_j - r_j \sum_{k=1}^{N} {\lambda_k}^2 {r_k}^2, \quad (j = 1, \ldots, N) \tag{2.39}$$

を得る.${r_j}^2 = {s_j}^2 / \sum_{k=1}^{N} {s_k}^2$ とおけば戸田方程式階層 ($\ell = 2$) は線形化されて

$$\frac{ds_j}{dt} = {\lambda_j}^2 s_j, \quad \frac{d\lambda_j}{dt} = 0, \quad (j = 1, \ldots, N) \tag{2.40}$$

が導かれる.

モーザーの定理（定理2.3）にならって戸田方程式階層（$\ell = 2$）の解の挙動について考察する．$a_0 = 0$ に注意して $db_1/dt = 2a_1^2(b_2 + b_1)$ を積分し

$$b_1(T) - b_1(-T) = 2\int_{-T}^{T} a_1^2(b_2 + b_1)dt.$$

b_1 は有限で T は任意だから $\int_{-\infty}^{\infty} a_1^2(b_2 + b_1)dt < \infty$．これを繰り返して

$$b_k(T) - b_k(-T) = 2\int_{-T}^{T} a_k^2(b_k + b_{k+1})dt - 2\int_{-T}^{T} a_{k-1}^2(b_{k-1} + b_k)dt$$

から同様に，$\int_{-\infty}^{\infty} a_k^2(b_{k+1} + b_k)dt < \infty$．この結果，

$$\lim_{t\to\infty} a_k^2(b_{k+1} + b_k) = 0$$

となり $\lim_{t\to\infty} a_k(t) = 0$ が示された．同時に $b_k(t)$ は，$t \to \infty$ で，ある定数 μ_k に，ラックス表示 (2.35) における行列 $L(t)$ は対角行列に収束する．対角行列 $\lim_{t\to\infty} L(t)$ の各対角成分は，ラックス表示の初期値 $L_0 = L(0)$ の固有値のいずれかである．

$a_k > 0$ かつ $\lim_{t\to\infty} a_k(t) = 0$ に注意すれば，十分大きな $T > 0$ について

$$\frac{d\log a_k}{dt}(T) = a_{k+1}(T)^2 - a_{k-1}(T)^2 + b_{k+1}(T)^2 - b_k(T)^2$$
$$\sim b_{k+1}(T)^2 - b_k(T)^2 < 0$$

であるから，極限において $|b_{k+1}(\infty)| < |b_k(\infty)|$ が成り立つ．一方，行列 $L(t)$ の固有値は $\lambda_1 < \cdots < \lambda_N$ であったから，もとの戸田方程式（$\ell = 1$）のように $\lim_{t\to\infty} L(t)$ の対角成分には L_0 の固有値が降順に並ぶのではなく，絶対値の大きな固有値から順に並ぶことになる．まとめると，

2.6 [定理] 3重対角行列 L_0 は絶対値が同じで符号が異なる固有値をもたないものとする．このとき，戸田方程式階層（$\ell = 2$）の解は，$t \to \infty$ で

$$\lim_{t\to\infty} a_j(t) = 0, \quad \lim_{t\to\infty} b_j(t) = \lambda_{k_j} \qquad (2.41)$$

のように振る舞う．ただし，極限 λ_{k_j} は

$$|\lambda_{k_j}| = \max\{\{|\lambda_1|,\ldots,|\lambda_N|\} \setminus \{|\lambda_{k_1}|,\ldots,|\lambda_{k_{j-1}}|\}\}, \quad (j = 1,\ldots,N)$$

なる固有値 λ_{k_j} を用いて逐次的に定まる．

戸田方程式階層（$\ell = 2$）もまた行列の固有値計算のQRアルゴリズムと関わりがある．3 重対角対称行列 L_0 の指数関数 $\exp(tL_0{}^2)$ に QR 分解を適用し $\exp(tL_0{}^2) = Q_2(t)R_2(t)$, $Q_2(0) = I$, $R_2(0) = I$ とおく．直交行列 Q_2 を用いて $L(t)^2 = Q_2(t)^\top L_0{}^2 Q_2(t)$ と定めると，1 章 4 節と同様にして，$L^2 = L(t)^2$ はラックス型方程式

$$\frac{dL^2}{dt} = [\Pi(L^2),\ L^2], \quad L(0)^2 = L_0{}^2$$

を満たすことが示される．これを書き下すと

$$\frac{dL}{dt}L + L\frac{dL}{dt} = [\Pi(L^2),\ L]L + L[\Pi(L^2),\ L]$$

となるが，これは初期値を $L(0) = L_0$ とする戸田方程式階層（$\ell = 2$）と同値である．以下，3 重対角行列 L_0 は，絶対値が同じで符号が異なる固有値をもたないものとする．

$$\exp(L_0{}^2) = Q_2(1)R_2(1), \quad \exp(L(1)^2) = R_2(1)Q_2(1)$$

より，この戸田方程式階層の時間 1 の時間発展が $\exp(L_0{}^2)$ に対する QR アルゴリズムの 1 ステップに一致することがわかる．QR アルゴリズムのもとで相似変形を繰り返せば，対角成分に $\exp(L_0{}^2)$ の固有値が降順

$$\exp(\lambda_{k_1}{}^2) > \exp(\lambda_{k_2}{}^2) > \cdots > \exp(\lambda_{k_N}{}^2) > 0$$

に並ぶが，これは戸田方程式階層（$\ell = 2$）の解の収束性

$$\lim_{t \to \infty} L(t) = \mathrm{diag}(\lambda_{k_1}, \lambda_{k_2}, \ldots, \lambda_{k_N})$$

に対応している．戸田方程式階層（$\ell = 2$）自身が固有値を絶対値の大きさ順に極限 $\lim_{t \to \infty} L(t)$ の対角成分に並べる機能をもつ．この点がもとの戸田方程式（$\ell = 1$）の場合と異なる．

一般の戸田方程式階層 (2.35) も $\ell = 2$ の場合と同様に線形化可能で

$$\frac{ds_j}{dt} = \lambda_j{}^\ell s_j, \quad \frac{d\lambda_j}{dt} = 0, \quad (j = 1, \ldots, N) \tag{2.42}$$

となる．これを積分すれば戸田方程式階層の解の表示

$$f(\lambda) = \frac{1}{\sum_{i=1}^N s_i(0)^2 \exp(2\lambda_i{}^\ell t)} \sum_{j=1}^N \frac{s_j(0)^2 \exp(2\lambda_j{}^\ell t))}{\lambda - \lambda_j} \tag{2.43}$$

を得る.

モーザーの戸田方程式階層はラックス [56] が考察した**KdV方程式階層** (KdV equation hierarchy) のアナロジーとして導入された.包合系をなす十分な保存量をもつことが (有限自由度) 力学系の可積分性の定義であったが,これは相空間に互いに可換な流れ,あるいは,可換な無限小変形の方向があることを意味する.このような流れをもとの可積分系の階層と総称するのである. $\ell = 2, 3, \ldots$ の戸田方程式階層を**高次の戸田方程式** (higher order Toda equations) と呼ぶこともある.

$\ell = 2$ の戸田方程式階層 (2.38) の重要なサブクラスに, $b_k = 0, (k = 1, \ldots, N)$ の場合

$$\frac{da_k}{dt} = a_k(a_{k+1}{}^2 - a_{k-1}{}^2) \tag{2.44}$$

がある.この方程式は数理生態学に現れる**ロトカ・ボルテラ方程式** (Lotka-Volterre equation) の特別な場合で,生物種 k が捕食関係にある種 $k+1$ を食べ,種 $k-1$ に食べられて,個体数 $a_k{}^2$ が変化していく様子を記述している.ラックス表示 (2.35) に現れる行列 L は対角成分が零の 3 重対角対称行列だから,その固有値は (2.9) と同時に

$$\lambda_k + \lambda_{N-k+1} = 0, \quad (k = 1, 2, \ldots, [N/2])$$

を満たす.対応する部分分数展開 (2.15) は $r_k = r_{N-k+1} > 0$ を満たす.この意味では,(有限非周期) ロトカ・ボルテラ方程式は,戸田方程式階層 ($\ell = 2$) の特殊化ではあるが,解の行列式表現における偶奇性の発生などの理由で別の可積分系とみなすことが一般的である.無限種 ($k = 0, \pm 1, \pm 2, \ldots$) の場合,ロトカ・ボルテラ方程式は (空間変数が離散化された) 離散 KdV 方程式 [57] とも呼ばれ,一方向に進む多ソリトン解をもつ可積分系である.

6. 戸田方程式と QR アルゴリズム − 再考 −

行列の固有値,固有ベクトルの数値計算法は,二分法など固有方程式 $|\lambda I - A| = 0$ を代数方程式として解く方法と,行列を用いた演算で固有値,固有ベクトルを計算する方法に大別される.後者は行列の相似変形を利用した対角化,3 角行列化の操作である QR アルゴリズムやヤコビ法などと,相似変形を使わずに最

大固有値，同固有ベクトルを求めるべき乗法とに分けられる．QR アルゴリズムは，その基本形に様々な改良が加えられた結果，現代ではすべての固有値を数値計算する場合の最良の反復法とされている[12]．

4節で示したように，戸田方程式は3重対角対称行列 L_0 ではなく，指数関数 $\exp L_0$ に対する QR アルゴリズムとある種の等価性をもつ．以下では L_0 に対する QR アルゴリズムと等価をもつ可積分系を構成する．

戸田型方程式 (2.34) において解析関数 $g(x)$ を $g(x) = \log x$ と選ぶ．対応する戸田型方程式

$$\frac{dL(t)}{dt} = [\Pi(\log L),\ L],\quad L(0) = L_0 \tag{2.45}$$

において，$\log(L)$ は

$$\log(I + X) = \sum_{k=1}^{\infty} (-1)^{k-1} \frac{1}{k} X^k$$

で定義される行列の対数関数で，$\|X\| < 1$ のときに右辺の級数は収束する [100]．さて，QR 分解

$$L_0{}^t = Q(t)R(t),\quad Q(0) = I,\quad R(0) = I \tag{2.46}$$

によって直交行列 $Q = Q(t)$ を定め，

$$L(t) := Q(t)^\top L_0 Q(t) \tag{2.47}$$

とおく．(2.46) の微分より $\log L_0 \cdot L_0{}^t = \dot{Q}R + Q\dot{R}$ だから，$Q^\top \dot{Q} = -\Pi(\log L)$ となる．これを $\dot{L} = [-Q^\top \dot{Q},\ L]$ に代入すれば $L = L(t)$ は戸田型方程式 (2.45) を満たすことがわかる．(2.46) で $t = 1$ とおき $L_0 = Q(1)R(1)$．(2.47) を用いて $L(1) = R(1)Q(1)$．ゆえに，QR アルゴリズムの1ステップは戸田型方程式 (2.45) の時間発展 $L_0 = L(0) \to L(1)$ に等価である．方程式 (2.45) は計算数学を起源とする可積分系で，**QR フロー** (QR flow) と名づけられ，その可積分性がデイフト (Deift) ら [15] によって研究されている．

QR アルゴリズムによる実際の固有値計算では様々な工夫を行う．与えられた $N \times N$ 行列 A が密行列（零となる成分が少ない行列）のとき，そのまま QR

---

[12] 大規模かつ疎な行列の場合はすべての固有値，固有ベクトルを得ることが期待できないことが多く，別の算法が有力とされている．

アルゴリズムを適用したのでは1回の反復 $(k \to k+1)$ に N^3 に比例する量の乗除算を必要とし効率が悪い．精度も悪化しやすい．与えられた行列 A が対称の場合，通常，**ハウスホルダー変換** (Householder transformation) と呼ばれる前処理を行い，適当な直交行列 G による相似変形で A を3重対角対称行列 L_0 に変形し，その後，QR アルゴリズムを適用して L_0 を対角行列に近づけていく．この場合，前処理に要する計算量は乗除算 $\frac{2}{3}N^3$ 回程度に過ぎない．この結果，QR アルゴリズムの1回の反復に要する計算量は N^2 に比例する量に抑えられる．もし L_0 の非対角成分の1つに零があれば，L_0 は2つの3重対角対称行列に分割され，より小規模の固有値問題に帰着するから，非対角成分に零がない3重対角対称行列 L_0 に限定すれば十分である．このとき L_0 は相異なる N 実固有値をもつ．

与えられた実 $N \times N$ 行列 A が対称でない場合，固有値の絶対値がすべて相異なるなどの仮定のもとで，QR アルゴリズムの生成する行列の系列 A_k は上3角行列に近づき，対角成分は A の固有値に収束する [98]．この場合も，計算量の低減のため，A に前処理としてハウスホルダー変換を施して**上ヘッセンベルグ行列** (upper Hessenberg matrix)

$$L_0 = \begin{pmatrix} \ell_{11} & & \cdots & & \ell_{1N} \\ \ell_{21} & \ddots & & & \vdots \\ & \ddots & \ddots & & \\ 0 & & & \ell_{NN-1} & \ell_{NN} \end{pmatrix} \qquad (2.48)$$

に変形した後に QR アルゴリズムを適用する．1回の反復に要する計算量は N^2 に比例する．L_0 を初期値とする戸田型方程式 (2.45) を考える．解 $L(t)$ は QR 分解 (2.46) と相似変形 (2.47) によって表現され，任意の t について上ヘッセンベルグで，$t \to \infty$ で上3角行列に近づく．これをヘッセンベルグフローと呼ぶことにする．ヘッセンベルグフローの変数は $(N^2+3N-2)/2$ 個であるから QR フローの $2N-1$ 個に比べて多く，リュービル・アーノルドの意味での完全積分可能性を証明するには，$L(t)$ のべきのトレースだけでは十分な数の保存量を確保できない．デイフトら [14] は $[N^2/2]$ 個の自由度をもつ戸田型方程式について，$L(t)$ の小行列の固有値が保存量となることを示し，モーザーの戸田方程式の可積分性に帰着させることで，その完全積分可能性を示している．

次に，高次の戸田方程式の特殊化によって導かれたロトカ・ボルテラ方程

式と数値計算法との関わりについて，**チュー** (M. Chu) の指摘 [10] に触れる．$u_k = 2a_k{}^2$ とおいて奇数種についてのロトカ・ボルテラ方程式 (2.44) を

$$\frac{du_k}{dt} = u_k(u_{k+1} - u_{k-1}), \quad (k = 1, \ldots, 2m-1) \tag{2.49}$$

と書く．正値の解 $u_k > 0$ が重要である．$x_k{}^2 := u_k$ とおけば

$$\frac{dx_k}{dt} = \frac{1}{2}x_k(x_{k+1}{}^2 - x_{k-1}{}^2), \quad (k = 1, \ldots, 2m-1) \tag{2.50}$$

となる．境界条件は $x_0 = 0$, $x_{2m} = 0$ である．この方程式は高次 ($\ell = 2$) の戸田方程式の $b_k = 0$ なる特殊化であるから，

$$\frac{dL}{dt} = [\Pi(L^2), L]$$

なるラックス表示をもつ．注目すべきは，(2.50) は $m \times m$ 上 2 重対角行列

$$X = \begin{pmatrix} x_1 & x_2 & & & \\ & x_3 & \ddots & & \\ & & \ddots & x_{2m-2} & \\ & & & x_{2m-1} & \end{pmatrix} \tag{2.51}$$

について，もうひとつのラックス表示

$$\frac{dX}{dt} = -\frac{1}{2}[\Pi(X^\top X), X] \tag{2.52}$$

をもつことである[13]．さらに，$L := X^\top X$ と書けば，L は正定値な 3 重対角対称行列で，

$$\frac{dL}{dt} = -\frac{1}{2}[\Pi(L), L] \tag{2.53}$$

を満たす．これは時間反転した戸田方程式 ($\ell = 1$) に他ならない．L をラックス行列 (2.7) とみれば，変数の間に

$$a_k = x_{2k-1}x_{2k}, \quad b_k = x_{2k-2}{}^2 + x_{2k-1}{}^2$$

の関係がある．戸田方程式の解の漸近的挙動 (2.29) より，$t \to \infty$ の極限で

$$\lim_{t \to \infty} x_{2k-1}(t)^2 = \lambda_k, \quad \lim_{t \to \infty} x_{2k}(t)^2 = 0 \tag{2.54}$$

となる．ここに λ_k は $0 < \lambda_1 < \cdots < \lambda_m$ なる初期値の行列 $L(0) = X^\top(0)X(0)$ の固有値である．(2.54) は高次 ($\ell = 2$) の戸田方程式の解の挙動 (2.41) とも一致する．さらにデイフトら [13] は (2.50) の完全積分可能性を示している．

---

[13] ラックス表示は一意的ではない．

7. 有理関数空間の幾何学と戸田型方程式

本章 2 節で述べたように,モーザーの戸田方程式の解の相空間は $\mathbf{R}^{N-1}$ である.この事実は (2.14) の特別な形の有理関数 $f(\lambda) = q_N(\lambda)/p_N(\lambda)$ 上で戸田方程式が線形化されることに基づいて証明された.多項式 $p_N(\lambda)$ の零点は相異なる実数で,$q_N(\lambda)$ と $p_N(\lambda)$ は互いに素である.さらに,(2.16) かつ $a_{k-1} \neq 0$ より分子 $q_N(\lambda)$ の零点 μ_k は,分母 $p_N(\lambda)$ の零点 $\lambda_k^{(N)}$ を以下のように完全に分離する[14].

$$\lambda_1^{(N)} < \mu_1 < \lambda_2^{(N)} < \mu_2 < \cdots < \mu_{N-1} < \lambda_N^{(N)} \tag{2.55}$$

ここで,零点 $\lambda_k^{(N)}$ は 3 重対角対称行列 $L(t)$ の固有値 λ_k そのもので,戸田方程式の変形パラメータ t に依存しない.一方,零点 μ_k は,戸田方程式の解の表示 (2.26) からわかるように,t に依存して実軸上を動く.すなわち,

$$\lambda_1 < \mu_1(t) < \lambda_2 < \mu_2(t) < \cdots < \mu_{N-1}(t) < \lambda_N. \tag{2.56}$$

より正確には,$N-1$ 個の零点 $\mu_k(t)$ は実軸の開区間上を,それぞれ

$$\lim_{t \to -\infty} \mu_k(t) = \lambda_k, \quad \lim_{t \to \infty} \mu_k(t) = \lambda_{k+1} \tag{2.57}$$

と動く.相空間が $\mathbf{R}^{N-1}$ であることの反映である.

さて,互いに素である N 次多項式 $p(\lambda) = \lambda^N + p_{N-1}\lambda^{N-1} + \cdots + p_0$ と $N-1$ 次多項式 $q(\lambda) = q_{N-1}\lambda^{N-1} + \cdots + q_0$ が与えられたとき,実係数の N 次有理関数

$$f(\lambda) = \frac{q_{N-1}\lambda^{N-1} + \cdots + q_0}{\lambda^N + p_{N-1}\lambda^{N-1} + \cdots + p_0} = \frac{q(\lambda)}{p(\lambda)} \tag{2.58}$$

のなす空間

$$\mathrm{Rat}(N) := \{(p_j, q_j) \in \mathbf{R}^{2N} \mid p(\lambda), q(\lambda) \text{ は互いに素}\} \tag{2.59}$$

の幾何学を考える.戸田型方程式階層は $\mathrm{Rat}(N)$ に N パラメータフローを誘導する.線形システムの実現問題や同定問題における $\mathrm{Rat}(N)$ の幾何学の重要性は,最初にブロケット (Brockett)[7] により指摘された.$\mathrm{Rat}(N)$ はコーシー

---

[14] $q_N(\lambda)$ と $p_N(\lambda)$ がスツルム列をなすことを用いた証明が [98] にある他,3 章では直交多項式に基づいた証明を与える.

指数 (Cauchy index) と呼ばれる位相不変量で区別される $N+1$ 個の連結成分からなり,指数 $\pm N$ の連結成分は $\mathbf{R}^{2N}$ に同相である.コーシー指数はハンケル行列式 H_N (2.21) の正の固有値の個数 i と負の固有値の個数 j の差 $i-j$ として定義される [26].$p(\lambda)$ と $q(\lambda)$ が互いに素であれば H_N は零固有値をもたないから,$i+j=N$ が成り立つ.2節でみたようにハンケル行列式 H_n について正値性 $H_n > 0, (n=1,\ldots,N)$ が成り立つので,H_N は N 個の正の固有値をもつ.したがって,戸田方程式はコーシー指数 N の連結成分上の可積分系である.モーザーが戸田方程式の線形化のために導入した座標系は,この連結成分の座標系に他ならない.戸田方程式の相空間 $\mathbf{R}^{N-1}$ はこの連結成分の包体のひとつである.

以下では,一般の連結成分上の流れを定める戸田型方程式階層をみいだし,その相空間を調べよう.まず,$\mathrm{Rat}(N)$ の任意の有理関数 $f(\lambda) = q(\lambda)/p(\lambda)$ は,

$$f(\lambda) = C_0 (\lambda I - A_0)^{-1} B_0 \tag{2.60}$$

と一意に表されることに注意する.ただし,

$$A_0 = \begin{pmatrix} 0 & & \text{\Large 0} & -p_0 \\ 1 & \ddots & & \vdots \\ & \ddots & 0 & -p_{N-2} \\ \text{\Large 0} & & 1 & -p_{N-1} \end{pmatrix}, \quad B_0 = \begin{pmatrix} q_0 \\ \vdots \\ q_{N-2} \\ q_{N-1} \end{pmatrix}, \quad C_0^\top = \begin{pmatrix} 0 \\ \vdots \\ 0 \\ 1 \end{pmatrix}.$$

$|\lambda I - A_0| = p(\lambda)$ は明らか.A_0 は $p(\lambda)$ の**コンパニオン行列** (companion matrix) という.多項式 $p(\lambda), q(\lambda)$ が互いに素であることより

$$\mathrm{rank}(B_0, A_0 B_0, \ldots, A_0^{N-1} B_0) = N$$

となり,A_0 はベクトル B_0 に対するサイクリック行列 (cyclic matrix) とも呼ばれる.同様に,$\mathrm{rank}(C_0^\top, A_0^\top C_0^\top, \ldots, A_0^{\top N-1} C_0^\top) = N$ も成り立つ.逆に,このような3つ組 $\{A_0, B_0, C_0\}$ から $\mathrm{Rat}(N)$ の有理関数が一意に定まる.

さて,パラメータの集合

$$t = (t_0, \ldots, t_{N-1}) \in \mathbf{R}^N \tag{2.61}$$

を準備し,$N \times N$ 行列 $A = A(t)$ についての戸田型方程式階層

$$\frac{\partial A(t)}{\partial t_k} = \left[\Pi(A^k),\ A(t) \right], \quad (k = 0, 1, \ldots, N-1) \tag{2.62}$$

を考えよう．ここでは N 個の方程式を同時に考えている．さらに，ベクトル $B(t), C(t)$ についての補助方程式系

$$\frac{\partial B(t)}{\partial t_k} = \left(A^k(t) + \Pi(A^k)\right)B(t), \quad \frac{\partial C(t)}{\partial t_k} = -C(t)\Pi(A^k), \quad (2.63)$$

を導入する．

戸田型方程式階層 (2.62) と補助方程式系 (2.63) の両立条件が一致することを確かめておく．(2.62) の両立条件

$$\frac{\partial^2 A(t)}{\partial t_j \partial t_k} = \frac{\partial^2 A(t)}{\partial t_k \partial t_j}$$

を書き下すと，$[\partial \Pi(A^j)/\partial t_k - \partial \Pi(A^k)/\partial t_j + [\Pi(A^j), \Pi(A^k)], A] = 0$ となる．したがって，$\Pi(A^k)$ が

$$\frac{\partial \Pi(A^j)}{\partial t_k} - \frac{\partial \Pi(A^k)}{\partial t_j} + \left[\Pi(A^j), \Pi(A^k)\right] = 0 \quad (2.64)$$

を満たせば戸田型方程式階層 (2.62) は両立する．以下でみるように，この条件は戸田型方程式階層に対する新しい制約条件ではなく，戸田型方程式階層に同値な方程式系である．戸田型方程式階層の個々の方程式は，ラックス対

$$A\Psi = \lambda \Psi, \quad \frac{\partial \Psi}{\partial t_k} = \Pi(A^k)\Psi$$

において A の固有値 λ が変形パラメータ t_k に依存しないことを意味する．つまり $A(t_k)$ と A_0 の固有値がすべて一致する．このとき，適当な正則な上 3 角行列 U によって $A(t_k)U = UA_0$ と書ける ([25], p. 219)．ゆえに，A_0 が上ヘッセンベルグであれば，$A(t_k)$ もそうである．

$N \times N$ 行列 $M = (m_{ij})$ の $\mathrm{ord}(M)$ を，$i-j>k$ なるすべての成分が $m_{ij}=0$ で，$i-j=k$ なる少なくとも 1 つの成分が $m_{ij} \neq 0$ のとき，$\mathrm{ord}(M) = k$ と定義する．$-N \leq \mathrm{ord}(M) < N$ で，上ヘッセンベルグ行列や 3 重対角行列では $\mathrm{ord}(M) = 1$ である．

上 3 角行列 $G_j = A^j + \Pi(A^j)$ を導入する．$k = 0, 1, \ldots, N-1$ について

$$\frac{\partial A^k}{\partial t_j} - [\Pi(A^j), A^k] = \left(\frac{\partial \Pi(A^j)}{\partial t_k} - \frac{\partial \Pi(A^k)}{\partial t_j} + [\Pi(A^j), \Pi(A^k)]\right)$$
$$+ \left(\frac{\partial G_k}{\partial t_j} - \frac{\partial \Pi(A^j)}{\partial t_k} - [\Pi(A^j), Q_k]\right) \quad (2.65)$$

が成り立つ．戸田型方程式階層を用いると

$$\frac{\partial A^k}{\partial t_j} - [\Pi(A^j), A^k] = 0. \tag{2.66}$$

$\mathrm{ord}(G_j) = 0$ だから，(2.65) の右辺第 1 項のオーダーは j を超えることはなく k に依存しない．(2.65) の右辺第 2 項のオーダーは $j+k$ である．ゆえに，$k = 0, 1, \ldots, N-1$ について $\Pi(A^j)$ は (2.64) を満たす．以上で，戸田型方程式階層と (2.64) の等価性が示された．(2.64) を**ザハロフ・シャバット方程式** (Zakharov-Shabat equation)，または，**零曲率方程式** (zero curvature equation) といい，ラックス表示と並んでソリトン方程式などの可積分系を表現する標準形となっている[15]．

補助方程式系 (2.63) の両立条件は (2.64) および (2.62) であるから，結局，戸田型方程式階層 (2.62) と補助方程式系 (2.63) の両立条件は一致し，$A = A(t)$ が (2.62) を満たせば，(2.63) を満たすベクトル $B(t), C(t)$ が存在する．

$A(0) = A_0$ なる (2.62) の解 $A = A(t)$ は以下のように構成される．行列の指数関数 $\exp\left(\sum_{k=0}^{N-1} t_k A_0{}^k\right)$ は正則であるから，すべての $t \in \mathbf{R}^N$ について，直交行列 $Q(t)$ と正の対角成分をもつ上 3 角行列 $R(t)$ の積への QR 分解

$$\exp\left(\sum_{k=0}^{N-1} t_k A_0{}^k\right) = Q(t)R(t), \quad Q(0) = I, \quad R(0) = I \tag{2.67}$$

が一意に存在する．直交行列 $Q(t)$ を用いて

$$A(t) := Q(t)^\top A_0 Q(t) \tag{2.68}$$

とおけば，4 節と同様にして，$A(t)$ が (2.62) および初期条件 $A(0) = A_0$ を満たすことがわかる．解は上 3 角行列 $R(t)$ を用いて $A(t) = R(t)A_0 R(t)^{-1}$ とも書ける．さらに，$B(t) = R(t)B_0, C(t) = C_0 Q(t)$ とおけば，ベクトル $B(t), C(t)$ は補助方程式系 (2.63)，および，初期条件 $B(0) = B_0, C(0) = C_0$ を満たす．以下が示されている [62]．

2.7 [定理] 3 つ組 $\{A_0, B_0, C_0\}$ が $\mathrm{Rat}(N)$ のある連結成分に属する N 次有理関数を定めるとき，3 つ組 $\{A(t), B(t), C(t)\}$ は任意の t について同じ連結

---

[15] ラックス型方程式とザハロフ・シャバット方程式の等価性はソリトン方程式の KP 階層についての佐藤理論 [78] で最初に議論され，無限戸田方程式階層 [94]，無限離散戸田方程式階層 [92] へと拡張されている．

成分の有理関数
$$f(\lambda;t) = C(t)(\lambda I - A(t))^{-1}B(t) \tag{2.69}$$
を定める．

証明 代入すれば

$$(B, AB, \ldots, A^{N-1}B) = Q\exp\left(\sum_{k=0}^{N-1} t_k A_0{}^k\right)(B_0, A_0 B_0, \ldots, A_0{}^{N-1}B_0),$$
$$(C^\top, A^\top C^\top, \ldots, (A^\top)^{N-1}C^\top) = Q(C_0^\top, A_0^\top C_0^\top, \ldots, (A_0^\top)^{N-1}C_0^\top)$$

であるから，任意の t について

$$\mathrm{rank}(B, AB, \ldots, A^{N-1}B) = N,$$
$$\mathrm{rank}(C^\top, A^\top C^\top, \ldots, (A^\top)^{N-1}C^\top) = N$$

が成り立つ．ゆえに，$f(\lambda;t)$（(2.69) 参照）は $C_0(\lambda I - A_0)^{-1}B_0$ と同じ連結成分にある $\mathrm{Rat}(N)$ の有理関数である．∎

定理 2.7 より，$\mathrm{Rat}(N)$ の幾何学について以下の主張がなされる．詳しい議論は文献 [52] に任せたい．戸田型方程式階層 (2.62) は $\mathrm{Rat}(N)$ の連結成分上のベクトル場を定める．それぞれ，パラメータ t_k に対応して (2.69) を引き起こす $\mathrm{Rat}(n)$ 上のベクトル場を

$$X_k := \sum_{i=1}^{N}\sum_{j=1}^{N} \left(A_0{}^k\right)_{i,j} q_{j-1} \frac{\partial}{\partial q_{i-1}}, \quad (k = 0, 1, \ldots, N-1)$$

とする．戸田型方程式階層の $k = 1$ の場合は $\frac{1}{2}\mathrm{trace}\, A^2$ をハミルトン関数とするハミルトン力学系，他の X_j はこの力学系のハミルトンベクトル場で互いに独立かつ可換，すなわち，$[X_j, X_\ell] = 0$ である．したがって，戸田型方程式階層は $\mathrm{Rat}(N)$ 上の完全積分可能系である．

さらに，戸田型方程式階層 $(k = 1, 2, \ldots, N-1)$ の相空間は，シリンダー

$$T^m \times \mathbf{R}^{N-m}, \quad (m = 0, 1, \ldots, [N/2])$$

のいずれかに同相である．ここで，T^m は m 次元トーラス，m は $p(\lambda)$ の複素共役な根の組の数である．戸田型方程式階層の相空間がトーラスになることはな

い．どのシリンダーになるかは初期値 $\{A_0, B_0, C_0\}$ の選択による．X_k は $p(\lambda)$ を固定した有理関数の空間の連結成分に推移的に作用する完備なベクトル場である．この結果，$\mathrm{Rat}(N)$ の連結成分には上のシリンダーに同相な包体が存在することになる．これにより，有理関数空間のトポロジーの一端が明らかになった．

特に，$f(\lambda) = C_0(\lambda I - A_0)^{-1}B_0$ のコーシー指数が N であれば，$m = 0$ である．パラメータ t_1 についてみると，$A(t_1)$ はモーザーの戸田方程式の解 $L(t_1)$ に相似である．コーシー指数 N の連結成分の包体は，スケール変換のパラメータ t_1 を加えたモーザーの戸田方程式階層 (2.35) の相空間 $\mathbf{R}^N$ に同相である．

8. 戸田方程式のタウ関数解

戸田方程式のラックス表示に対してモーザーは有理関数 $f(\lambda) = e_1{}^\top(\lambda I - L)^{-1}e_1$ を導入した．$f(\lambda)$ のローラン展開 (2.20) によってマルコフパラメータ $h_k = \sum_{j=1}^N \lambda_j{}^k r_j{}^2$, $h_0 = 1$ が定まる．2 節で述べたようにフラシュカの変数で書いた戸田方程式 (2.6) の解 $a_k{}^2, b_k$ は，マルコフパラメータのなすハンケル行列式の比の形 (2.22) に表される．ここにモーザー流のラックス表示に基づく可積分系の解析と，日本で盛んに研究されてきた広田良吾によるタウ関数と双線形形式の手法 [40] との接点がある[16]．

本節では，まず，解の表現 (2.22) を書き直す．ここで重要になるのが行列式の恒等式である**シルベスターの行列式恒等式** (Sylvester's determinant identity)[25] (**ヤコビの行列式恒等式** (Jacobi's determinant identity)[44, 77]) と**プリュッカー関係式** (Plücker relation)[77] である．シフトされた行列式

$$\widetilde{H}_n := \begin{vmatrix} h_0 & h_1 & \cdots & h_{n-2} & h_n \\ h_1 & h_2 & \cdots & h_{n-1} & h_{n+1} \\ \vdots & \vdots & & \vdots & \vdots \\ h_{n-1} & h_n & \cdots & h_{2n-3} & h_{2n-1} \end{vmatrix},$$

---

[16] 広田の手法はラックス形式を経由せずに直接に解の表示式を計算できることから（逆散乱法に対する）直接法と呼ばれてきた．なお，[40] ではソリトン解の議論が中心で，有限非周期戸田方程式の場合と異なりロンスキー (Wronski) 行列式やパフィアン (Pfaffian) が主役となっている．

$$\widetilde{H}_n := \begin{vmatrix} h_0 & h_1 & \cdots & h_{n-2} & h_n \\ h_1 & h_2 & \cdots & h_{n-1} & h_{n+1} \\ \vdots & \vdots & & \vdots & \vdots \\ h_{n-2} & h_{n-1} & \cdots & h_{2n-4} & h_{2n-2} \\ h_n & h_{n+1} & \cdots & h_{2n-2} & h_{2n} \end{vmatrix} \tag{2.70}$$

を用意する. $\widetilde{H}_n^{(1)}$ は (2.21) 同様, すべての h_n の添字 n が 1 つ大きくなった $\widetilde{H}_n$ を表すものとする. シルベスターの恒等式としてはここでは

$$\begin{aligned} H_n \widetilde{H}_n - (\widetilde{H}_n)^2 &= H_{n-1} H_{n+1}, \\ H_n \widetilde{H}_n^{(1)} - H_n^{(1)} \widetilde{H}_n &= H_{n-1}^{(1)} H_{n+1} \end{aligned} \tag{2.71}$$

を用い, プリュッカー関係式としては

$$H_n^{(1)} \widetilde{H}_{n+1} - \widetilde{H}_n^{(1)} H_{n+1} = H_n H_{n+1}^{(1)} \tag{2.72}$$

を考える. このとき, 解の表現 (2.22) は以下のように書き直すことができる.

$$\begin{aligned} a_n{}^2 &= \frac{H_{n-1} H_{n+1}}{H_n{}^2} = \frac{H_n \widetilde{H}_n - (\widetilde{H}_n)^2}{H_n{}^2}, \\ b_n &= \frac{H_{n-2}^{(1)} H_n}{H_{n-1} H_{n-1}^{(1)}} + \frac{H_{n-1} H_n^{(1)}}{H_{n-1}^{(1)} H_n} = \frac{\widetilde{H}_n}{H_n} - \frac{\widetilde{H}_{n-1}}{H_{n-1}} \end{aligned} \tag{2.73}$$

次に, マルコフパラメータについて戸田方程式を書き下そう. モーザーによる戸田方程式の表示 (2.23) は, マルコフパラメータについてみると無限連立系

$$\frac{dh_k}{dt} = 2h_1 h_k - 2h_{k+1}, \quad (k = 1, 2, \ldots) \tag{2.74}$$

となる. さらに, 独立変数を $s = -2t$ と変換し,

$$g_k(s) = h_k(s) g(s), \quad g(s) = \exp\left(\int_0^s h_1(s) ds\right) > 0$$

を導入する. この結果, (2.74) は線形化されて

$$\frac{dg_k}{ds} = g_{k+1}, \quad g_0 = g, \quad (k = 0, 1, \ldots) \tag{2.75}$$

となる．ハンケル行列式 $H_n, \widetilde{H}_n, \widetilde{\widetilde{H}}_n, H_n^{(1)}$ を変数 $g_k = g_k(s)$ を用いて表すと

$$H_n = \frac{1}{g^n}\tau_n, \quad \tau_n = \begin{vmatrix} g_0 & g_1 & \cdots & g_{n-1} \\ g_1 & g_2 & \cdots & g_n \\ \vdots & \vdots & & \vdots \\ g_{n-1} & g_n & \cdots & g_{2n-2} \end{vmatrix},$$

$$\widetilde{H}_n = \frac{1}{g^n}\widetilde{\tau}_n, \quad \widetilde{\widetilde{H}}_n = \frac{1}{g^n}\widetilde{\widetilde{\tau}}_n, \quad H_n^{(1)} = \frac{1}{g^n}\tau_n^{(1)} \qquad (2.76)$$

となる．ここに，$\widetilde{\tau}_n$ は $\widetilde{H}_n$ と同様に定義された行列式．線形系 (2.75) を用いると $\widetilde{\tau}_n$ は以下の関係式を満たすことがわかる．

$$\frac{d^2 \log \tau_n}{ds^2} = \frac{\tau_n \widetilde{\widetilde{\tau}}_n - (\widetilde{\tau}_n)^2}{\tau_n{}^2}, \quad \frac{d\log(\tau_{n-1}/\tau_n)}{ds} = \frac{\widetilde{\tau}_{n-1}}{\tau_{n-1}} - \frac{\widetilde{\tau}_n}{\tau_n}. \qquad (2.77)$$

以上により，フラシュカの変数で書いた戸田方程式 (2.6) は，変換

$$a_n{}^2 = \frac{d^2 \log \tau_n}{ds^2}, \quad b_n = \frac{d\log(\tau_{n-1}/\tau_n)}{ds}, \quad s = -2t \qquad (2.78)$$

により変数 τ_k だけを用いて書くことができる．(2.78) を (2.6) に代入して第 1 式より

$$\tau_n \frac{d^2 \tau_n}{ds^2} - \left(\frac{d\tau_n}{ds}\right)^2 = \tau_{n-1}\tau_{n+1}, \quad (n = 1, \ldots, N) \qquad (2.79)$$

を得る．これが広田の双線形形式で表した有限非周期戸田方程式である．(2.6) の第 2 式は (2.78) より直ちに従う．変数 τ_k の導入により戸田方程式はシルベスターの行列式恒等式 (2.71) そのものに帰着することがわかる [63]．半無限戸田方程式 (1.10) とは $V_N = a_n{}^2, J_n = b_n, (t = s)$ の関係にある．

広田 [40] は種々のソリトン方程式に対して (2.78) に類似する従属変数変換をみいだして双線形形式で表し，多ソリトン解や解のベックルント変換を構成した．2 次元の有限戸田分子の場合は [39] で扱われている．

解の母関数ともいうべき変数 τ_k がタウ関数である．有限非周期戸田方程式の場合，タウ関数はラックス表示に基づくモーザーの有理関数とその連分数展開を通じて，マルコフパラメータのなすハンケル行列式として自然に導かれる．また，タウ関数は境界条件 $\tau_{-1} = 0, \tau_{N+1} = 0$ を満たさねばならない．さら

に正値性 $\tau_n > 0$, $(n = 1, \ldots, N)$ が成り立つ. ゆえに, 戸田方程式のタウ関数 τ_n は, 正規化されたマルコフパラメータのなす, ランク N の全正定値 (totally positive definite) な対称ロンスキー行列

$$W = \begin{pmatrix} g_0 & g_1 & \cdots \\ g_1 & g_2 & \cdots \\ \vdots & \vdots & \ddots \end{pmatrix}, \quad \frac{dg_k}{ds} = g_{k+1}$$

の主座小行列式であることがわかる [63].

9. 可積分な勾配系としての戸田方程式

戸田方程式とアルゴリズムのもうひとつの関わりに触れておく. モーザーによる戸田方程式の表示 (2.23) は, ポテンシャル

$$V_1(r, \lambda) = -\frac{1}{2} \frac{\sum_{k=1}^{N} \lambda_k r_k^2}{\sum_{j=1}^{N} r_j^2}$$

を用いると

$$\frac{dr_j}{dt} = -\left.\frac{\partial V_1(r, \lambda)}{\partial r_j}\right|_{\sum r_j^2 = 1} \tag{2.80}$$

と表される. すなわち, (2.23) は関数 $V_1(r, \lambda)$ についての**勾配方程式** (gradient equation), または, **最急降下方程式** (steepest descent equation) の球面 S^{n-1} への射影とみなせる. 実際, コーシー・シュワルツの不等式を用いると (2.23) の上で関数 $V_1(r, \lambda)$ の単調減少性

$$\frac{dV_1}{dt} = -\frac{\sum r_j^2 \sum \lambda_k^2 r_k^2 - \left(\sum \lambda_k r_k^2\right)^2}{\left(\sum r_j^2\right)^2} \leq 0$$

が確認される. $\lambda_1 < \lambda_2 < \cdots < \lambda_N$ (式 (2.9)) に注意すれば, V_1 の値は $t \to \infty$ で最小値 $-\frac{1}{2}\lambda_N$ に近づくことがわかる. この勾配系の解の挙動は比較的単純で, 解は任意の初期値から出発して, $t \to \infty$ でただ 1 つの安定な平衡点

$$r_1 = \cdots = r_{N-1} = 0, \quad r_N = 1 \tag{2.81}$$

に指数関数的に収束する. 変数 Λ 上のフロー (2.26) でみれば

$$\lim_{t \to \infty} f(\lambda) = \frac{1}{\lambda - \lambda_N} \tag{2.82}$$

となる．戸田方程式は完全可積分なハミルトン系であると同時に勾配系でもある．この性質は，可積分系の機能数理の視点から特に注目すべきである．すなわち，なぜ戸田方程式の解は固有値に収束するかという問いに対して，3節では物理学的な描像を，4節では数値解析学的な理由付けを与えたが，ここでは，唯一の平衡点をもつ勾配系のフローという解釈を得たことになる．

変換 (2.24) によって戸田方程式 (2.23) は線形化されて (2.25) となるが，この方程式のオイラー前進差分をとって

$$\frac{s_j(n+1) - s_j(n)}{\epsilon} = \lambda_j s_j(n). \tag{2.83}$$

ここに，$n = 0, 1, \ldots$，ϵ は正の定数，$s_j(n)$ は時刻 $t = n\epsilon$ における変数 $s_j(t)$ の値を表す．$d\lambda_j/dt = 0$ より λ_j は n によらない定数としている．(2.83) を書き換えると $s_j(n+1) = (1 + \epsilon\lambda_j) s_j(n)$ だから，この差分系を変数 $\boldsymbol{r}(n)$ で表せば

$$r_j{}^2(n+1) = \frac{s_j{}^2(n+1)}{\sum_{k=1}^N s_k{}^2(n+1)} = \frac{(1+\epsilon\lambda_j)^2 r_j{}^2(n)}{\sum_{k=1}^N (1+\epsilon\lambda_k)^2 r_k{}^2(n)} \tag{2.84}$$

となる．これは戸田方程式 (2.23) の離散化である．実際，ϵ について展開して $\epsilon \to 0$ の連続極限をとれば，(2.84) から (2.23) を得る．もし，直接 (2.23) のオイラー差分をとれば

$$r_j{}^2(n+1) = r_j{}^2(n) \left(1 + 2\epsilon\lambda_j - 2\epsilon \sum_{k=1}^N \lambda_k r_k{}^2(n) \right)$$

となる．$N = 1$，$\lambda_1 = 1$ のとき，この離散系はロジスティック写像であり，$1.425 < \epsilon \leq 1.50$ の範囲でカオス系となる．唯一の安定な平衡点をもつという (2.23) の性質と著しく異なり，良い離散化とはいえない．

以下，解の挙動を保つという意味で離散系 (2.84) が戸田方程式の適切な離散化であることをみる．(2.84) が空間 Λ を時間発展するためには，$r_j(n) > 0$ のとき，$r_j(n+1) > 0$ でなければならない．$\lambda_1 < \lambda_2 < \cdots < \lambda_N$ に加えて $\lambda_1 > 0$ と仮定する．このとき，任意の $\epsilon > 0$ について ${}^\forall 1 + \epsilon\lambda_j > 0$ となり，漸化式 (2.84) は

$$r_j(n+1) = \frac{(1+\epsilon\lambda_j) r_j(n)}{\|(I + \epsilon D_1)\boldsymbol{r}(n)\|}, \quad D_1 := \mathrm{diag}(\lambda_1, \lambda_2, \ldots, \lambda_N)$$

と書ける．対角行列 D_1 を何らかの対称行列 A の直交行列 Q による対角化とみることにして，$Q^\top A Q = D_1$，さらに $\boldsymbol{x}(n) = Q\boldsymbol{r}(n)$ とおくと，$\boldsymbol{r}(n)$ に対す

る漸化式は
$$\boldsymbol{x}(n+1) = \frac{\left(A + \frac{1}{\epsilon}I\right)\boldsymbol{x}(n)}{||\left(A + \frac{1}{\epsilon}I\right)\boldsymbol{x}(n)||} \tag{2.85}$$

となる．これは対称行列 A に対する**原点シフト** (shift of origin) を伴う**べき乗法** (power method)[97] の漸化式で，ベクトル $\boldsymbol{x}(n)$ は $n \to \infty$ で行列 $A + 1/\epsilon \cdot I$ の絶対値最大の固有値 $\lambda_N + 1/\epsilon$ に対応する固有ベクトルに収束する．最大固有値 λ_N は $x_j(n-1) \neq 0$ なる成分を用いて，

$$\lambda_N = \lim_{n \to \infty} \frac{x_j(n)}{x_j(n-1)} - \frac{1}{\epsilon}$$

によって与えられる．差分ステップ幅 ϵ はべき乗法の原点シフトの大きさを表し，ϵ の値を変えることで収束の速さが加速される．$\epsilon = -2/(\lambda_1 + \lambda_{N-2})$ と選べば最も収束は速い．以上により，戸田方程式は QR アルゴリズムとは別に，モーザーによる変形とその適切な離散化を経て，固有値固有ベクトル計算のべき乗法の漸化式を与えることがわかった [66]．差分ステップ幅パラメータが原点シフトの大きさを記述している．

ベクトル $\boldsymbol{r} := (r_1, r_2, \ldots, r_N)^\top$，および定数 λ_j を用いて行列

$$P_1 := \boldsymbol{r} \cdot \boldsymbol{r}^\top = (r_i r_j) \tag{2.86}$$

を定める．$\mathrm{rank}\, P_1 = 1$ で，$P_1^\top = P_1$, $\sum_{k=1}^N r_k{}^2 = 1$ とすれば $P_1{}^2 = P_1$ が成り立ち，P は射影行列である．このとき戸田方程式 (2.23) は **2 重括弧のラックス表示** (Lax representation of double bracket form)

$$\frac{dP_1}{dt} = [[D_1, P_1], P_1] \tag{2.87}$$

をもつ．ラックス表示 (2.8) と異なり，トレース $\mathrm{trace}(P_1{}^k)$ が独立な保存量を与えるわけではない．

行列 P_1 から $\mathrm{rank}\, P_1 = 1$ および $P_1{}^2 = P_1$ という条件をはずし，相異なる固有値 $\{\mu_k\}$ をもつ対称行列としたものを**ブロケット方程式** (Brockett equation)[8] という．(2.87) と区別して，

$$\frac{dP_2}{dt} = [[D_1, P_2], P_2] \tag{2.88}$$

と書く．ブロケット方程式もまた勾配系で，解は $\{\mu_k\}$ からなる対角行列に収束する．

$$\lim_{t \to \infty} P_2(t) = \mathrm{diag}(\mu_{\pi(1)}, \mu_{\pi(2)}, \ldots, \mu_{\pi(N)}) \tag{2.89}$$

ただし，π は相異なる N 文字の適当な置換である．この性質は次のように確かめられる．N 次直交行列 $Q = Q(t)$ と対角行列 $D_2 = (\mu_1, \mu_2, \ldots, \mu_N)$ を用いて $P_2 = Q^\top D_2 Q$ とおく．ポテンシャル $V_2 = -\operatorname{trace}(Q^\top D_2 Q D_1)$ に対する直交行列 Q の空間上の勾配系

$$\frac{dQ}{dt} = D_2 Q D_1 - Q D_1 Q^\top D_2 Q$$

を (2.87) に代入すれば P_2 は (2.88) を満たすことがわかる．(2.88) 上でポテンシャル V_2 は

$$\begin{aligned}\frac{dV_2}{dt} &= -\operatorname{trace}([P_2, [P_2, D_1]]D_1) \\ &= \operatorname{trace}([P_2, D_1]^2) \\ &= -\operatorname{trace}([P_2, D_1][P_2, D_1]^\top) \leq 0\end{aligned}$$

を満たし単調非増加である．直交行列 Q の有界性より $\lim_{t \to \infty} dV_2/dt = 0$ となり，$\lim_{t \to \infty} [P_2, D_1] = 0$．$P_2(t)$ は対角化可能で，その固有値は t に依存しないから，P_2 は極限において対角行列でなければならない，すなわち，(2.89) が成り立つ．ブロケット方程式は保存量 $\operatorname{trace}(P_2{}^k) = \sum_{j=1}^{N} \mu_j{}^k$ をもつが，一般の条件のもとでこの方程式を解くことはできていない．戸田方程式 (2.8) のように $\lim_{t \to \infty} P_2(t)$ の対角成分に初期値 $P_2(0)$ の固有値が大小順に並ぶとは限らず，ブロケット方程式は $N!$ 個の安定な平衡点をもつ勾配系である[17]．

　この章の後半では，ブロケット方程式や高次の戸田方程式のように，戸田方程式以外にも数値計算の機能をもつ可積分系が存在することを述べた．「可積分系の機能数理」のとびらを大きく開くには，有限自由度可積分系にこだわることなく，もう少し広い枠組みでモーザーの戸田方程式研究をとらえていく必要がある．

---

[17] ブロケット方程式を皮切りに同様な 2 重括弧のラックス表示をもつ可積分な勾配系が発見され，そのあるものは，数値計算アルゴリズムと関わりが深いことが示されている [61, 65] が，新しいアルゴリズムの開発に到達している例はまだない．

3

直交多項式と可積分系

　前章でみたように,モーザーによる有限非周期戸田方程式の解析において,ラックス表示を通じて有理関数,有限連分数などが導入され,戸田方程式の可積分性の証明や解の挙動の議論に大いに役立てられた.さらに,ラックス表示と並ぶ可積分系研究の中心的概念であるタウ関数もまたこの流れの中で導かれた.物理的,数学的に比較的シンプルな有限戸田方程式の中に可積分系のエッセンスがぎっしりつまっていることがわかる.さらには,アルゴリズムとの関わりという「可積分系の機能数理」のキーワードまでビルトインされていた.

　この章では,モーザーが開いた端緒を十全に展開するための準備として,有理関数,連分数の背後にある直交多項式について解説する[1].

1. 直交多項式の基礎

半無限3重対角対称行列

$$L := \begin{pmatrix} b_1 & a_1 & 0 & \cdots \\ a_1 & b_2 & a_2 & \ddots \\ 0 & a_2 & b_3 & \ddots \\ \vdots & \ddots & \ddots & \ddots \end{pmatrix} \quad (3.1)$$

を考える.ただし,a_k はすべて正,b_k はすべて実数とする.L を用いて

$$(b_1 - \lambda)y_0 + a_1 y_1 = 0 \quad (3.2)$$

を初期条件とする差分方程式

$$a_k y_{k-1} + b_{k+1} y_k + a_{k+1} y_{k+1} = \lambda y_k, \quad (k = 1, 2, \ldots) \quad (3.3)$$

---
[1] 本章は主に文献 [2, 9, 68] を参考にしている.直交多項式の文献としては他に [21, 84] などがある.

が導入される．λ は任意の複素数である．y_0 が与えられれば，$\{y_1, y_2, \ldots\}$ が逐次的に定まる．y_k を λ の多項式とみて

$$y_k = P_k(\lambda), \quad (k = 0, 1, \ldots)$$

と書く．$y_0 = 1$，すなわち，$P_0(\lambda) = 1$ とおけば，$a_k \neq 0$ より $P_k(\lambda)$ は λ の k 次多項式となる．λ の任意の多項式は $P_k(\lambda), (k = 0, 1, \ldots)$ の線形結合として表され，このような多項式の全体 $V(P)$ は $P_k(\lambda)$ を基底とする（無限次元）ベクトル空間をなす．

$V(P)$ 上の線形汎関数 J で直交条件

$$J[P_k(\lambda) P_\ell(\lambda)] = \delta_{k,\ell} \tag{3.4}$$

なるものを定義することができる．$\delta_{k,\ell}$ はクロネッカーのデルタ．実際，任意の多項式 $R(\lambda)$ が $R(\lambda) = A(\lambda) B(\lambda)$, $A(\lambda) = \sum_{k=0}^{m} \alpha_k P_k(\lambda)$, $B(\lambda) = \sum_{\ell=0}^{n} \beta_\ell P_\ell(\lambda)$ と分解されたとすれば，直交性と線形性より

$$J[R(\lambda)] = \sum_{k=0}^{m} \sum_{\ell=0}^{n} \alpha_k \beta_\ell J[P_k(\lambda) P_\ell(\lambda)] = \sum_{k=0}^{j} \alpha_k \beta_k, \quad j := \min\{m, n\}$$

となる．これを J の定義とするためには，$R(\lambda)$ の分解の仕方によらないことを確かめねばならない．それには

$J[A_1(\lambda) B_1(\lambda)] = J[A_2(\lambda) B_2(\lambda)],$
$A_1(\lambda) = \lambda P_m(\lambda), \quad B_1(\lambda) = P_n(\lambda), \quad A_2(\lambda) = P_m(\lambda), \quad B_2(\lambda) = \lambda P_n(\lambda)$

を示せば十分である．ところが，差分方程式 (3.3) を用いると

$$A_1(\lambda) = \lambda P_m(\lambda) = a_{m+1} P_{m+1}(\lambda) + b_{m+1} P_m(\lambda) + a_m P_{m-1}(\lambda),$$

$$B_2(\lambda) = \lambda P_n(\lambda) = a_{n+1} P_{n+1}(\lambda) + b_{n+1} P_n(\lambda) + a_n P_{n-1}(\lambda)$$

だから，$J[A_1(\lambda) B_1(\lambda)] = J[A_2(\lambda) B_2(\lambda)]$ は明らかである．直交条件 (3.4) を満たす多項式列 $P_k(\lambda), (k = 0, 1, \ldots)$ を直交多項式という．差分方程式 (3.3) を直交多項式の満たす3項漸化式とみる．さらに，線形汎関数 J の定めるモーメント列

$$s_k := J[\lambda^k], \quad (k = 0, 1, \ldots) \tag{3.5}$$

を導入する．

線形汎関数 J としては次のようなものを考えている．$w(\lambda)$ を区間 (ξ,η) で非負の値をとる積分可能関数[2]で，$\int_\xi^\eta w(\lambda)d\lambda > 0$ であるものとする．このとき，任意の積分可能関数 $f(\lambda)$ に対して

$$J[f(\lambda)] = \int_\xi^\eta f(\lambda)w(\lambda)d\lambda \tag{3.6}$$

とおけば，線形性 $J[c_1 f(\lambda) + c_2 g(\lambda)] = c_1 J[f(\lambda)] + c_2 J[g(\lambda)]$ は明らかである．モーメント，および，直交条件は積分を用いて

$$s_k = \int_\xi^\eta \lambda^k w(\lambda)d\lambda, \quad \int_\xi^\eta P_k(\lambda)P_\ell(\lambda)w(\lambda)d\lambda = \delta_{k,\ell}$$

と表される．多項式列 $P_k(\lambda)$ を重み関数 $w(\lambda)$ に関する直交多項式という．なお，区間 (ξ,η) が有界でないときはモーメント s_k の値はすべて有限と仮定する．

3.1 [例] 第1種チェビシェフ多項式 $P_0(\lambda) = 1$, $P_k(\lambda) = \sqrt{2}\cos(k\cos^{-1}\lambda)$, $(k=1,2,\ldots)$ は $a_1 = 1/\sqrt{2}$, $a_k = 1/2$, $b_{k-1} = 0$, $(k=2,3,\ldots)$ なる3重対角行列 L によって生成される，区間 $(-1,1)$ 上の重み関数 $w(\lambda) = (1-\lambda^2)^{-1/2}$ に関する直交多項式である．例えば，$P_1(\lambda) = \lambda$, $P_2(\lambda) = 2\lambda^2 - 1$, $P_3(\lambda) = 4\lambda^3 - 3\lambda$ など．$b_{k-1} = 0$ より，多項式 $P_{2k-1}(\lambda)$ は奇関数，$P_{2k}(\lambda)$ は偶関数となる．さらに，モーメントについては $s_{2k-1} = 0$ が成り立つ． □

逆に，ある条件のもとで，与えられた数列 $\{s_k\}$ から多項式のなすベクトル空間 $V(P)$ 上の線形汎関数 J で，$J[\lambda^k] = s_k$，かつ，この空間の基底 $\{P_k(\lambda)\}$ について $J[P_k P_\ell] = \delta_{k,\ell}$ なるものを定めることができる．m 次多項式 $A(\lambda) = \sum_{k=0}^m \alpha_k \lambda^k$ に対して

$$J[A(\lambda)^2] = \sum_{k=0}^m \sum_{\ell=0}^m s_{k+\ell} \alpha_k \alpha_\ell$$

となる．一方，$A(\lambda)$ は $P_k(\lambda)$ の線形結合として表され，$A(\lambda) = \sum_{k=0}^m \zeta_k P_k(\lambda)$ と書かれるから，$J[A(\lambda)^2] = \sum_{k=0}^m \zeta_k{}^2$．ゆえに，

$$\sum_{k=0}^m \sum_{\ell=0}^m s_{k+\ell} \alpha_k \alpha_\ell = \sum_{k=0}^m \zeta_k{}^2 \tag{3.7}$$

だから，左辺の2次形式は $A(\lambda)$ が0でない限り正の値をとる．すべての m について2次形式 $\sum_{k=0}^m \sum_{\ell=0}^m s_{k+\ell}\alpha_k\alpha_\ell$ が正であるとき，モーメント列 s_k は**正**

---

[2] ここでいう積分可能とは，積分の値が有限な値に確定するという意味である．

の列 (positive sequence), 対応する線形汎関数 J は**正定値** (positive definite) であるという.

3.2 [命題]　モーメント列 s_k が正であることと, モーメントのなす $m+1$ 次ハンケル行列

$$S_m := \begin{pmatrix} s_0 & s_1 & \cdots & s_m \\ s_1 & s_2 & \cdots & s_{m+1} \\ \vdots & \vdots & & \vdots \\ s_m & s_{m+1} & \cdots & s_{2m} \end{pmatrix}, \quad (m = 0, 1, \ldots) \qquad (3.8)$$

がすべて正定値であることは同値である.

証明　ある自然数 m について $J[A(\lambda)^2] > 0$ とする. $A(\lambda) \neq 0$ とし, 実対称行列 S_m の固有値 λ_j に対する単位固有ベクトルを $\mathbf{a}_j = (\alpha_0, \alpha_1, \ldots, \alpha_m)^\top$ と書く. $S_m \mathbf{a}_j = \lambda_j \mathbf{a}_j$ より, $J[A(\lambda)^2] = \mathbf{a}_j^\top S_m \mathbf{a}_j = \mathbf{a}_j^\top \lambda_j \mathbf{a}_j = \lambda_j$. ゆえに, S_m の固有値はすべて正である.

逆に, 任意の自然数 m について S_m の固有値がすべて正であるとする. 対称行列 S_m は正規直交する $m+1$ 個の固有ベクトル $\mathbf{a}_j$ をもつから, 任意の $m+1$ 次元ベクトル $\mathbf{a}$ は $\mathbf{a} = c_0 \mathbf{a}_0 + \cdots + c_m \mathbf{a}_m$ と書ける. さらに,

$$\mathbf{a}^\top S_m \mathbf{a} = (c_0 \mathbf{a}_0 + \cdots + c_m \mathbf{a}_m)^\top (c_0 \lambda_1 \mathbf{a}_0 + \cdots + c_m \lambda_{m+1} \mathbf{a}_m)$$
$$= c_0^2 \lambda_1 + \cdots + c_m^2 \lambda_{m+1} > 0$$

が成り立つ. $A(\lambda) \neq 0$ なる任意の $\mathbf{a} = (\alpha_0, \alpha_1, \ldots, \alpha_m)^\top$ について $J[A(\lambda)^2] = \mathbf{a}^\top S_m \mathbf{a} > 0$ が示された.

以上は任意の自然数 m について成り立つ. ∎

3.3 [命題]　モーメント列 s_k が正であることと, モーメントのなす $n+1$ 次ハンケル行列式

$$D_{n+1} := |S_n| = \begin{vmatrix} s_0 & s_1 & \cdots & s_n \\ s_1 & s_2 & \cdots & s_{n+1} \\ \vdots & \vdots & & \vdots \\ s_n & s_{n+1} & \cdots & s_{2n} \end{vmatrix}, \quad (n = 0, 1, 2, \ldots) \qquad (3.9)$$

がすべて正であることは同値である．

証明 モーメント列が正であれば命題3.2より (3.8) は正定値だから，固有値 λ_j はすべて正．$D_{m+1} = |S_m| = \lambda_1 \lambda_2 \cdots \lambda_{m+1}$ より $D_{m+1} > 0$．以下，S_m の主座小行列式 $|S_k|$ について同じ性質を示す．$\mathbf{a} = (\alpha_0, \ldots, \alpha_k, 0, \ldots, 0)^\top =: (\mathbf{a}_{k+1}, \mathbf{0}^\top)^\top$ とおく．$\mathbf{a}^\top S_m \mathbf{a} = \mathbf{a}_{k+1}^\top S_k \mathbf{a}_{k+1}$ だから，$A(\lambda) \neq 0$ なる $\mathbf{a} = (\mathbf{a}_{k+1}, \mathbf{0}^\top)^\top$ について $J[A(\lambda)^2] = \mathbf{a}_{k+1}^\top S_k \mathbf{a}_{k+1} > 0$ である．S_k もまた正定値だから固有値はすべて正．したがって，$D_{k+1} > 0, (k = 0, 1, \ldots, m)$ となる．以上は任意の自然数 m について成り立つ．

逆に，$D_{k+1} = |S_k| > 0, (k = 0, 1, \ldots, m)$ のとき，

$$d_{k+2} = \frac{|S_{k+1}|}{|S_k|} > 0 \tag{3.10}$$

とおく[3]．$D_0 = |S_{-1}| = 1$ とおけば $d_1 > 0$ となり，(3.10) は $k = -1$ のときも成り立つ．S_m に対する**ガウスの消去法** (Gaussian elimination) の左基本変形，すなわち，

$$E_j = \begin{pmatrix} 1 & & & & \\ & 1 & & & \\ & & a & \ddots & \\ & & & & 1 \end{pmatrix}$$

なる形の $m+1$ 次下3角行列を左から S_m に繰り返し掛けることで，S_m は $E_\ell \cdots E_2 E_1 S_m = \mathcal{D}_m \mathcal{U}_m$ と上3角化できる[4]．ここに，$\mathcal{D}_m$ は $\mathcal{D}_m = \mathrm{diag}(d_1, d_2, \ldots, d_{m+1})$ なる対角行列，$\mathcal{U}_m$ は対角成分がすべて1の上3角行列．$\mathcal{L}_m = (E_\ell \cdots E_2 E_1)^{-1}$ とおけば，$\mathcal{L}_m$ は対角成分がすべて1の下3角行列で，S_m の **LDU 分解** (LDU decomposition)

$$S_m = \mathcal{L}_m \mathcal{D}_m \mathcal{U}_m \tag{3.11}$$

が得られる[5]．

---

[3] $|S_k| \neq 0$ のときは，$d_{k+2} \neq 0$ となり，(3.11) の導出までの議論は同様に成り立つ．
[4] ガウスの消去法を行列の積で表示したもの．この場合は行の入れ替えは不要である．
[5] 逆に，(3.11) から $|S_m| = d_1 d_2 \cdots d_{m+1}$ となり (3.10) が導かれる．d_k を**ピボット** (pivot) という．

いま,(3.8) の S_m は対称だから,(3.11) は $S_m = \mathcal{L}_m \mathcal{D}_m \mathcal{L}_m^\top$ となる.$A(\lambda) \neq 0$ なる任意の $\mathbf{a} = (\alpha_0, \alpha_1, \ldots, \alpha_m)^\top$ について

$$\mathbf{a}^\top S_m \mathbf{a} = (\mathcal{L}_m^\top \mathbf{a})^\top \mathcal{D}_m \mathcal{L}_m^\top \mathbf{a}$$
$$= d_1(\alpha_0 + \ell_{2,1}\alpha_1 + \cdots + \ell_{m+1,1}\alpha_m)^2 + \cdots + d_{m+1}\alpha_m{}^2$$
$$> 0$$

が成り立つ.ここに,$\mathcal{L}_m = (\ell_{i,j})$ である.以上は任意の自然数 m について成り立つからモーメント列 s_k は正である.∎

関係式 (3.7) は $\sum_{k=0}^{m} \alpha_k \lambda^k = \sum_{k=0}^{m} \zeta_k P_k(\lambda)$ なる $m+1$ 次元ベクトル $\mathbf{a} = (\alpha_0, \alpha_1, \ldots, \alpha_m)^\top$, $\zeta = (\zeta_0, \zeta_1, \ldots, \zeta_m)^\top$ の間の関係式とみることができる.同様に,

$$\sum_{k=0}^{m}\sum_{\ell=0}^{m} s_{k+\ell+1}\alpha_k\alpha_\ell = \sum_{k=0}^{m} b_{k+1}\zeta_k{}^2 + 2\sum_{k=0}^{m-1} a_{k+1}\zeta_k\zeta_{k+1} \tag{3.12}$$

が成り立つ.ここに,a_k, b_k は半無限 3 重対角対称行列 L の成分である.証明には差分方程式 (3.3),および,多項式の直交性 (3.4) を

$$\sum_{k=0}^{m}\sum_{\ell=0}^{m} s_{k+\ell+1}\alpha_k\alpha_\ell = J\left[\lambda\left(\sum_{k=0}^{m}\alpha_k\lambda^k\right)^2\right]$$
$$= J\left[\lambda\left(\sum_{k=0}^{m}\zeta_k P_k(\lambda)\right)^2\right]$$

に用いればよい.

さて,
$$P_k(\lambda) = d_{k,k}\lambda^k + d_{k,k-1}\lambda^{k-1} + \cdots + d_{k,0} \tag{3.13}$$

とおき,係数 $d_{k,\ell}$ のモーメント s_i による表現を与えよう.直交条件 (3.4) より $J[P_k(\lambda)P_j(\lambda)] = 0, (j = 0, 1, \ldots, k-1)$ だから,係数 $d_{k,\ell}$ は同次 1 次方程式

$$\begin{pmatrix} s_0 & s_1 & \cdots & s_k \\ s_1 & s_2 & \cdots & s_{k+1} \\ \vdots & \vdots & & \vdots \\ s_{k-1} & s_k & \cdots & s_{2k-1} \end{pmatrix} \begin{pmatrix} d_{k,0} \\ d_{k,1} \\ \vdots \\ d_{k,k} \end{pmatrix} = \begin{pmatrix} 0 \\ 0 \\ \vdots \\ 0 \end{pmatrix} \tag{3.14}$$

を満たす．$D_k > 0$ より係数行列のランクは k である．ゆえに，任意定数を1個含む解 $(d_{k,0}, d_{k,1}, \ldots, d_{k,k})^\top$ が存在する．非同次1次方程式

$$\begin{pmatrix} s_0 & s_1 & \cdots & s_k \\ \vdots & \vdots & & \vdots \\ s_{k-1} & s_k & \cdots & s_{2k-1} \\ s_k & s_{k+1} & \cdots & s_{2k} \end{pmatrix} \begin{pmatrix} d_{k,0} \\ d_{k,1} \\ \vdots \\ d_{k,k} \end{pmatrix} = \begin{pmatrix} 0 \\ \vdots \\ 0 \\ \alpha \end{pmatrix}, \quad \alpha = \sum_{j=0}^{k} s_{k+j} d_{k,j}$$

の解は**クラメルの公式** (Cramer's rule) により

$$d_{k,j} = \frac{(-1)^{k-j}\alpha}{D_{k+1}} \begin{vmatrix} s_0 & \cdots & \widehat{s_j} & \cdots & s_k \\ \vdots & & \vdots & & \vdots \\ s_{k-1} & \cdots & \widehat{s_{j+k-1}} & \cdots & s_{2k-1} \end{vmatrix}, \quad (j=0,1,\ldots,k)$$

と書ける．特に，$d_{k,k} = \alpha D_k / D_{k+1}$．ここに，$\widehat{s_j}$ から始まる列はその列を除くことを意味する．$J[P_k(\lambda)P_k(\lambda)] = 1$ に (3.13) を代入して，$d_{k,k} \sum_{j=0}^{k} s_{k+j} d_{k,j} = 1$ より，$\alpha = 1/d_{k,k} = \sqrt{D_{k+1}/D_k}$ を得る．以上により，直交多項式はモーメント列のなすハンケル行列式 D_n を用いて

$$P_0(\lambda) = 1,$$

$$P_n(\lambda) = \frac{1}{\sqrt{D_n D_{n+1}}} \begin{vmatrix} s_0 & s_1 & \cdots & s_n \\ s_1 & s_2 & \cdots & s_{n+1} \\ \vdots & \vdots & & \vdots \\ s_{n-1} & s_n & \cdots & s_{2n-1} \\ 1 & \lambda & \cdots & \lambda^n \end{vmatrix}, \quad (n=1,2,\ldots) \quad (3.15)$$

と具体的に書き下されることがわかった．命題 3.3 よりモーメント列 $\{s_k\}$ が正であれば $D_n > 0$ である[6]．以下では $D_0 = 1, D_{-1} = 0$ と定める．(3.15) によって定義された多項式 $\{P_n(\lambda)\}$ は直交条件 (3.4) を満たす．実際，$m \leq n$ のとき

---

[6] 複素数に拡張して考えれば，モーメント列のなすハンケル行列式 D_n がすべて零にならないことが（適当な線形汎関数 J に関する）直交多項式が存在するための必要十分条件である [9].

$$P_n(\lambda)\lambda^m = \frac{1}{\sqrt{D_n D_{n+1}}} \begin{vmatrix} s_0 & s_1 & \cdots & s_n \\ s_1 & s_2 & \cdots & s_{n+1} \\ \vdots & \vdots & & \vdots \\ s_{n-1} & s_n & \cdots & s_{2n-1} \\ \lambda^m & \lambda^{m+1} & \cdots & \lambda^{m+n} \end{vmatrix}, \quad (n=1,2,\ldots)$$

に対して線形汎関数 J を適用して

$$J[P_n(\lambda)\lambda^m] = 0 \quad (m=0,1,\ldots,n-1), \quad = \sqrt{\frac{D_{n+1}}{D_n}} \quad (m=n)$$

となる. (3.15) より $P_m(\lambda)=\sqrt{D_m/D_{m+1}}\lambda^m + R_{1,m-1}(\lambda)$, ここに $R_{1,m-1}(\lambda)$ はある $m-1$ 次多項式, と書けるから, 結局, (3.15) から $J[P_n(\lambda)P_m(\lambda)] = \delta_{n,m}$ を導くことができる. $m \geq n$ のときも同様.

3.4 [例] ラゲール多項式は線形汎関数 $J[f(\lambda)] = \int_0^\infty f(\lambda)\lambda^\alpha e^{-\lambda} d\lambda$, $(\alpha > -1)$ に関する直交多項式である. $\alpha = 0$ のとき, モーメントは順に $s_0 = 1$, $s_k = k!$, $(k=1,2,\ldots)$, モーメントのなすハンケル行列式は $D_1 = 1$, $D_{n+1} = (\prod_{k=1}^n k!)^2$, $(n=1,2,\ldots)$ となる. □

3.5 [例] エルミート多項式は線形汎関数 $J[f(\lambda)] = \frac{1}{\sqrt{\pi}} \int_{-\infty}^\infty f(\lambda)e^{-\lambda^2} d\lambda$ に関する直交多項式である. モーメントは順に $s_0 = 1$, $s_{2k-1} = 0$, $s_{2k} = \frac{(2k-1)!!}{2^k}$, $(k=1,2,\ldots)$, ハンケル行列式は $D_1=1$, $D_{n+1} = \prod_{k=1}^n k!/2^{k(k+1)/2}$, $(n=1,2,\ldots)$ となる. ここに, $(2k-1)!! = (2k-1)(2k-3)\cdots 3 \cdot 1$. エルミート多項式 $P_{2k-1}(\lambda)$ は λ の奇関数, $P_{2k}(\lambda)$ は λ の偶関数となる. □

次に, 3 項漸化式 (3.3) を書き直した

$$\lambda P_k(\lambda) = a_{k+1}P_{k+1}(\lambda) + b_{k+1}P_k(\lambda) + a_k P_{k-1}(\lambda), \quad (k=1,2,\ldots) \quad (3.16)$$

の係数 a_k, b_k のモーメント列 s_k による表現を考察する. 任意の $k+1$ 次多項式は $\{P_{k+1}(\lambda), \ldots, P_0(\lambda)\}$ により展開可能だから

$$\lambda P_k(\lambda) = c_{k,k+1}P_{k+1}(\lambda) + c_{k,k}P_k(\lambda) + c_{k,k-1}P_{k-1}(\lambda) + \cdots + c_{k,0}P_0(\lambda) \quad (3.17)$$

と書ける．$P_m(\lambda) = \sqrt{D_m/D_{m+1}}\lambda^m + R_{1,m-1}(\lambda)$ より，定数 $c_{k,k+1}$ は (3.16) の a_{k+1} に一致し，

$$a_{k+1} = \frac{\sqrt{D_k D_{k+2}}}{D_{k+1}}, \quad (k = 0, 1, \ldots)$$

と表されることがわかる．(3.17) の両辺に $P_j(\lambda)$, $(j = 0, 1, \ldots, k)$ を掛けて線形汎関数 J を適用する．$j = 0, 1, \ldots, k-2$ のとき，$J[\lambda P_k(\lambda) P_j(\lambda)] = 0$ だから，$c_{k,j} = 0$．$j = k-1$ のとき，$J[\lambda P_k(\lambda) P_{k-1}(\lambda)] = c_{k,k-1}$．$j = k$ のとき，$J[\lambda P_k(\lambda)^2] = c_{k,k}$ となる．(3.17) と同様に，適当な $k-1$ 次多項式 $R_{2,k-1}(\lambda)$ を用いて，$\lambda P_{k-1}(\lambda) = c_{k-1,k} P_k(\lambda) + R_{2,k-1}(\lambda)$ と書けるが，これを $J[\lambda P_k(\lambda) P_{k-1}(\lambda)] = c_{k,k-1}$ に代入して $c_{k-1,k} = c_{k,k-1}$ を得る．ゆえに，$c_{k,k-1} = a_k = \sqrt{D_{k-1} D_{k+1}}/D_k$．

残る $c_{k,k} = b_{k+1} = J[\lambda P_k(\lambda)^2]$ は以下のように計算される．(3.13) を $b_{k+1} = J[\lambda P_k(\lambda)^2]$ に代入すれば，

$$\begin{aligned}
b_{k+1} &= J[(d_{k,k}\lambda^{k+1} + d_{k,k-1}\lambda^k + \cdots + d_{k,0}\lambda) P_k(\lambda)] \\
&= d_{k,k} J[\lambda^{k+1} P_k(\lambda)] + d_{k,k-1} J[\lambda^k P_k(\lambda)] \\
&= \frac{d_{k,k}}{d_{k+1,k+1}} J[(P_{k+1}(\lambda) - (d_{k+1,k}\lambda^k + d_{k+1,k-1}\lambda^{k-1} + \cdots \\
&\quad + d_{k+1,0})) P_k(\lambda)] + \frac{d_{k,k-1}}{d_{k,k}} \\
&= \frac{d_{k,k-1}}{d_{k,k}} - \frac{d_{k+1,k}}{d_{k+1,k+1}}
\end{aligned}$$

を得る．(3.15) より係数 $d_{k,k} = \sqrt{D_k/D_{k+1}}$ だけでなく，$d_{k,k-1}$ もまた行列式表示

$$d_{k,k-1} = -\frac{\widetilde{D}_k}{\sqrt{D_k D_{k+1}}}, \quad \widetilde{D}_k = \begin{vmatrix} s_0 & \cdots & s_{k-2} & s_k \\ s_1 & \cdots & s_{k-1} & s_{k+1} \\ \vdots & & \vdots & \vdots \\ s_{k-1} & \cdots & s_{2k-3} & s_{2k-1} \end{vmatrix}$$

をもつ．結局，

$$b_{k+1} = \frac{\widetilde{D}_{k+1}}{D_{k+1}} - \frac{\widetilde{D}_k}{D_k}, \quad (k = 0, 1, \ldots). \tag{3.18}$$

以上により，3項漸化式 (3.16) の係数 a_k, b_k はすべて，モーメント s_j のなす行列式で表現できることがわかる．ただし，$\widetilde{D}_1 = s_1, \widetilde{D}_0 = 0$ と定める．まとめると

3.6 [定理]　$P_k(\lambda)$ を正のモーメント列 $\{s_k\}$ から定まる直交多項式とする．このとき3項漸化式

$$\lambda P_k(\lambda) = a_{k+1} P_{k+1}(\lambda) + b_{k+1} P_k(\lambda) + a_k P_{k-1}(\lambda), \quad (k = 1, 2, \ldots)$$

を満たす定数

$$a_k = \frac{\sqrt{D_{k-1} D_{k+1}}}{D_k} > 0, \quad b_k = \frac{\widetilde{D}_k}{D_k} - \frac{\widetilde{D}_{k-1}}{D_{k-1}}, \quad (k = 1, 2, \ldots)$$

が存在する．

展開式 (3.17) について行った議論を一般の多項式について適用しよう．$R(\lambda)$ を任意の n 次多項式とし，展開 $R(\mu) = \sum_{k=0}^{n} c_k P_k(\mu)$ を考える．両辺に $P_m(\mu), (m = 0, \ldots, n)$ を掛け，線形汎関数 J を適用すると $J[R(\mu) P_m(\mu)] = c_m J[P_m(\mu)^2] = c_m$ となる．ゆえに，任意の n 次多項式は直交多項式 $\{P_k(\lambda)\}$ によって

$$R(\lambda) = \sum_{k=0}^{n} J[R(\mu) P_k(\mu)] P_k(\lambda) \tag{3.19}$$

と展開される．

線形汎関数 J の定める別の直交多項式 $\{p_k(\lambda)\}$ があるとすれば，(3.19) より，$p_k(\lambda)$ は零でない定数 c_k を用いて

$$p_k(\lambda) = c_k P_k(\lambda), \quad (k = 1, 2, \ldots) \tag{3.20}$$

と表されねばならない．

(3.15), (1) より $P_m(\lambda) = (a_1 a_2 \cdots a_m)^{-1} \lambda^m + R_{1,m-1}(\lambda)$ と書けることから，以下では直交多項式 $P_k(\lambda)$ を

$$p_k(\lambda) := a_1 a_2 \cdots a_k P_k(\lambda), \quad (k = 1, 2, \ldots),$$
$$p_0(\lambda) = P_0(\lambda) = 1 \tag{3.21}$$

により正規化して最高次の係数が 1 の多項式 $p_k(\lambda)$ を導入する．最高次の係数が 1 であることを**モニック** (monic) という．多項式 $p_k(\lambda)$ は 3 項漸化式

$$p_{k+1}(\lambda) = (\lambda - b_{k+1})p_k(\lambda) - a_k{}^2 p_{k-1}(\lambda), \quad p_1(\lambda) = \lambda - b_1 \quad (3.22)$$

を満たす．また，直交条件 (3.4) より

$$J[p_k(\lambda)p_\ell(\lambda)] = (a_1 \cdots a_k)^2 \delta_{k,\ell},$$
$$J[p_k{}^2(\lambda)] = (a_1 \cdots a_k)^2 = \frac{D_{k+1}}{D_k} \quad (3.23)$$

が成り立つ．さらに，$p_k(\lambda)$ はハンケル行列式 D_k を用いて

$$p_k(\lambda) = \frac{1}{D_k} \begin{vmatrix} s_0 & s_1 & \cdots & s_k \\ s_1 & s_2 & \cdots & s_{k+1} \\ \vdots & \vdots & & \vdots \\ s_{k-1} & s_k & \cdots & s_{2k-1} \\ 1 & \lambda & \cdots & \lambda^k \end{vmatrix}, \quad (k=1,2,\ldots) \quad (3.24)$$

と書き下される．展開式 (3.19) は

$$R(\lambda) = \sum_{k=0}^n \frac{J[R(\lambda)p_k(\lambda)]}{J[p_k(\lambda)^2]} p_k(\lambda) \quad (3.25)$$

となる．多項式 $p_n(\lambda)$ の λ^{n-1} の係数 $\delta_{n,n-1}$ は $-(b_1+b_2+\cdots+b_n)$ と表される．実際，(3.22) で $k = n-1$ とおき，λ^{n-1} の係数をみると $\delta_{n,n-1} = \delta_{n-1,n-2} - b_n$ だから，$\delta_{n,n-1} = \delta_{1,0} - (b_2 + \cdots + b_n)$ となる．

チェビシェフ多項式，エルミート多項式，ルジャンドル多項式では奇数次のモーメントがすべて零である．例えば，ルジャンドル多項式のモーメントは $s_k = \frac{1}{2}\int_{-1}^1 \lambda^k d\lambda$ であり，k が奇数の場合 $s_k = 0$ となる．これらの多項式の線形汎関数において，$\lambda \to -\lambda$ の置き換えのもとで，$d\mu(-\lambda) = d\mu(\lambda), C_{-\lambda} = C_\lambda$ のように測度と積分路が不変である．一般に，モーメントについて

$$s_{2k-1} = J[\lambda^{2k-1}] = 0, \quad (k = 1, 2, \ldots) \quad (3.26)$$

となるとき，J は**対称な線形汎関数** (symmetric linear functional)，対応する直交多項式は**対称な直交多項式** (symmetric orthogonal polynomials) と呼ばれる．$d\mu(\lambda) = w(\lambda)d\lambda$ と書けるとき，重み関数 $w(\lambda)$ は区間 $(-\xi, \xi)$ 上の偶関数となる．

3.7 [命題]　線形汎関数 J が対称であることと，3 項漸化式の係数 b_k がすべて零であることは同値である．

証明　線形汎関数 J が対称ならば任意の多項式 $R(\lambda)$ について $J[R(-\lambda)] = J[R(\lambda)]$ が成り立つ．モニックな直交多項式 $p_k(\lambda)$ について $J[p_k(-\lambda)p_\ell(-\lambda)] = J[p_k(\lambda)p_\ell(\lambda)]$ だから $p_k(-\lambda)$ もまた直交多項式．(3.20) より $p_k(-\lambda) = c_k p_k(\lambda)$ と書ける．モニックであることにより

$$p_k(-\lambda) = (-1)^k p_k(\lambda), \quad (k = 0, 1, \ldots) \tag{3.27}$$

を得る．3 項漸化式 (3.22) は $\widetilde{p}_k(\lambda) = (-1)^k p_k(-\lambda)$ について

$$\widetilde{p}_{k+1}(\lambda) = (\lambda + b_{k+1})\widetilde{p}_k(\lambda) - a_k^2 \widetilde{p}_{k-1}(\lambda)$$

となる．$\widetilde{p}_k(\lambda) = p_k(\lambda)$ だから (3.22) と合わせて $b_{k+1} = 0, (k = 0, 1, \ldots)$ が示される．

逆に，$b_{k+1} = 0, (k = 0, 1, \ldots)$ のとき，$\widetilde{p}_k(\lambda)$ は $p_k(\lambda)$ と同じ 3 項漸化式を満たす．初期値をみれば $\widetilde{p}_0(\lambda) = p_0(\lambda) = 1$, $\widetilde{p}_1(\lambda) = p_1(\lambda) = \lambda$ だから $\widetilde{p}_k(\lambda) = p_k(\lambda)$，すなわち，(3.27) が成り立つ．これより，モニック多項式 $p_{2k-1}(\lambda)$ は λ の奇関数となり，$p_0(\lambda) = 1$ との直交性 $J[p_{2k-1}(\lambda)] = 0$ より，モーメントについて $s_{2k-1} = 0, (k = 1, 2, \ldots)$ が示される．ゆえに，対応する線形汎関数は対称である．∎

定理 3.6 では，モーメント列が正であるとき，係数 $a_k > 0$ なる 3 項漸化式を満たす直交多項式の存在が示された．この定理の逆は**ファバードの定理** (Favard's theorem) として知られている [9].

3.8 [定理]　$\{a_k\}, \{b_k\}, (k = 1, 2, \ldots)$ を任意の実数列とし，$\{p_k(\lambda)\}$ を 3 項漸化式

$$p_{k+1}(\lambda) = (\lambda - b_{k+1})p_k(\lambda) - a_k^2 p_{k-1}(\lambda), \quad p_0(\lambda) = 1, \quad p_1(\lambda) = \lambda - b_1$$

によって定まる多項式とする．このとき，$J[1] = s_0 > 0$, $J[p_k(\lambda)p_\ell(\lambda)] = 0$, $(k \neq \ell, k, \ell = 0, 1, \ldots)$ なる線形汎関数 J が一意に存在する．さらに，$a_k^2 > 0$ であることと，この J の定めるモーメント列が正であることは同値である．

証明 3項漸化式を用いて線形汎関数 J の定めるモーメント列を,以下のように逐次的に定めることができる.$J[p_k(\lambda)] = 0, (k = 1, 2, \ldots)$ とおく.$J[p_1(\lambda)] = J[\lambda - b_1] = 0$ より $s_1 = b_1 s_0$ を得る.$J[p_2(\lambda)] = J[(\lambda - b_2) p_1(\lambda) - a_1{}^2 P_0(\lambda)] = 0$ より $s_2 = (b_1 + b_2) s_1 + (a_1{}^2 - b_1 b_2) s_0$ を得る.これを繰り返して $s_k = J[\lambda^k]$ が求められる[7].3項漸化式を

$$\lambda p_k(\lambda) = p_{k+1}(\lambda) + b_{k+1} p_k(\lambda) + a_k{}^2 p_{k-1}(\lambda)$$

と書き,$J[p_k(\lambda)] = 0$ を用いて $J[\lambda p_k(\lambda)] = 0, (k = 2, 3, \ldots)$ を得る.同様に,$J[\lambda^j p_k(\lambda)] = 0, (j = 0, 1, \ldots, k-1)$ となるから,$J[p_j(\lambda) p_k(\lambda)] = 0$ がわかる.

$a_k{}^2 > 0, (k = 1, 2, \ldots)$ とする.$J[\lambda^j p_k(\lambda)] = 0$ より

$$J[\lambda^k p_k(\lambda)] = a_k{}^2 J[\lambda^{k-1} p_{k-1}(\lambda)] = a_1{}^2 \cdots a_k{}^2 = \frac{D_{k+1}}{D_k}$$

が示される.ゆえに,$a_k{}^2 > 0$ ならば $D_k > 0$ となり,命題 3.3 より,線形汎関数 J の定めるモーメント列 s_k は正である.逆も成り立つ.∎

2. クリストフェル・ダルブーの公式

直交多項式 $P_k(\lambda)$ は,$y_{-1}(\lambda) = 0, y_0(\lambda) = 1$ を初期値とし実パラメータ λ をもつ2階線形差分方程式

$$a_k y_{k-1} + b_{k+1} y_k + a_{k+1} y_{k+1} = \lambda y_k, \quad (k = 0, 1, 2, \ldots) \tag{3.28}$$

の解とみなせる.ただし,$a_0 = 0$.すなわち,$P_k(\lambda) = y_k(\lambda)$.

$$P_1(\lambda) = \frac{\lambda - b_1}{a_1}, \quad P_2(\lambda) = \frac{(\lambda - b_1)(\lambda - b_2) - a_1^2}{a_1 a_2}$$

である.(3.3) と異なり $k = 0$ から始まることに注意する.この方程式のもうひとつの解 $Q_k(\lambda)$ は,例えば,初期値を

$$y_{-1}(\lambda) = 1, \quad y_0(\lambda) = 0 \tag{3.29}$$

---

[7] すべてのモーメントが定まることをもって線形汎関数 J が存在するとみなす.

ととることで $Q_k(\lambda) = y_k(\lambda)$ により導入される.

$$Q_1(\lambda) = \frac{1}{a_1}, \quad Q_2(\lambda) = \frac{\lambda - b_2}{a_1 a_2}$$

となる. $Q_k(\lambda)$ は $k-1$ 次で, $P_k(\lambda)$ と同じ線形汎関数について直交条件を満たす. $P_k(\lambda), Q_k(\lambda)$ を, それぞれ, **第 1 種多項式** (polynomial of the first kind), **第 2 種多項式** (polynomial of the second kind) という.

第 2 種多項式 $Q_n(\lambda)$ を, 前節と同様に,

$$\begin{aligned} q_k(\lambda) &= a_1 a_2 \cdots a_k Q_k(\lambda), \quad (k = 1, 2, \ldots), \\ q_0(\lambda) &= Q_0(\lambda) = 0 \end{aligned} \tag{3.30}$$

によりモニック化する. 多項式 $q_k(\lambda)$ は 3 項漸化式

$$q_{k+1}(\lambda) = (\lambda - b_{k+1}) q_k(\lambda) - a_k{}^2 q_{k-1}(\lambda), \quad q_1(\lambda) = 1 \tag{3.31}$$

を満たす.

直交多項式 $z_k(\mu)$ を

$$\begin{aligned} z_k(\mu) &= P_k(\mu), \quad z_{-1}(\mu) = 0, \quad z_0(\mu) = 1, \\ a_k z_{k-1} &+ b_{k+1} z_k + a_{k+1} z_{k+1} = \mu z_k, \quad (k = 0, 1, 2, \ldots) \end{aligned} \tag{3.32}$$

によって導入する. このとき, $y_k(\lambda) = P_k(\lambda)$ と $z_k(\mu)$ の間に, 以下の関係式が成り立つ.

$$a_n(y_{n-1} z_n - y_n z_{n-1}) - a_m(y_{m-1} z_m - y_m z_{m-1}) = (\mu - \lambda) \sum_{k=m}^{n-1} y_k z_k. \tag{3.33}$$

実際, $k = n-1$ について z_{n-1} を乗じた (3.28) と y_{n-1} を乗じた (3.32) の差をとると

$$a_{n-1}(y_{n-1} z_{n-2} - y_{n-2} z_{n-1}) + a_n(y_{n-1} z_n - y_n z_{n-1}) = (\mu - \lambda) y_{n-1} z_{n-1}. \tag{3.34}$$

(3.34) と n を $n-1$ に置き換えた (3.34) を加えて

$$\begin{aligned} &a_n(y_{n-1} z_n - y_n z_{n-1}) + a_{n-2}(y_{n-2} z_{n-3} - y_{n-3} z_{n-2}) \\ &= (\mu - \lambda)(y_{n-1} z_{n-1} + y_{n-2} z_{n-2}) \end{aligned}$$

を得る．この計算を繰り返して (3.33) が示される．特に $m=0$ のとき，直交多項式 P_k を用いて (3.33) を書き下すと，$P_{-1}=0$ に注意すれば，**クリストフェル・ダルブーの公式** (Christoffel-Darboux formula)

$$a_{n+1}\left(P_n(\lambda)P_{n+1}(\mu) - P_{n+1}(\lambda)P_n(\mu)\right) = (\mu - \lambda)\sum_{k=0}^{n} P_k(\lambda)P_k(\mu) \quad (3.35)$$

が導かれる．これは

$$\sum_{k=0}^{n} P_k(\lambda)P_k(\mu) = a_{n+1}\frac{P_n(\lambda)P_{n+1}(\mu) - P_{n+1}(\lambda)P_n(\mu)}{\mu - \lambda} \quad (3.36)$$

とも表される．モニックな直交多項式 $p_k(\lambda)$ についてみると，クリストフェル・ダルブーの公式は

$$a_1^2 \cdots a_n^2 \sum_{k=0}^{n} \frac{p_k(\lambda)p_k(\mu)}{a_1^2 \cdots a_k^2} = \frac{p_n(\lambda)p_{n+1}(\mu) - p_{n+1}(\lambda)p_n(\mu)}{\mu - \lambda} \quad (3.37)$$

と表される．

(3.36) 左辺の多項式

$$K_n(\lambda, \mu) = \sum_{k=0}^{n} P_k(\lambda)P_k(\mu) \quad (3.38)$$

を n 次**再生核** (reproducing kernel) という[8]．この名前の由来は $K_n(\lambda, \mu)$ が以下の性質をもつことによる．(3.19) でみたように，任意の n 次多項式 $R_n(\lambda)$ は直交多項式 $\{P_k(\lambda)\}$ によって展開される．積分型線形汎関数 (3.6) の場合，(3.19) は

$$\begin{aligned}R_n(\lambda) &= \sum_{k=0}^{n} P_k(\lambda)\int_{\xi}^{\eta} R_n(\mu)P_k(\mu)w(\mu)d\mu \\ &= \int_{\xi}^{\eta}\sum_{k=0}^{n} P_k(\lambda)P_k(\mu)R_n(\mu)w(\mu)d\mu \\ &= \int_{\xi}^{\eta} K_n(\lambda, \mu)R_n(\mu)w(\mu)d\mu \quad (3.39)\end{aligned}$$

---

[8] 再生核 $K_n(\lambda, \mu)$ を λ についての n 次多項式とみたとき，再生核は J とは別の線形汎関数 J^* について直交多項式となる．次章で詳しく論じる．

と書かれ，$R_n(\lambda)$ が $K_n(\lambda,\mu)$ を乗じた積分によって「再生」されることがわかる．この操作により，$\mu \in (\xi, \eta)$ なる $R_n(\mu)$ の中で，特に λ における $R_n(\lambda)$ が選ばれたとみて，再生核は**フィルター性** (filtering property) をもつともいう．特に，$R_n(\lambda) = K_n(\kappa, \lambda)$ ととり，$\kappa \to \lambda$ の極限をとると

$$K_n(\lambda, \lambda) = \int_\xi^\eta K_n(\lambda, \mu)^2 w(\mu) d\mu$$

となり，$K_n(\lambda, \lambda)$ は $K_n(\lambda, \mu)$ の 2 乗ノルムを与える．

再生核について，さらに以下が知られている [9]．$\Pi(\lambda)$ を高々 n 次の多項式で，適当な μ_0 について $\Pi(\mu_0) = 1$ なるものとする．このとき

$$\min_\Pi J[\Pi^2(\lambda)] = \sum_{k=0}^n P_k{}^2(\mu_0) \tag{3.40}$$

が成り立つ．すなわち，多項式 $\Pi(\lambda)$ を再生核を用いて

$$\Pi(\lambda) = \frac{1}{\sum_{k=0}^n P_k{}^2(\mu_0)} \sum_{k=0}^n P_k(\lambda) P_k(\mu_0)$$

と選ぶとき，$J[\Pi^2(\lambda)]$ は最小となる．

証明 $\Pi(\lambda) = \sum_{k=0}^n c_k P_k(\lambda)$ とおくと，係数 c_k は $c_k = J[\Pi(\lambda) P_k(\lambda)]$ と書ける．条件より $\Pi(\mu_0) = \sum_{k=0}^n c_k P_k(\mu_0) = 1$．一方，直交性より $J[\Pi^2(\lambda)] = \sum_{j,k=0}^n c_j c_k \delta_{j,k} = \sum_{j=0}^n c_j{}^2$．コーシー・シュワルツの不等式より

$$\sum_{k=0}^n c_k P_k(\mu_0) \le \sum_{j=0}^n c_j{}^2 \sum_{k=0}^n P_k{}^2(\mu_0)$$

が成り立つ．等号は，ある定数 A を用いて $c_k = A P_k(\mu_0)$ と書けるとき，かつ，そのときに限る．これを等式に代入して $A = (\sum_{k=0}^n P_k{}^2(\mu_0))^{-1}$ だから，$J[\Pi^2(\lambda)] = \sum_{j=0}^n c_j{}^2 \ge \sum_{k=0}^n P_k{}^2(\mu_0)$ が示される．∎

直交条件 (3.4) を $J_\lambda[P_k(\lambda) P_\ell(\lambda)] = \delta_{k,\ell}$ と書く．(3.39) より $J_\lambda[K_n(\lambda, \mu) P_\ell(\lambda)] = P_\ell(\mu)$ が成り立つ．同様に $J_\lambda[K_n(\lambda, \mu) \lambda^k] = \mu^k$, $(k = 0, 1, \ldots, n)$ となる．一方，$J_\lambda[\lambda^j] = s_j$ に注意して

$$J_\lambda \left[\begin{vmatrix} 0 & 1 & \lambda & \cdots & \lambda^n \\ 1 & s_0 & s_1 & \cdots & s_n \\ \mu & s_1 & s_2 & \cdots & s_{n+1} \\ \vdots & \vdots & \vdots & & \vdots \\ \mu^n & s_n & s_{n+1} & \cdots & s_{2n} \end{vmatrix} \lambda^k \right] = -\mu^k D_n \qquad (3.41)$$

を示すことができる.ただし,$k = 0, 1, \ldots, n$. この結果,再生核もまた行列式表示

$$K_n(\lambda, \mu) = -\frac{1}{D_n} \begin{vmatrix} 0 & 1 & \lambda & \cdots & \lambda^n \\ 1 & s_0 & s_1 & \cdots & s_n \\ \mu & s_1 & s_2 & \cdots & s_{n+1} \\ \vdots & \vdots & \vdots & & \vdots \\ \mu^n & s_n & s_{n+1} & \cdots & s_{2n} \end{vmatrix} \qquad (3.42)$$

をもつことがわかる.

3. 直交多項式の零点

ここではクリストフェル・ダルブーの公式を用いて,直交多項式の零点の位置について考察する.

3.9 [命題] n 次直交多項式 $P_n(\lambda)$ の零点 $\lambda_j^{(n)}, (j = 1, \ldots, n)$ はすべて実の単根である.

証明 $-\infty < \lambda < \infty$ において $P_n(\lambda) = 0$ が k 個の実奇数重根 $\lambda_1, \lambda_2, \ldots, \lambda_k$, $(0 \leq k \leq n)$ をもつとする.奇数重根の前後で $P_n(\lambda)$ の符号が変わることに注意し,$n + k$ 次多項式

$$R(\lambda) = P_n(\lambda)(\lambda - \lambda_1)(\lambda - \lambda_2) \cdots (\lambda - \lambda_k)$$

を導入する.$R(\lambda)$ は実係数多項式で,複素根 λ_{k+1} をもてば,その複素共役 $\overline{\lambda_{k+1}}$ も根である.$R(\lambda)$ の実根はすべて偶数重根だから $n+k$ は偶数で,$-\infty < \lambda < \infty$ において $R(\lambda) \geq 0$ が成り立つ.ゆえに,

$$R(\lambda) = c \prod_{j=1}^{\frac{n+k}{2}} (\lambda - \lambda_j)(\lambda - \overline{\lambda_j}), \quad (c > 0)$$

と書ける．ここでは λ_j は実数または複素数で $\lambda_j = \lambda_{j+1}$ のような多重根の場合も許している．λ_j が複素数のとき，$\lambda_j = \lambda_{0,j} + i\lambda_{1,j}$, $(\lambda_{0,j}, \lambda_{1,j} \in \mathbf{R}$, $i = \sqrt{-1})$ とおけば，$(\lambda - \lambda_j)(\lambda - \overline{\lambda_j}) = (\lambda - \lambda_{0,j})^2 + \lambda_{1,j}^2$ となる．さらに，恒等式 $(A^2 + B^2)(C^2 + D^2) = (AC - BD)^2 + (AD + BC)^2$ を繰り返し用いて

$$R(\lambda) = \alpha(\lambda)^2 + \beta(\lambda)^2$$

を得る．ただし，$\alpha(\lambda), \beta(\lambda)$ は実係数の $\frac{n+k}{2}$ 次多項式 $\alpha(\lambda) = \sum_{k=0}^{\frac{n+k}{2}} \alpha_k \lambda^k$, $\beta(\lambda) = \sum_{k=0}^{\frac{n+k}{2}} \beta_k \lambda^k$, $(\alpha_k, \beta_k \in \mathbf{R})$ である．この結果，$J[R(\lambda)] > 0$ が成り立つ．

一方，$0 \leq k < n$ のとき $J[P_n(\lambda)\lambda^k] = 0$ だから，$P_n(\lambda) = 0$ の実奇数重根の個数 k は $k = n$ でなければならない．ゆえに，$P_n(\lambda) = 0$ は実の単根のみをもつ． ∎

3.10 [命題]　$n-1$ 次直交多項式 $P_{n-1}(\lambda)$ の零点 $\lambda_j^{(n-1)}$ は，n 次直交多項式 $P_n(\lambda)$ の零点 $\lambda_j^{(n)}$ を完全に分離する．

証明　クリストフェル・ダルブーの公式 (3.36) を変形して

$$\sum_{k=0}^{n-1} P_k(\lambda) P_k(\mu) = a_n \frac{(P_{n-1}(\lambda)(P_n(\mu) - P_n(\lambda)) - P_n(\lambda)(P_{n-1}(\mu) - P_{n-1}(\lambda)))}{\mu - \lambda}.$$

極限 $\mu \to \lambda$ をとって

$$\sum_{k=0}^{n-1} P_k(\lambda)^2 = a_n \left(P_{n-1}(\lambda) P_n'(\lambda) - P_n(\lambda) P_{n-1}'(\lambda) \right) \tag{3.43}$$

を得る．ここに，$P_\ell'(\lambda) := dP_\ell(\lambda)/d\lambda$．命題 3.9 より $P_n(\lambda)$ の零点は順に $\lambda_1^{(n)} < \lambda_2^{(n)} < \cdots < \lambda_n^{(n)}$ と書け，隣り合った2零点 $\lambda_j^{(n)}, \lambda_{j+1}^{(n)}$ において $P_n'(\lambda_j^{(n)})$ と $P_n'(\lambda_{j+1}^{(n)})$ は異符号であることがわかる．

一方, $\sum_{k=0}^{n-1} P_k(\lambda_j^{(n)})^2 = a_n P_{n-1}(\lambda_j^{(n)}) P'_n(\lambda_j^{(n)}) > 0$, $\sum_{k=0}^{n-1} P_k(\lambda_{j+1}^{(n)})^2 = a_n P_{n-1}(\lambda_{j+1}^{(n)}) P'_n(\lambda_{j+1}^{(n)}) > 0$ より, $P_{n-1}(\lambda_j^{(n)})$ と $P_{n-1}(\lambda_{j+1}^{(n)})$ もまた異符号である. ゆえに, $P_{n-1}(\lambda)$ の零点は $P_n(\lambda)$ の零点を完全に分離する. すなわち, $P_{n-1}(\lambda)$ と $P_n(\lambda)$ の零点は

$$\lambda_1^{(n)} < \lambda_1^{(n-1)} < \lambda_2^{(n)} < \lambda_2^{(n-1)} < \cdots < \lambda_{n-1}^{(n-1)} < \lambda_n^{(n)} \tag{3.44}$$

のように位置する. ∎

3.11 [命題] 第2種多項式 $Q_n(\lambda)$ の零点 μ_j は第1種多項式 $P_n(\lambda)$ の零点 $\lambda_j^{(n)}$ を完全に分離する.

証明 命題 3.10 と同様にして $Q_n(\lambda) = 0$ が実の単根のみをもつことがわかる. これを $\mu_1 < \mu_2 < \cdots < \mu_{n-1}$ と書く. 次に, $a_k(P_{k-1}(\lambda)Q_k(\lambda) - P_k(\lambda)Q_{k-1}(\lambda))$ が λ や k によらない一定値であることをみる. $k = 1$ のとき $a_1(P_0(\lambda)Q_1(\lambda) - P_1(\lambda)Q_0(\lambda)) = 1 \times 1 - (\lambda - b_1) \times 0 = 1$. 3項漸化式を用いると, 任意の k について

$$a_k(P_{k-1}(\lambda)Q_k(\lambda) - P_k(\lambda)Q_{k-1}(\lambda))$$
$$= a_{k+1}(P_k(\lambda)Q_{k+1}(\lambda) - P_{k+1}(\lambda)Q_k(\lambda))$$

が得られるから, 結局,

$$P_{k-1}(\lambda)Q_k(\lambda) - P_k(\lambda)Q_{k-1}(\lambda) = \frac{1}{a_k}, \quad (k = 1, 2, \ldots) \tag{3.45}$$

が示される. (3.45) より, $P_n(\lambda)$ の隣り合った零点 $\lambda_j^{(n)}, \lambda_{j+1}^{(n)}$ において

$$P_{k-1}(\lambda_j^{(n)})Q_k(\lambda_j^{(n)}) = P_{k-1}(\lambda_{j+1}^{(n)})Q_k(\lambda_{j+1}^{(n)}) = \frac{1}{a_k}.$$

命題 3.9 より $P_{k-1}(\lambda_j^{(n)})$ と $P_{k-1}(\lambda_{j+1}^{(n)})$ とは異符号だから, $Q_k(\lambda_j^{(n)})$ と $Q_k(\lambda_{j+1}^{(n)})$ も異符号. ゆえに, $Q_n(\lambda)$ の零点 μ_j は

$$\lambda_1^{(n)} < \mu_1 < \lambda_2^{(n)} < \mu_2 < \cdots < \mu_{n-1} < \lambda_n^{(n)} \tag{3.46}$$

のように位置する. ∎

(3.44), (3.46) のような配置を**入れ子構造** (interlacing structure) と呼ぼう．
(3.21) によりモニック化された第 1 種多項式 $p_k(\lambda)$ と第 2 種多項式 $q_k(\lambda)$ のなす n 次有理関数 $q_n(\lambda)/p_n(\lambda)$ を考える．分母 $p_n(\lambda)$ は $p_n(\lambda) = \prod_{j=1}^n (\lambda - \lambda_j^{(n)})$ と因数分解されるから，有理関数は

$$\frac{q_n(\lambda)}{p_n(\lambda)} = \sum_{j=1}^n \frac{\nu_j^{(n)}}{\lambda - \lambda_j^{(n)}}, \quad \nu_j^{(n)} = \frac{q_n(\lambda_j^{(n)})}{p_n'(\lambda_j^{(n)})} \tag{3.47}$$

と部分分数展開される．$\lambda = \lambda_j^{(n)}$ における $q_n(\lambda)/p_n(\lambda)$ の留数 $\nu_j^{(n)}$ は**クリストフェル係数** (Christoffel coefficients) と呼ばれる．命題 3.11 より，$\nu_j^{(n)}$ は零となることはない．モニック多項式は実軸上 $\lambda \to \infty$ で $p_k(\lambda) \to +\infty$，$q_k(\lambda) \to +\infty$ だから，入れ子構造 (3.46) より，$\lambda = \lambda_j^{(n)}$ において，$q_n(\lambda_j^{(n)}) > 0$ のとき $p_n'(\lambda_j^{(n)}) > 0$，$q_n(\lambda_j^{(n)}) < 0$ のとき $p_n'(\lambda_j^{(n)}) < 0$，ゆえに，

$$\nu_j^{(n)} > 0 \tag{3.48}$$

である．

第 1 種多項式 $p_k(\lambda)$ のなす n 次有理関数 $p_{n-1}(\lambda)/p_n(\lambda)$ についても部分分数展開

$$\frac{p_{n-1}(\lambda)}{p_n(\lambda)} = \sum_{j=1}^n \frac{\rho_j^{(n)}}{\lambda - \lambda_j^{(n)}}, \quad \rho_j^{(n)} = \frac{p_{n-1}(\lambda_j^{(n)})}{p_n'(\lambda_j^{(n)})} \tag{3.49}$$

が導入される．命題 3.10 より，留数 $\rho_j^{(n)}$ は $\rho_j^{(n)} \neq 0$ であるが，入れ子構造 (3.44) より，(3.48) と同様にして

$$\rho_j^{(n)} > 0 \tag{3.50}$$

がわかる．

4. 直交多項式，連分数とパデ近似

第 1 種多項式 $P_k(\lambda)$ と第 2 種多項式 $Q_k(\lambda)$ のなす n 次有理関数 $Q_n(\lambda)/P_n(\lambda)$ は，定義より $q_n(\lambda)/p_n(\lambda)$ に一致する．3 項漸化式 (3.22) を繰り返し用いると $q_n(\lambda)/p_n(\lambda)$ の連分数展開

を得る. 例えば,

$$\frac{q_3(\lambda)}{p_3(\lambda)} = \frac{(\lambda-b_3)(\lambda-b_2) - a_2{}^2}{(\lambda-b_3)(\lambda-b_2)(\lambda-b_1) - (\lambda-b_3)a_1{}^2 - (\lambda-b_1)a_2{}^2}$$

$$= \cfrac{1}{\lambda - b_1 - \cfrac{a_1{}^2}{\lambda - b_2 - \cfrac{a_2{}^2}{\lambda - b_3}}}.$$

$$\frac{q_n(\lambda)}{p_n(\lambda)} = \cfrac{1}{\lambda - b_1 - \cfrac{a_1{}^2}{\lambda - b_2 - \cfrac{a_2{}^2}{\lambda - b_3 - \cfrac{\ddots - \cfrac{a_{n-1}{}^2}{\lambda - b_n}}{}}}}, \quad (n=1,2,\ldots) \tag{3.51}$$

一方, 第1種多項式 $P_k(\lambda)$ のなす n 次有理関数 $P_{n-1}(\lambda)/P_n(\lambda)$ は, 定義より $a_n p_{n-1}(\lambda)/p_n(\lambda)$ に一致する. $p_{n-1}(\lambda)/p_n(\lambda)$ の連分数展開は

$$\frac{p_{n-1}(\lambda)}{p_n(\lambda)} = \cfrac{1}{\lambda - b_n - \cfrac{a_{n-1}{}^2}{\lambda - b_{n-1} - \cfrac{a_{n-2}{}^2}{\lambda - b_{n-2} - \cfrac{\ddots - \cfrac{a_1{}^2}{\lambda - b_1}}{}}}},$$

$$(n=1,2,\ldots) \tag{3.52}$$

となる. 例えば,

$$\frac{p_2(\lambda)}{p_3(\lambda)} = \frac{(\lambda-b_3)(\lambda-b_2) - a_1{}^2}{(\lambda-b_3)(\lambda-b_2)(\lambda-b_1) - (\lambda-b_3)a_1{}^2 - (\lambda-b_1)a_1{}^2}$$

$$= \cfrac{1}{\lambda - b_3 - \cfrac{a_2{}^2}{\lambda - b_2 - \cfrac{a_1{}^2}{\lambda - b_1}}}$$

である. このように, 同じ直交多項式から相異なる連分数が定義される.

有限連分数 (3.51) の n 無限大への極限として, 収束性をひとまず度外視した形式的連分数

$$\cfrac{1}{\lambda - b_1 - \cfrac{a_1{}^2}{\lambda - b_2 - \cfrac{a_2{}^2}{\lambda - b_3 - \ddots}}} \tag{3.53}$$

が導入される．この連分数の係数は直交多項式のモーメントを用いて

$$a_k{}^2 = \frac{D_{k-1}D_{k+1}}{D_k{}^2}, \quad b_k = \frac{\widetilde{D}_k}{D_k} - \frac{\widetilde{D}_{k-1}}{D_{k-1}}, \quad (k=1,2,\ldots) \tag{3.54}$$

のように表される．モーメントと連分数の直接的な関わりについては次節で論じる．

次に，**パデ近似** (Padé approximant) について述べる．複素数係数の $1/\lambda$ の形式的べき級数体 $C[[1/\lambda]]$ を導入する[9]．$C[[1/\lambda]]$ の

$$h(\lambda) = \sum_{k=0}^{\infty} \frac{h_k}{\lambda^{k+1}} \tag{3.55}$$

なる形の元を考えよう．ある自然数 n と n 次以下の多項式 $p_n(\lambda)$，$n-1$ 次以下の多項式 $q_n(\lambda)$ で

$$p_n(\lambda)h(\lambda) - q_n(\lambda) = \frac{c_n}{\lambda^{n+1}} + \frac{c_{n+1}}{\lambda^{n+2}} + \cdots \tag{3.56}$$

なるものが存在するとき，有理関数 $q_n(\lambda)/p_n(\lambda)$ を $h(\lambda)$ の n 次パデ近似 (n-th Padé approximant) という．c_n 達は適当な定数．また，$p_n(\lambda)$ が n 次であるような n 次パデ近似を**正規** (normal) という．

3.12 [命題] n 次パデ近似は必ず存在する．

証明 任意の n 次以下の多項式 $p_n(\lambda) = g_n\lambda^n + g_{n-1}\lambda^{n-1} + \cdots + g_0$ について $p_n(\lambda)h(\lambda) = \sum_{k=0}^{\infty} d_k \lambda^{n-k-1}$ と書ける．このとき，$q_n(\lambda)/p_n(\lambda)$ がパデ

---

[9] 集合 $C[[1/\lambda]]$ が体となることは以下のように確かめられる．$C[[1/\lambda]]$ の任意の元 $a(\lambda) = \sum_{k=-\infty}^{\infty} a_k \lambda^{-k}$，ただし，$a_k$, $(k>0)$ のうち有限個が零でない，に対して，和を $(a+b)(\lambda) = \sum_{k=-\infty}^{\infty}(a_k + b_k)\lambda^{-k}$，積を $(a \cdot b)(\lambda) = \sum_{k=-\infty}^{\infty}(\sum_{\ell=-\infty}^{\infty} a_\ell b_{k-\ell})\lambda^{-k}$ と定めると $C[[1/\lambda]]$ は環となる．さらに，$a(\lambda) = \lambda^n \sum_{k=0}^{\infty} \alpha_k \lambda^{-k}$，$n$ は $\alpha_0 \neq 0$ なる整数，と書けば，$a(\lambda)a'(\lambda) = 1$ なる元 $a'(\lambda) = \lambda^{-n}\sum_{k=0}^{\infty} \beta_k \lambda^{-k} \in C[[1/\lambda]]$ の係数 β_k を逐次定めることができる．ゆえに，$C[[1/\lambda]]$ は体となる．

近似であるためには, $d_n = d_{n+1} = \cdots = d_{2n-1} = 0$ であればよい. ところが, $(d_n, d_{n+1}, \ldots, d_{2n-1})^\top = \mathbf{0}$ のとき,

$$\begin{pmatrix} h_0 & h_1 & \cdots & h_n \\ h_1 & h_2 & \cdots & h_{n+1} \\ \vdots & \vdots & & \vdots \\ h_{n-1} & h_n & \cdots & h_{2n-1} \end{pmatrix} \begin{pmatrix} g_0 \\ g_1 \\ \vdots \\ g_n \end{pmatrix} = \begin{pmatrix} d_n \\ d_{n+1} \\ \vdots \\ d_{2n-1} \end{pmatrix} = \mathbf{0} \quad (3.57)$$

は未知数 $n+1$ 個の n 連立同次 1 次方程式だから, 非自明な解

$$\mathbf{g} = (g_0, g_1, \ldots, g_n)^\top \neq \mathbf{0}$$

が必ず存在する. ゆえに, n 次パデ近似を与える多項式 $p_n(\lambda)$ が存在する. ∎

3.13 [命題] n 次パデ近似 $q_n(\lambda)/p_n(\lambda)$ が正規であるためには, (2.21) のハンケル行列式 H_n について, $H_n \neq 0$ が必要十分である.

証明 n 次パデ近似が正規でないとすると $g_n = 0$ なる (3.57) の非自明な解 $\mathbf{g} \neq \mathbf{0}$ が存在する. ところが, (3.57) を変形すれば非自明解をもつ同次方程式

$$\begin{pmatrix} h_0 & h_1 & \cdots & h_{n-1} \\ h_1 & h_2 & \cdots & h_n \\ \vdots & \vdots & & \vdots \\ h_{n-1} & h_n & \cdots & h_{2n-2} \end{pmatrix} \begin{pmatrix} g_0 \\ g_1 \\ \vdots \\ g_{n-1} \end{pmatrix} = -g_n \begin{pmatrix} h_n \\ h_{n+1} \\ \vdots \\ h_{2n-1} \end{pmatrix} = \mathbf{0} \quad (3.58)$$

だから, $H_n = 0$ となる. ゆえに, $H_n \neq 0$ ならば n 次パデ近似は正規.

n 次パデ近似が正規であるとき, すなわち, $g_n \neq 0$ のとき, (3.58) は解をもつ非同次方程式となり

$$\text{rank} \begin{pmatrix} h_0 & \cdots & h_{n-1} \\ \vdots & & \vdots \\ h_{n-1} & \cdots & h_{2n-2} \end{pmatrix} = \text{rank} \begin{pmatrix} h_0 & \cdots & h_{n-1} & -g_n h_n \\ \vdots & & \vdots & \vdots \\ h_{n-1} & \cdots & h_{2n-2} & -g_n h_{2n-1} \end{pmatrix}$$

が成り立つ. $g_n \neq 0$ より両辺は n に等しい. ゆえに, $H_n \neq 0$ が成り立つ. ∎

次に，$\mathrm{C}[[1/\lambda]]$ の元 $h(\lambda) = \sum_{k=0}^{\infty} h_k/\lambda^{k+1} \neq 0$ の連分数展開を考える．
$1/h(\lambda) \in \mathrm{C}[[1/\lambda]]$ に注意して

$$h(\lambda) = \frac{1}{\dfrac{1}{h(\lambda)}} = \frac{1}{v_1(\lambda) + \phi_1(\lambda)}, \quad \phi_1(\lambda) = \sum_{k=0}^{\infty} \frac{\phi_{1k}}{\lambda^{k+1}} \in \mathrm{C}[[1/\lambda]]$$

と表す．ここに，$v_1(\lambda)$ は 1 次以上の適当な多項式 ($\deg v_1(\lambda) \geq 1$) である．
$\phi_1(\lambda) \neq 0$ であれば，さらに，

$$h(\lambda) = \cfrac{1}{v_1(\lambda) + \cfrac{1}{v_2(\lambda) + \phi_2(\lambda)}}, \quad \deg v_2(\lambda) \geq 1, \quad \phi_2(\lambda) \in \mathrm{C}[[1/\lambda]]$$

と書ける．これを繰り返して

$$h(\lambda) = \cfrac{1}{v_1(\lambda) + \cfrac{1}{v_2(\lambda) + \cfrac{\ddots}{\ddots + \cfrac{1}{v_n(\lambda) + \phi_n(\lambda)}}}}. \tag{3.59}$$

もし，ある n で $\phi_n(\lambda) = 0$ となったとき，$h(\lambda)$ は有理関数である．逆に，$h(\lambda)$ が有理関数であれば有限連分数として表される．

$h(\lambda)$ が有理関数でないとき，$h(\lambda)$ から定まる形式的無限連分数とその有限部分 ($n = 1, 2, \ldots$)

$$\cfrac{1}{v_1(\lambda) + \cfrac{1}{v_2(\lambda) + \ddots}}, \quad \frac{A_n(\lambda)}{B_n(\lambda)} = \cfrac{1}{v_1(\lambda) + \cfrac{1}{v_2(\lambda) + \cfrac{\ddots}{\ddots + \cfrac{1}{v_n(\lambda)}}}}$$

を考える．多項式 A_n, B_n は 3 項漸化式

$$\begin{aligned} A_{n+1} &= v_{n+1} A_n + A_{n-1}, \quad A_0 = 0, \quad A_1 = 1, \\ B_{n+1} &= v_{n+1} B_n + B_{n-1}, \quad B_0 = 1, \quad B_1 = v_1(\lambda) \end{aligned} \tag{3.60}$$

を満たす．これより，$B_{n+1} A_n - A_{n+1} B_n = -(B_n A_{n-1} - A_n B_{n-1})$ だから

$$B_n A_{n-1} - A_n B_{n-1} = (-1)^n, \quad (n = 1, 2, \ldots) \tag{3.61}$$

が成り立つ．ゆえに，A_n, B_n は互いに素である．連分数の収束性について以下が成り立つ．

3.14 [命題]　　形式的べき級数体 $C[[1/\lambda]]$ の任意の元 $a(\lambda) = \sum_{k=0}^{\infty} \alpha_k \lambda^{n-k}$，($n$ は $\alpha_0 \neq 0$ なる整数)，に対して a のノルムを $||a|| = \rho^n$, $||0|| = 0$ と定める[10]．ρ は $0 < \rho < 1$ なる適当な数[11]．このとき，有限連分数 A_n/B_n は $n \to \infty$ で $h(\lambda)$ にノルム収束する．

証明　(3.59) は
$$h(\lambda) = \frac{A_n + A_{n-1}\phi_n}{B_n + B_{n-1}\phi_n}$$
と書けるから，(3.61) を用いて
$$h(\lambda) - \frac{A_{n-1}}{B_{n-1}} = \frac{(-1)^{n-1}}{B_n B_{n-1}(1 + \phi_n B_{n-1}/B_n)} \tag{3.62}$$
を得る．$C[[1/\lambda]]$ のノルムについて $||h(\lambda) - A_{n-1}/B_{n-1}|| = ||B_n B_{n-1}||^{-1}$ に注意する[12]．また，$B_n = a_n B_{n-1} + B_{n-2}$, $d_n := \deg a_n \geq 1$, $B_1 = a_1$ より $||B_n|| = \rho^{s_n}$, $s_n := d_n + \cdots + d_1$ だから，$n \to \infty$ のとき
$$\left\|h(\lambda) - \frac{A_{n-1}}{B_{n-1}}\right\| = \rho^{s_n + s_{n-1}} \to 0$$
となる．　∎

同時に，(3.62) より適当な定数 c_n 達を用いて
$$B_n h(\lambda) - A_n = \frac{c_n}{\lambda^{s_{n+1}}} + \frac{c_{n+1}}{\lambda^{s_{n+1}+1}} + \cdots$$
であるが，$A_1 = 1$ より $\deg A_n = s_n - d_1$, $\deg B_n = s_n$ だから A_n/B_n は $h(\lambda)$ の s_n 次パデ近似である．これを書き直せば
$$h(\lambda) - \frac{A_n}{B_n} = \frac{c_n}{\lambda^{s_n + s_{n+1}}} + \frac{c_{n+1}}{\lambda^{s_n + s_{n+1}+1}} + \cdots$$

---

[10] ノルムの公理 1) $||a|| = 0 \Leftrightarrow a = 0$, 2) $||a \cdot b|| = ||a|| \cdot ||b||$, 3) $||a+b|| \leq ||a|| + ||b||$ が成り立つ．
[11] 例えば，$\rho = 1/e$．
[12] (3.62) において $(1 + \phi_n B_{n-1}/B_n)^{-1} = 1 - \phi_n B_{n-1}/B_n + (\phi_n B_{n-1}/B_n)^2 - \cdots$ より $||(1 + \phi_n B_{n-1}/B_n)^{-1}|| = \rho^0 = 1$ が成り立つ．

となる.

原点 $\lambda = 0$ を除く領域で解析的な関数 $f(\lambda)$ の $\lambda = \infty$ におけるローラン展開

$$f(\lambda) = \sum_{k=0}^{\infty} \frac{s_k}{\lambda^{k+1}} \tag{3.63}$$

の係数列 s_k が正であるものとする.このとき,3項漸化式を満たす多項式 A_n, B_n は $s_k = J[\lambda^k]$ なる線形汎関数に関する,それぞれ,第2種直交多項式 $q_n(\lambda)$, 第1種直交多項式 $p_n(\lambda)$ となる. s_k のなすハンケル行列式はすべて正,かつ,すべての n で $\deg a_n = 1$ となり,(3.51) の有理関数 $A_n/B_n = q_n/p_n$ は $f(\lambda)$ の正規な n 次パデ近似を与える.すなわち,

$$p_n f(\lambda) - q_n = \frac{c_n}{\lambda^{n+1}} + \frac{c_{n+1}}{\lambda^{n+2}} + \cdots. \tag{3.64}$$

これを直交多項式によるパデ近似という.

3.15 [例] 関数 $f(\lambda)$ の例としてはスティルチェス積分で表される種々の関数

$$f(\lambda) = \int_C \frac{d\mu(z)}{\lambda - z}, \tag{3.65}$$

がある.ただし,λ は積分路 C 上にないものとする.モーメントは $s_k = \int_C z^k d\mu(z)$, $(k = 0, 1, \ldots)$ と書ける.例えば,ラゲール多項式,エルミート多項式の場合は,それぞれ,

$$f(\lambda) = \int_0^{\infty} \frac{z^{\alpha} e^{-z} dz}{\lambda - z}, \quad (\alpha > -1), \quad f(\lambda) = \int_{-\infty}^{\infty} \frac{e^{-z^2} dz}{\lambda - z}$$

となる.ガンマ分布と正規分布の確率密度関数が現れていることに注意する.

□

3.16 [例] $g(x)$ を実解析関数とする. $g(x)$ の**ラプラス変換** (Laplace transformation) を

$$f(\lambda) = \mathcal{L}[g(x)](\lambda) := \int_0^{\infty} g(x) e^{-\lambda x} dx \tag{3.66}$$

とする. $g(x) = \sum_{k=0}^{\infty} g_k x^k/k!$ を代入して $\mathcal{L}[x^k] = k!/\lambda^{k+1}$ に注意すれば,ラプラス変換の(形式的)ローラン展開

$$\mathcal{L}[g(x)](\lambda) = \sum_{k=0}^{\infty} \frac{g_k}{\lambda^{k+1}} \tag{3.67}$$

を得る.ローラン係数 g_k が正の数列であれば,g_k のなすハンケル行列式で表される係数 a_k, b_k をもつ連分数 (3.51) はラプラス変換 $\mathcal{L}[g(x)](\lambda)$ のパデ近似を与える. □

直交多項式によるパデ近似の応用として**ガウス・ヤコビの積分公式** (Gauss-Jacobi quadrature formula) [13]について述べる.

3.17 [命題] 定数 $\nu_j^{(n)}$ を $p_n(\lambda)$ の零点 $\lambda = \lambda_j^{(n)}$ における $q_n(\lambda)/p_n(\lambda)$ のクリストフェル係数とするとき,高々 $2n-1$ 次の多項式 $T(\lambda)$ に対して

$$J[T(\lambda)] = \sum_{j=1}^{n} \nu_j^{(n)} T(\lambda_j^{(n)}) \tag{3.68}$$

が成り立つ.

証明 部分分数 (3.47) を等比級数に展開して

$$\frac{q_n(\lambda)}{p_n(\lambda)} = \sum_{j=1}^{n} \frac{\nu_j^{(n)}}{\lambda(1 - \frac{\lambda_j^{(n)}}{\lambda})} = \sum_{k=1}^{\infty} \frac{1}{\lambda^{k+1}} \sum_{j=1}^{n} \nu_j^{(n)} \lambda_j^{(n)k}.$$

ゆえに,

$$f(\lambda) - \frac{q_n(\lambda)}{p_n(\lambda)} = \sum_{k=1}^{\infty} \frac{1}{\lambda^{k+1}} \left(s_k - \sum_{j=1}^{n} \nu_j^{(n)} \lambda_j^{(n)k} \right).$$

q_n/p_n が $f(\lambda)$ の n 次のパデ近似を与えることから,

$$s_k = \sum_{j=1}^{n} \nu_j^{(n)} \lambda_j^{(n)k}, \quad (k = 0, 1, \ldots, 2n-1) \tag{3.69}$$

を得る.一方,$s_k = J[\lambda^k]$ で $T(\lambda)$ は λ のべきの線形結合で書けるから (3.68) が示される. ■

クリストフェル係数については次の命題が成り立つ.

3.18 [命題] $q_n(\lambda)/p_n(\lambda)$ のクリストフェル係数 $\nu_j^{(n)}$ は正で,その和は n によらず一定である.

---

[13] 線形汎関数 $J[\ ]$ が積分作用素のとき,命題 3.17 は定積分の計算法を与える.クリストフェル係数 $\nu_j^{(n)}$ の計算法については命題 3.18 で述べる.

証明
$$\xi_j^{(n)}(\lambda) := \frac{p_n(\lambda)}{p_n'(\lambda_j^{(n)})(\lambda - \lambda_j^{(n)})}, \quad (j=1,\ldots,n)$$

とおく．$p_n(\lambda) = \prod_{j=1}^n (\lambda - \lambda_j^{(n)})$ に注意すれば $\xi_j(\lambda_k^{(n)}) = \delta_{jk}$ がわかる．δ_{jk} はクロネッカーのデルタ．積分公式 (3.68) に $\xi_j^{(n)}(\lambda)^2$ を代入すれば，

$$0 < J[\xi_j^{(n)}(\lambda)^2] = \sum_{j=1}^n \nu_j^{(n)} \xi_j^{(n)}(\lambda_k^{(n)})^2 = \nu_k^{(n)}$$

が成り立つ．積分公式に $T(\lambda) = 1$ を代入して $\sum_{j=1}^n \nu_j^{(n)} = J[1] = s_0$．■

3.19 [命題] $q_n(\lambda)/p_n(\lambda)$ のクリストフェル係数 $\nu_j^{(n)}$ は $p_k(\lambda)$ と $p_n(\lambda)$ の零点 $\lambda_j^{(n)}$ を用いて

$$\frac{1}{\nu_j^{(n)}} = 1 + \sum_{k=1}^{n-1} \frac{p_k(\lambda_j^{(n)})^2}{(a_1 a_2 \cdots a_k)^2}. \tag{3.70}$$

と表される．

証明 積分公式 (3.68) より $J[p_k(\lambda) p_\ell(\lambda)] = \sum_{j=1}^n \nu_j^{(n)} p_k(\lambda_j^{(n)}) p_\ell(\lambda_j^{(n)})$．一方，直交条件 (3.4) より $J[p_k(\lambda) p_\ell(\lambda)] = (a_1 a_2 \cdots a_k)^2 \delta_{k,\ell}$ だから，ベクトル

$$u_0 := \left(\sqrt{\nu_1^{(n)}}, \ldots, \sqrt{\nu_n^{(n)}} \right)^\top,$$
$$u_k := \frac{1}{a_1 a_2 \cdots a_k} \left(\sqrt{\nu_1^{(n)}} p_k(\lambda_1^{(n)}), \ldots, \sqrt{\nu_n^{(n)}} p_k(\lambda_n^{(n)}) \right)^\top, \quad (k=1,2,\ldots)$$

は互いに正規直交する．ここで $p_0(\lambda) = 1$ を用いた．各 $u_k, (k=0,1,\ldots,n-1)$ はある $n \times n$ 直交行列の行ベクトルとみなせるから，この行列の列ベクトルについては

$$\sqrt{\nu_i^{(n)}} \sqrt{\nu_j^{(n)}} + \sum_{k=1}^{n-1} \frac{1}{(a_1 a_2 \cdots a_k)^2} \sqrt{\nu_i^{(n)}} p_k(\lambda_i^{(n)}) \sqrt{\nu_j^{(n)}} p_k(\lambda_j^{(n)}) = \delta_{i,j}$$

となる．$i = j$ として

$$\nu_j^{(n)} \left(1 + \sum_{k=1}^{n-1} \frac{p_k(\lambda_j^{(n)})^2}{(a_1 a_2 \cdots a_k)^2} \right) = 1.$$

■

公式 (3.70) は (3.43), (3.45), (3.47) から導くことができる．実際，(3.45) より

$$p_{n-1}(\lambda_j^{(n)})q_n(\lambda_j^{(n)}) = (a_1 \cdots a_{n-1})^2$$

だから，(3.70) は

$$\nu_j^{(n)} = \frac{(a_1 \cdots a_{n-1})^2}{p_n'(\lambda_j^{(n)})p_{n-1}(\lambda_j^{(n)})}$$

と書ける．一方，(3.43) より

$$1 + \sum_{k=1}^{n-1} \frac{p_k(\lambda_j^{(n)})^2}{(a_1 a_2 \cdots a_k)^2} = \frac{p_n'(\lambda_j^{(n)})p_{n-1}(\lambda_j^{(n)})}{(a_1 a_2 \cdots a_k)^2}.$$

以上より (3.70) が従う．

5. モーザーの研究と直交多項式

2 章で論じたように，モーザーによる有限非周期戸田方程式の解析は，有理関数と有限連分数によるものであった．これを直交多項式による解析関数の形式的連分数，あるいは，パデ近似の立場からみれば，次のようにみることができる．

離散確率分布として多項分布 $d\mu(z) = \sum_{j=1}^{N} r_j{}^2 \delta(z - \lambda_j) dz$ を考える[14]．ここに，z は実数，$\delta(z)$ はディラックのデルタ関数，$\lambda_1 < \lambda_2 < \cdots < \lambda_N$ とする．このとき，スティルチェス積分 $f(\lambda) = \int_{-\infty}^{\infty} \frac{d\mu(z)}{\lambda-z}, \ (\mathrm{Im}\,\lambda > 0)$ は

$$f(\lambda) = \sum_{j=1}^{N} \frac{r_j{}^2}{\lambda - \lambda_j}, \quad \sum_{j=1}^{N} r_j{}^2 = 1, \quad s_k = \sum_{j=1}^{N} \lambda_j{}^k r_j{}^2 \qquad (3.71)$$

となる．この場合 $f(\lambda)$ は N 次有理関数，モーメント s_k は $D_n > 0, \ (n = 0, 1, \ldots, N-1)$ なる数列で $f(\lambda)$ のマルコフパラメータである．$D_N = 0$ より $a_N = 0$ だから，(3.51) の連分数 q_n/p_n は $f(\lambda)$ の $n = 1, \ldots, N$ 次までのパデ近似を与える．特に，$q_N/p_N = f(\lambda)$ である．なお，$D_N = 0$ より b_{N+1} が定義できないため，直交多項式は有限個，$p_0(\lambda), \ldots, p_N(\lambda)$, のみとなる．モーザー [59] はこのような有限直交多項式のクリストフェル係数やマルコフパラメータ

---

[14] N 項分布の 1 回の試行における各事象の生起確率変数の従う分布．サイコロを 1 回，転がした場合の分布とみてよい．

を変数として選ぶことで，有限非周期戸田方程式の線形化に成功したとみることができる．

では，一般の直交多項式の上でモーザーの理論はどのように展開されるだろうか．

半無限戸田方程式は (3.1) の半無限 3 重対角対称行列 L に対するラックス型方程式

$$\frac{dL}{dt} = [\Pi(L), L], \quad \Pi(L) = L_-^\top - L_- \tag{3.72}$$

として導入される．ただし，$a_k > 0, (k = 1, 2, \ldots)$．フラシュカの変数について書き下すと，無限連立系

$$\frac{da_k}{dt} = a_k(b_{k+1} - b_k), \quad \frac{db_k}{dt} = 2(a_k{}^2 - a_{k-1}{}^2), \quad (k = 1, 2, \ldots) \tag{3.73}$$

となる．境界条件は $a_0 = 0$ だけである．ラックス対

$$L\Psi = \lambda\Psi, \quad \frac{d\Psi}{dt} = A\Psi, \quad \Psi = (P_0, P_1, \ldots)^\top \tag{3.74}$$

の第 1 式は，3 項漸化式

$$a_k P_{k-1}(\lambda) + b_{k+1} P_k(\lambda) + a_{k+1} P_{k+1}(\lambda) = \lambda P_k(\lambda), \quad (k = 0, 1, 2, \ldots) \tag{3.75}$$

に他ならない．1 節で述べたように $J[P_k(\lambda)P_\ell(\lambda)] = \delta_{k,\ell}$ なる線形汎関数 J を導入することができ，ラックス行列 L の固有ベクトル $\Psi = \Psi(\lambda)$ の各成分は直交多項式となることがわかる．ファバードの定理（定理 3.8）より，J は正のモーメント列 $s_k = J[\lambda^k]$ をもつ．この結果，3 項漸化式の係数は J のモーメント列のなす行列式の比として

$$a_k{}^2 = \frac{D_{k-1}D_{k+1}}{D_k{}^2}, \quad b_k = \frac{\widetilde{D}_k}{D_k} - \frac{\widetilde{D}_{k-1}}{D_{k-1}}, \quad (k = 0, 1, \ldots) \tag{3.76}$$

と書かれる．

もしモーメントがパラメータ t に依存し，線形方程式

$$\frac{ds_k(t)}{dt} = 2s_{k+1}(t) \tag{3.77}$$

を満たせば，3 項漸化式の係数は $\tau_n = D_n$ について

$$a_n{}^2(t) = \frac{1}{4}\frac{d^2 \log \tau_n}{dt^2}, \quad b_n(t) = \frac{1}{2}\frac{d\log(\tau_{n-1}/\tau_n)}{dt} \tag{3.78}$$

と書かれ，半無限戸田方程式 (3.73) の解を与える [63]．n 次ハンケル行列式

$$\tau_n(t) = |s_{i+j}(t)|_{0 \leq i,j \leq n-1} \tag{3.79}$$

が半無限戸田方程式のタウ関数である [63]．$s_0(t)$ を $-2t$ についてテイラー展開して

$$s_0(t) = \sum_{j=0}^{\infty} \frac{s^{(j)}}{j!}(2t)^j \tag{3.80}$$

とおけば，$s^{(k)} = s_k$ は明らか．関数 $s_0(t)$ はモーメントの母関数である．

以上でみたように，個々の直交多項式は半無限戸田方程式の異なる解を与え，逆に，半無限戸田方程式は直交多項式の 1 パラメータ変形を記述していることがわかる[15]．

モーメントの満たす線形方程式 (3.77) の背後には線形汎関数の 1 パラメータ変形があると考えることができる．積分型線形汎関数 $J_1[g(\lambda)] = \int_\xi^\eta g(\lambda)w(\lambda)d\lambda$ の場合，線形汎関数の 1 パラメータ変形

$$J_{1,t}[g(\lambda)] = \int_\xi^\eta g(\lambda)w(\lambda;t)d\lambda, \quad w(\lambda;t) = e^{2t\lambda}w(\lambda) \tag{3.81}$$

を導入する．t に依存するモーメントは

$$s_k(t) = J_{1,t}[\lambda^k] = \int_\xi^\eta \lambda^k e^{2t\lambda}w(\lambda)d\lambda$$

で導入され，$ds_k(t)/dt = 2s_{k+1}(t)$ を満たす．ゆえに，半無限戸田方程式 (3.73) は，直交多項式の直交関係を定める線形汎関数の「線形」の 1 パラメータ変形 (3.81) が引き起こす，3 項漸化式の係数 a_k, b_k の「非線形」の変形方程式ということになる．

対称な線形汎関数の場合，すなわち，奇数次のモーメントについて $s_{2k-1} = 0$，$(k = 1, 2, \ldots)$ が成り立つとき，連分数の係数のうち b_k はすべて零

$$b_k = 0, \quad (k = 1, 2, \ldots) \tag{3.82}$$

となる．命題 3.7 参照．偶数次のモーメントを

$$h_k = s_{2k}, \quad (k = 0, 1, \ldots) \tag{3.83}$$

---

[15] $s_0(t)$ を無限回微分可能な任意関数とみれば，直交多項式の枠を越えて，半無限戸田方程式の解のクラスはさらに広がるが，タウ関数の正値性の保証はなくなる．

とおけば，ハンケル行列式 (3.9) は

$$D_{2k} = H_k H_k^{(1)}, \quad D_{2k+1} = H_{k+1} H_k^{(1)}$$

$$H_k^{(j)} := \begin{vmatrix} h_j & h_{j+1} & \cdots & h_{j+k-1} \\ h_{j+1} & h_{j+2} & \cdots & h_{j+k} \\ \vdots & \vdots & & \vdots \\ h_{j+k-1} & h_{j+k} & \cdots & h_{j+2k-2} \end{vmatrix}, \quad (j=0,1) \quad (3.84)$$

と書ける．ただし，$H_k = H_k^{(0)}$．この結果，連分数のもうひとつの係数 $a_k{}^2$ は，(3.76) より，ハンケル行列式の比

$$a_{2k-1}{}^2 = \frac{H_{k-1} H_k^{(1)}}{H_k H_{k-1}^{(1)}}, \quad a_{2k}{}^2 = \frac{H_{k+1} H_{k-1}^{(1)}}{H_k H_k^{(1)}}, \quad (k=1,2,\ldots) \quad (3.85)$$

となる．$a_k{}^2 > 0$ に注意する．

続いて，対称な直交多項式の変形パラメータ t を，測度関数の

$$w(\lambda;t) = e^{2t\lambda^2} w(\lambda), \quad (t \in \mathbf{R}) \quad (3.86)$$

なる変形を通じて導入する．$w(-\lambda) = w(\lambda)$ であれば $w(\lambda;t) = w(-\lambda;t)$ に注意する．すなわち，任意の t について $w(\lambda;t)$ は対称な直交多項式の測度関数である．モーメントの変形は

$$h_k(t) = J_{2,t}[\lambda^{2k}] = \int_\xi^\eta \lambda^{2k} e^{2t\lambda^2} w(\lambda) d\lambda$$

を通じて

$$\frac{dh_k}{dt} = 2h_{k+1}, \quad (k=0,1,2,\ldots) \quad (3.87)$$

と書ける．これにより連分数の係数の 1 パラメータ変形

$$a_{2k-1}(t)^2 = \frac{H_{k-1}(t) H_k^{(1)}(t)}{H_k(t) H_{k-1}^{(1)}(t)}, \quad a_{2k}(t)^2 = \frac{H_{k+1}(t) H_{k-1}^{(1)}(t)}{H_k(t) H_k^{(1)}(t)}$$

が引き起こされる．最後に $u_{2k-1}(t) = 2a_{2k-1}(t)^2$, $u_{2k}(t) = 2a_{2k}(t)^2$ と書けば，連分数の係数の変形方程式として半無限ロトカ・ボルテラ方程式

$$\frac{du_k}{dt} = u_k (u_{k+1} - u_{k-1}), \quad (k=1,2,\ldots) \quad (3.88)$$

を得る.境界条件は $u_0(t) = 0$ である.証明には $\hat{H}_k^{(j)} = \frac{1}{2} dH_k^{(j)}/dt$ とおくとき,シルベスターの行列式恒等式とプリュッカー関係式,それぞれ,

$$H_k \hat{H}_k^{(1)} - H_k^{(1)} \hat{H}_k = H_{k+1} \hat{H}_{k-1}^{(1)}, \quad H_k^{(1)} \hat{H}_{k+1} - \hat{H}_k^{(1)} H_{k+1} = H_k H_{k+1}^{(1)}$$

が成り立つことを利用する.これらは,それぞれ,(2.71) の第2式と (2.72) に一致する.

ロトカ・ボルテラ方程式 (3.88) は,対称な直交多項式の直交関係を定める線形汎関数の「線形」な1パラメータ変形 (3.86) が引き起こす,3項漸化式の係数 a_k の「非線形」の変形方程式とみなせることがわかった.同様に,

$$w(\lambda; t_k) = e^{2t_k \lambda^k} w(\lambda), \quad (k = 2, 3, \ldots) \tag{3.89}$$

なる測度関数の変形は高次の半無限戸田方程式を誘導する.ロトカ・ボルテラ方程式の場合 $(k = 2)$ は,測度関数 $d\mu(\lambda)$ を対称な直交多項式の場合に限定しており,2次の半無限戸田方程式の特殊化と位置づけられる.

本節では,モーザーによる直交多項式と連分数による有限非周期戸田方程式の取り扱いを再考し,直交多項式,あるいはその線形汎関数,モーメントの「線形」な変形が引き起こす3項漸化式の係数の「非線形」な変形の記述という意味が明らかとなった.

4

直交多項式のクリストフェル変換と qd アルゴリズム

半無限戸田方程式のラックス対 $L\Psi = \lambda\Psi$, $d\Psi/dt = \Pi(L)\Psi$ のうち, $L\Psi = \lambda\Psi$ は直交多項式の 3 項漸化式そのものであった. 直交多項式の 1 パラメータ変形 $\Psi(0) \to \Psi(t)$ を記述するラックス対のもうひとつの式 $d\Psi/dt = \Pi(L)\Psi$ は, 3 項漸化式の変形 $L(t)\Psi(t) = \lambda\Psi(t)$ を引き起こし, 漸化式の係数の 1 パラメータ変形の方程式, すなわち, 戸田方程式を誘導している.

本章では, クリストフェル変換と呼ばれる直交多項式からその核多項式への離散的な変形を導入し, 3 項漸化式の係数についてみたクリストフェル変換が離散時間戸田方程式を誘導することをみる. 離散時間戸田方程式は qd アルゴリズムとして知られる算法の漸化式に一致し, 行列の固有値や連分数などモーザーが発見した戸田方程式の機能数理的側面に直結する.

1. 直交多項式のクリストフェル変換

モニックな直交多項式のクリストフェル・ダルブーの公式

$$a_1{}^2 \cdots a_m{}^2 \sum_{k=0}^{m} \frac{p_k(\kappa)p_k(\lambda)}{a_1{}^2 \cdots a_k{}^2} = \frac{p_m(\kappa)p_{m+1}(\lambda) - p_{m+1}(\kappa)p_m(\lambda)}{\lambda - \kappa} \quad (4.1)$$

に戻ろう. これを, κ を定数とし, λ に関する多項式の関係式とみる. κ について $p_m(\kappa) \neq 0$ を仮定して

$$\begin{aligned}p_m^*(\lambda) &:= \frac{a_1{}^2 \cdots a_m{}^2}{p_k(\kappa)} \sum_{k=0}^{m} \frac{p_k(\kappa)p_k(\lambda)}{a_1{}^2 \cdots a_k{}^2} \\ &= \frac{1}{\lambda - \kappa}\left(p_{m+1}(\lambda) - \frac{p_{m+1}(\kappa)}{p_m(\kappa)}p_m(\lambda)\right)\end{aligned} \quad (4.2)$$

とおく．直交多項式 $p_m(\lambda)$ に対応する線形汎関数を J，モーメント列を $s_k = J[\lambda^k]$，重み関数を $w(\lambda)$ とする．さらに，線形汎関数 J^* を，任意の多項式 $A(\lambda)$ に対して

$$J^*[A(\lambda)] := J[(\lambda - \kappa)A(\lambda)] \tag{4.3}$$

と定める．対応する重み関数は $w^*(\lambda) := (\lambda - \kappa)w(\lambda)$ である．以下の命題が知られている [9]．

4.1 [命題]

(i) $p_m(\kappa) \neq 0, (m = 1, 2, \ldots)$ ならば，$p_m^*(\lambda), (m = 1, 2, \ldots)$ はモニックな直交多項式である．

(ii) 線形汎関数 J は区間 $[\xi, \eta]$ で正定値とする．$\kappa \leq \xi$ であれば線形汎関数 J^* もまた区間 $[\xi, \eta]$ で正定値である．逆も成り立つ．

証明 $k = 0, 1, \ldots, m$ について

$$\begin{aligned}
J^*[p_m^*(\lambda)\lambda^k] &= J[(\lambda - \kappa)p_m^*(\lambda)\lambda^k] \\
&= J[p_{m+1}(\lambda)\lambda^k] - \frac{p_{m+1}(\kappa)}{p_m(\kappa)}J[p_m(\lambda)\lambda^k] \\
&= -\frac{p_{m+1}(\kappa)}{p_m(\kappa)}J[p_m(\lambda)p_k(\lambda)] \\
&= -\frac{p_{m+1}(\kappa)}{p_m(\kappa)}a_1{}^2 \cdots a_m{}^2 \delta_{k,m}
\end{aligned}$$

だから $p_m^*(\lambda)$ は直交性をもつ．さらに，$p_m(\kappa)p_{m+1}(\lambda) - p_{m+1}(\kappa)p_m(\lambda)$ の主要項は $(\lambda - \kappa)\lambda^m \kappa^m$ だから $p_m^*(\lambda)$ はモニックである．ゆえに (i) が示された．

定義 (4.3) より，$\kappa \leq \xi$ であれば J^* は区間 $[\xi, \eta]$ で正定値となる．逆に，J^* が (ξ, η) で正定値とする．直交多項式 $p_m(\lambda)$ の零点を $\lambda_j^{(m)}, (j = 1, 2, \ldots, m)$ とし，$\lambda_j^{(m)} < \lambda_{j+1}^{(m)}$ であるものとする．$r(\lambda) = p_m(\lambda)/(\lambda - \lambda_1^{(m)})$ とおく，ガウス・ヤコビの積分公式より

$$0 < J^*[r^2(\lambda)] = J[(\lambda - \kappa)r^2(\lambda)] = \sum_{j=1}^{m} \nu_j^{(m)}(\lambda_j^{(m)} - \kappa)r^2(\lambda_j^{(m)})$$

となる．$r(\lambda_j^{(m)}) = 0, (j = 2, \ldots, m)$，および，クリストフェル係数 $\nu_j^{(m)}$ の正値性に注意すれば $\kappa < \lambda_1^{(m)}$ が得られ，$\kappa \leq \xi$ が示された． ∎

特に，$J^*[\lambda^k] = s_{k+1} - \kappa s_k$ だから，J^* の定めるモーメントを $s_k^* := J^*[\lambda^k]$ と書けば，J のモーメントとの間に

$$s_k^* = s_{k+1} - \kappa s_k, \quad (k = 0, 1, \ldots) \tag{4.4}$$

の関係がある．さらに，モニックな直交多項式 $p_m^*(\lambda)$ は，ハンケル行列式 $D_m^* = |s_{i+j}^*|_{0 \leq i,j \leq m-1}$ を用いて

$$p_m^*(\lambda) = \frac{1}{D_m^*} \begin{vmatrix} s_0^* & s_1^* & \cdots & s_m^* \\ s_1^* & s_2^* & \cdots & s_{m+1}^* \\ \vdots & \vdots & & \vdots \\ s_{m-1}^* & s_m^* & \cdots & s_{2m-1}^* \\ 1 & \lambda & \cdots & \lambda^m \end{vmatrix}, \quad (m=1,2,\ldots) \tag{4.5}$$

と表される．

(4.2) で定義される多項式 $p_m^*(\lambda)$ を（モニックな）**核多項式** (karnel polynomial) という[1]．また，与えられた直交多項式 $p_m(\lambda), (m = 0, 1, \ldots)$ から核多項式 $p_m^*(\lambda), (m = 0, 1, \ldots)$ への変換を**クリストフェル変換** (Christoffel transformation) という．

4.2 [例] モニックな第 1 種チェビシェフ多項式 $p_0(\lambda) = 1$, $p_m(\lambda) = 2^{1-m} \cos(m \cos^{-1} \lambda), (m = 1, 2, \ldots)$ を考える．例えば，$p_1(\lambda) = \lambda$, $p_2(\lambda) = \lambda^2 - \frac{1}{2}$, $p_3(\lambda) = \lambda^3 - \frac{3}{4}\lambda$ など．チェビシェフ多項式に対する核多項式 $p_m^*(\lambda)$ はパラメータ κ を含んで

$$p_m^*(\lambda) = \frac{1}{2^m(\lambda - \kappa)} \left(\cos((m+1)\cos^{-1} \lambda) - \frac{2p_{m+1}(\kappa)}{p_m(\kappa)} \cos(m \cos^{-1} \lambda) \right)$$

と表される．ここに，$\kappa \leq -1$ としている．核多項式に対応する重み関数は $w^*(\lambda) = (\lambda - \kappa)(1 - \lambda^2)^{-1/2}$ である．特に，$\kappa = -1$ のとき $p_m(\kappa) = 2^{1-m}(-1)^m$ だから，核多項式は

$$p_m^*(\lambda) = 2^{-m} \frac{\cos(m + \frac{1}{2})\theta}{\cos(\frac{\theta}{2})}, \quad \theta = \cos^{-1} \lambda$$

---

[1] 前章で論じた再生核 $K_m(\kappa, \lambda) = \sum_{k=0}^m P_k(\kappa) P_k(\lambda)$ を核多項式ということもあるが，ここでは Chihara[9] にならって $p_m^*(\lambda)$ を核多項式と呼ぶことにする．$p_m^*(\lambda)$ と $K_m(\kappa, \lambda)$ に関係は $p_k(\kappa) p_m^*(\lambda) = a_1^2 \cdots a_m^2 K_m(\kappa, \lambda)$ である．

となる．例えば，$p_0^*(\lambda) = 1$, $p_1^*(\lambda) = \lambda - \frac{1}{2}$, $p_2^*(\lambda) = \lambda^2 - \frac{1}{2}\lambda - \frac{1}{4}$, $p_3^*(\lambda) = \lambda^3 - \frac{1}{2}\lambda^2 - \frac{1}{2}\lambda + \frac{1}{8}$ である． □

簡単のため，クリストフェル変換を

$$p_m^*(\lambda) = \frac{1}{\lambda - \kappa}\left(p_{m+1}(\lambda) + A_m p_m(\lambda)\right), \quad A_m := -\frac{p_{m+1}(\kappa)}{p_m(\kappa)} \quad (4.6)$$

と書く．さらに，$p_m = p_m(\lambda)$, $p_m^* = p_m^*(\lambda)$ と略記する．3項漸化式

$$p_{m+1} = (\lambda - b_{m+1})p_m - a_m{}^2 p_{m-1} \quad (4.7)$$

を代入して

$$p_m^* = \frac{(\lambda - b_{m+1} + A_m)p_m - a_m{}^2 p_{m-1}}{\lambda - \kappa} \quad (4.8)$$

を得る．(4.6) の $m-1$ の場合と (4.8) から

$$(\lambda - \kappa)(a_m{}^2 p_{m-1}^* + A_{m-1} p_m^*)$$
$$= \left(a_m{}^2 + (\lambda - b_{m+1} + A_m)A_{m-1}\right)p_m$$
$$= \lambda A_{m-1}p_m + \frac{b_{m+1}p_m(\kappa) + p_{m+1}(\kappa) + a_m{}^2 p_{m-1}(\kappa)}{p_{m-1}(\kappa)}p_m$$
$$= (\lambda - \kappa)A_{m-1}p_m,$$

すなわち，

$$p_m(\lambda) = p_m^*(\lambda) + B_m p_{m-1}^*(\lambda), \quad B_m := -a_m{}^2 \frac{p_{m-1}(\kappa)}{p_m(\kappa)} \quad (4.9)$$

を得る．途中で3項漸化式 (4.7) を用いている．これは核多項式からもとの直交多項式を生成する操作としてクリストフェル変換の一種の逆変換とみなせる変換で，**ジェロニマス変換** (Geronimus transformation) と呼ばれている [106].

次に，ジェロニマス変換のもとでの重み関数とモーメントの変換をみよう．$w^*(\lambda) = (\lambda - \kappa)w(\lambda)$ より単純に $w(\lambda) = w^*(\lambda)/(\lambda - \kappa)$ とすると，$\kappa = 0$ のとき，積分 $\int_\xi^\eta w(\lambda)d\lambda = \int_\xi^\eta w^*(\lambda)/\lambda d\lambda$ より，モーメントについて $s_0 = s_{-1}^*$ となる．$s_{-1}^* = 0$ とすると $s_0 = 0$ となってしまう．そこで，重み関数の変換を

$$w(\lambda) = c\,\delta(\lambda - \kappa) + \frac{w^*(\lambda)}{\lambda - \kappa}, \quad c > 0 \quad (4.10)$$

と定める.この結果,モーメントの変換は

$$s_0 = c, \quad s_k = s_{k-1}^*, \quad (k = 1, 2, \ldots) \tag{4.11}$$

となる.ただし,$s_{-1}^* = 0$.重み関数 $w(\lambda)$ を積分し,$w^*(\lambda)$ のスティルチェス関数 $F^*(\kappa)$ を導入すれば

$$\begin{aligned}
\int_\xi^\eta w(\lambda) d\lambda &= c + \int_\xi^\eta \frac{w^*(\lambda)}{\lambda - \kappa} d\lambda \\
&= c - \sum_{k=0}^\infty \frac{1}{\kappa^{k+1}} \int_\xi^\eta \lambda^k w^*(\lambda) d\lambda \\
&= c - \sum_{k=0}^\infty \frac{s_k^*}{\kappa^{k+1}} \\
&= c - F^*(\kappa)
\end{aligned}$$

と表される.これより重み関数の変換を

$$w(\lambda) = \frac{c\,\delta(\lambda - \kappa) + \frac{w^*(\lambda)}{\lambda - \kappa}}{c - F^*(\kappa)}$$

とすれば,重み関数 $w(\lambda)$ は正規化されて $s_0 = \int_\xi^\eta w(\lambda) d\lambda = 1$ となる.

ジェロニマス変換は簡明であるが,クリストフェル変換と3項漸化式を用いて導出されたものなので,この3者は独立な関係式ではない.クリストフェル変換とジェロニマス変換は,3項漸化式を満たす直交多項式の同じ変形を記述しているとみなすことができる.ここで,ソリトン理論との類似性について簡単に触れておく.以下,添字の x, t はそれぞれ独立変数 x, t に関する偏微分を表す.例えば,$\psi_{xx} = \partial^2 \psi / \partial x^2$ とする.1次元のシュレディンガー方程式

$$-\psi_{xx} - u\psi = \lambda\psi \tag{4.12}$$

について考察する.シュレディンガー方程式の波動関数 $\psi = \psi(\lambda) = \psi(x, t; \lambda)$ が,同時に時間発展式

$$\psi_t = -4\psi_{xxx} - 6u\psi_x - 3u_x\psi \tag{4.13}$$

を満たすとき,シュレディンガー方程式のポテンシャル項 $u = u(x, t)$ は KdV 方程式

$$u_t + 6uu_x + u_{xxx} = 0 \tag{4.14}$$

を満たす．(4.14) は (4.12) と (4.13) の両立条件である．この対応を通じて，波動関数 ψ の変形は KdV 方程式の解 u の変形を引き起こす．これが逆散乱法の舞台設定である．すなわち，散乱データを与えて，波動関数の時間発展として初期値 $\psi(x, 0; \lambda)$ から $\psi(x, t; \lambda)$ への変形を記述したのち，時間発展した波動関数からポテンシャル $u(x, t; \kappa)$ を構成する散乱の逆問題を解く．KdV 方程式の場合，この問題はある種の積分方程式に帰着される．ソリトン解に対応する波動関数については，この積分方程式は線形代数的な手法で解くことができ，積分核としてソリトン解 $u(x, t; \kappa)$ が構成される．

一方，シュレディンガー方程式の波動関数の離散的な変換として**ダルブー変換** (Darboux transformation)

$$\psi^* = \psi_x - \frac{\psi_x(\kappa)}{\psi(\kappa)}\psi, \quad u^* = u + 2(\log \psi(\kappa))_{xx} \qquad (4.15)$$

が知られている [31]．ただし，κ は $\psi(\kappa) \neq 0$ なる定数．このとき，(ψ^*, u^*) はまた

$$-\psi^*_{xx} - u^*\psi^* = \lambda \psi^* \qquad (4.16)$$

を満たす．すなわち，(ψ, u) がシュレディンガー方程式を満たせば，(ψ^*, u^*) もまた満たす．

KdV 方程式のソリトン解は無反射ポテンシャルに対応して**みかけの極** (apparent pole, 除去可能な極) をもつ正則な波動関数に対応し，そのような極の個数がソリトンの個数に対応する．逆散乱法に現れる積分方程式を完全に解くことができる場合である [54]．また，行列値可積分系の逆散乱問題を通じたソリトン解，インスタントン解の構成法として知られる**ドレッシング法** (dressing method) においても，みかけの極を波動関数に付加する変換によって，0 ソリトン，すなわち，真空解から多重ソリトンを生成している [104, 105]．波動関数にみかけの極を付加するダルブー変換やドレッシング変換は，ともにソリトンの個数を増やすような離散的な操作である．

クリストフェル変換は，与えられた直交多項式 $p_m(\lambda)$ からみかけの極 $\lambda = \kappa$ をもつ直交多項式 $p_m^*(\lambda)$ を生成する変換であり，シュレディンガー方程式のダルブー変換に強い類似性をもつ．実際，3 項漸化式

$$p_{m+1} + b_{m+1}p_m + a_m{}^2 p_{m-1} = \lambda p_m, \quad (m = 1, 2, \ldots)$$

を 1 次元シュレディンガー方程式の離散化，クリストフェル変換 (4.6) をダルブー変換 (4.15) の第 1 式の離散化とみなすことができる．では，ダルブー変換の第 2 式に相当するポテンシャル項の変換はどのように記述されるのであろうか．これについては次節で考察する．

2. クリストフェル変換と不等間隔離散戸田方程式

最初に与えられた直交多項式を $\{p_k^{(0)}(\lambda)\} = \{p_0^{(0)}(\lambda), p_1^{(0)}(\lambda), \ldots\}$ とし，クリストフェル変換によって生成される核多項式を $\{p_k^{(1)}(\lambda)\}$ と書く．$\{p_k^{(1)}(\lambda)\}$ から $\{p_k^{(0)}(\lambda)\}$ へはジェロニマス変換によって戻るとする．以上を繰り返すことで直交多項式の系列

$$\{p_k^{(0)}(\lambda)\} \rightleftarrows \{p_k^{(1)}(\lambda)\} \rightleftarrows \cdots \rightleftarrows \{p_k^{(n)}(\lambda)\} \rightleftarrows \{p_k^{(n+1)}(\lambda)\} \rightleftarrows \cdots$$

を導入しよう．本節ではクリストフェル変換とジェロニマス変換を，それぞれ，

$$p_k^{(n+1)} = \frac{1}{\lambda - \kappa^{(n)}} \left(p_{k+1}^{(n)} + A_k^{(n)} p_k^{(n)} \right), \tag{4.17}$$

$$p_k^{(n)} = p_k^{(n+1)} + B_k^{(n)} p_{k-1}^{(n+1)}, \tag{4.18}$$

$$A_k^{(n)} = -\frac{p_{k+1}^{(n)}(\kappa^{(n)})}{p_k^{(n)}(\kappa^{(n)})}, \quad B_k^{(n)} = -(a_k^{(n)})^2 \frac{p_{k-1}^{(n)}(\kappa^{(n)})}{p_k^{(n)}(\kappa^{(n)})} \tag{4.19}$$

と書く．ここに，$k = 1, 2, \ldots, n = 0, 1, \ldots$．以下では，クリストフェル変換とジェロニマス変換が両立する，すなわち，互いに矛盾しないために $A_k^{(n)}, B_k^{(n)}$, $\kappa^{(n)}$ が満たすべき両立条件を導く．ただし，ジェロニマス変換はクリストフェル変換と 3 項漸化式

$$p_{k+1}^{(n)} + b_{k+1}^{(n)} p_k^{(n)} + (a_k^{(n)})^2 p_{k-1}^{(n)} = \lambda p_k^{(n)} \tag{4.20}$$

から得られるので，クリストフェル変換と 3 項漸化式の両立条件を考えることと等価である．その結果，$A_k^{(n)}, B_k^{(n)}, \kappa^{(n)}$ を用いて $a_k^{(n)}, b_{k+1}^{(n)}$ を表すことが可能になる．

式 (4.18) を式 (4.17) に代入して

$$p_k^{(n+1)} = \frac{p_{k+1}^{(n+1)} + B_{k+1}^{(n)} p_k^{(n+1)} + A_k^{(n)} (p_k^{(n+1)} + B_k^{(n)} p_{k-1}^{(n+1)})}{\lambda - \kappa^{(n)}}.$$

式 (4.17) を式 (4.18) に代入して

$$p_k^{(n+1)} = \frac{p_{k+1}^{(n+1)} + A_k^{(n+1)}p_k^{(n+1)} + B_k^{(n+1)}(p_k^{(n+1)} + A_{k-1}^{(n+1)}p_{k-1}^{(n+1)})}{\lambda - \kappa^{(n+1)}}.$$

両立条件は

$$A_{k-1}^{(n+1)}B_k^{(n+1)} = A_k^{(n)}B_k^{(n)}, \tag{4.21}$$

$$A_k^{(n+1)} + B_k^{(n+1)} + \kappa^{(n+1)} = A_k^{(n)} + B_{k+1}^{(n)} + \kappa^{(n)} \tag{4.22}$$

である.また右辺に 3 項漸化式 $p_{k+1}^{(n+1)} = (\lambda - b_{k+1}^{(n+1)})p_k^{(n+1)} - (a_k^{(n+1)})^2 p_{k-1}^{(n+1)}$ を代入したのち,両立条件を書き下すと,(4.21), (4.22) に加えて,

$$(a_k^{(n+1)})^2 = A_k^{(n)}B_k^{(n)} \tag{4.23}$$

$$b_{k+1}^{(n+1)} = A_k^{(n)} + B_{k+1}^{(n)} + \kappa^{(n)} \tag{4.24}$$

を得る.第 2 式に (4.22) を用いると

$$b_{k+1}^{(n+1)} = b_k^{(n)} + B_{k+1}^{(n)} - B_k^{(n)} \tag{4.25}$$

となるが,これがダルブー変換の (4.15) の第 2 式に相当するポテンシャルの変換式である.

直交多項式 $\{p_k^{(n)}(\lambda)\}$,ポテンシャル $(a_k^{(n)})^2, b_k^{(n)}$ が既知であるとき,$\kappa^{(n)}$ を与え,直交多項式にみかけの極を付加するクリストフェル変換によって $\{p_k^{(n)}(\lambda)\}$ はその核多項式 $\{p_k^{(n+1)}(\lambda)\}$ へと変換される.両立条件 (4.23), (4.24), (4.25),および,$A_k^{(n)}, B_k^{(n)}$ の定義 (4.19) を用いれば,$\{p_k^{(n+1)}(\lambda)\}$ に対応するポテンシャル $(a_k^{(n+1)})^2, b_k^{(n+1)}$ を $\{p_k^{(n)}(\kappa^{(n)})\}, (a_k^{(n)})^2, b_k^{(n)}, \kappa^{(n)}$ を用いて表すことができる.ゆえに,クリストフェル変換が引き起こすポテンシャル $(a_k^{(n)})^2, b_k^{(n)}$ の離散的な変換

$$\{(a_k^{(n)})^2, b_k^{(n)}\} \longrightarrow \{(a_k^{(n+1)})^2, b_k^{(n+1)}\}$$

を書き下すことができる.

みかけの極 $\kappa^{(n)}$ を次々に与えて,クリストフェル変換を繰り返すことも可能である.この場合には直交多項式を表に出さず,与えられた $\{A_k^{(0)}, B_k^{(0)}\}, \kappa^{(n)}$, $(n = 0, 1, \dots)$ から漸化式 (4.21), (4.22) を反復して用いることで,$\{A_k^{(n)}, B_k^{(n)}\}$

を計算し，最後に，両立条件 (4.23), (4.24), (4.25) によって $\{(a_k^{(n+1)})^2, b_k^{(n+1)}\}$ を表す方法が有効である．

$\{A_k^{(0)}, B_k^{(0)}\}, \kappa^{(n)}, (n = 0, 1, \ldots)$ が既知であるとする．

$$B_0^{(n)} = 0 \tag{4.26}$$

と定める．このとき，もし $A_{k-1}^{(n+1)} \neq 0$ であれば，漸化式 (4.21), (4.21) を繰り返し用いて $\{A_k^{(n)}, B_k^{(n)}\}$ を求めることができる．**菱形則** (rhombus rule) と呼ばれる変数の相互の関係は，以下の図 4.1 により容易に理解されよう．変数を結んでできる菱形の 3 頂点から残りの 1 頂点を計算する手順である．

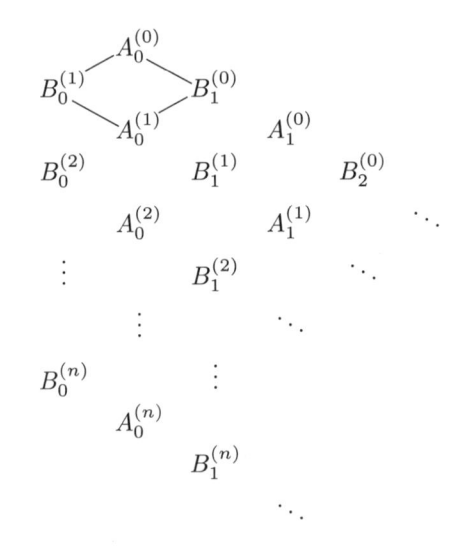

（図 4.1 の配置）

図 4.1 変数 $\{A_k^{(n)}, B_k^{(n)}\}$ の相互関係

条件 $A_{k-1}^{(n+1)} \neq 0$ を要請するのは，漸化式 (4.21), (4.22) を

$$B_k^{(n+1)} = B_k^{(n)} \frac{A_k^{(n)}}{A_{k-1}^{(n+1)}},$$
$$A_k^{(n+1)} = A_k^{(n)} + B_{k+1}^{(n)} - B_k^{(n+1)} + \kappa^{(n)} - \kappa^{(n+1)} \tag{4.27}$$

の形で用いるからである．漸化式の計算は，実際には，$\{A_{k-1}^{(0)}, B_k^{(0)}\}$，および，$B_0^{(n)} = 0, (k, n = 1, 2, \ldots)$ を既知として，図 4.2 のように進行する．n を

2. クリストフェル変換と不等間隔離散戸田方程式   93

$$
\begin{array}{ccccccccc}
A_0^{(0)} & & B_1^{(0)} & & A_1^{(0)} & & B_2^{(0)} & & A_2^{(0)} \\
\downarrow & & \downarrow & & \downarrow & & \downarrow & & \downarrow \\
B_0^{(1)} & \longrightarrow & A_0^{(1)} & \longrightarrow & B_1^{(1)} & \longrightarrow & A_1^{(1)} & \longrightarrow & B_2^{(1)} & \longrightarrow \\
& & \downarrow & & \downarrow & & \downarrow & & \downarrow \\
& & B_0^{(2)} & \longrightarrow & A_0^{(2)} & \longrightarrow & B_1^{(2)} & \longrightarrow & A_1^{(2)} & \longrightarrow \\
& & & & \downarrow & & \downarrow & & \downarrow \\
& & & & B_0^{(3)} & \longrightarrow & A_0^{(3)} & \longrightarrow & B_1^{(3)} & \longrightarrow
\end{array}
$$

図 4.2 漸化式の計算手順

固定してみれば，この手順は簡単な $A_{k-1}^{(n)}$, $B_k^{(n)}$ からより複雑な $A_k^{(n)}$, $B_{k+1}^{(n)}$ を生成する手続きの $k = 1, 2, \ldots$ とした繰り返しであり，波動関数を経由せず 0 ソリトンから多重ソリトン解を直接的，代数的に生成する**ベックルント変換** (Bäcklund transformation) [54] によく似た方法である．また，直交多項式のクリストフェル変換 $p_k^{(n)}(\lambda) \to p_k^{(n+1)}(\lambda)$ の引き起こす 3 項漸化式の係数の変形 $A_k^{(n)}$, $B_k^{(n)} \to A_k^{(n+1)}$, $B_k^{(n+1)}$ は

$$
\begin{array}{ccc}
A_k^{(n)}, B_k^{(n)} & \xrightarrow{\text{離散方程式 (4.27)}} & A_k^{(n+1)}, B_k^{(n+1)} \\
\text{3 項漸化式} \downarrow & & \uparrow \text{3 項漸化式} \\
p_k^{(n)}(\lambda) & \xrightarrow{\text{クリストフェル変換}} & p_k^{(n+1)}(\lambda)
\end{array}
$$

と表される．1 章の冒頭で述べた KdV 方程式の初期値問題の逆散乱法との類似性は明らかである．逆散乱法では，波動関数 $\psi(x, t; \lambda)$ から KdV 方程式の解 $u(x, t)$ の構成（散乱の逆問題）はある種の積分方程式の解法に帰着する．ソリトン解については，この積分方程式は線形代数的に解くことができる．ここでは，$A_k^{(n+1)}$, $B_k^{(n+1)}$ は，常に直交多項式 $p_k^{(n+1)}(\lambda)$ のモーメント $s_k^{(n+1)}$ のなす行列式の比として表現される．(4.30) 参照．計算上は漸化式 (4.27) による逐次計算で $O(n^2)$ の計算量で求められる．離散版のより簡便な逆散乱法とみなせよう．

ところで，定義より，直交多項式 $\{p_k^{(n)}\}$ とそのモーメント $s_k^{(n)}$ を用いると，$A_0^{(n)}$ は

$$A_0^{(n)} = -\frac{p_1^{(n)}(\kappa^{(n)})}{p_0^{(n)}(\kappa^{(n)})} = b_1^{(n)} - \kappa^{(n)} = \frac{s_1^{(n)}}{s_0^{(n)}} - \kappa^{(n)}$$

と表される．モーメントに対するクリストフェル変換は $s_0^{(n+1)} = s_1^{(n)} - \kappa^{(n)} s_0^{(n)}$ であるから，$A_0^{(n)}$ は

$$A_0^{(n)} = \frac{s_0^{(n+1)}}{s_0^{(n)}} \tag{4.28}$$

とも書かれる．漸化式を書き換えた

$$A_k^{(n)} = A_{k-1}^{(n+1)} \frac{B_k^{(n+1)}}{B_k^{(n)}},$$
$$B_{k+1}^{(n)} = B_k^{(n+1)} + A_k^{(n+1)} - A_k^{(n)} + \kappa^{(n+1)} - \kappa^{(n)} \tag{4.29}$$

は図 4.1 のひし形の「左側」の 3 頂点から残りの 1 頂点を計算する手続きを与えているが，もし $A_0^{(n)}, (n = 0, 1, \dots)$ が既知であれば，$B_0^{(n)} = 0$ として，残りの $\{A_k^{(n)}, B_k^{(n)}\}$ を逐次的に求められる．ただし，$B_k^{(n)} \neq 0, (k = 1, 2, \dots)$ を仮定する．この場合，$A_{k-1}^{(0)}, B_k^{(0)}$ は計算によって求められる量となる．

モニックな直交多項式の行列式表示

$$p_k^{(n)}(\kappa^{(n)}) = \frac{1}{D_k^{(n)}} \begin{vmatrix} s_0^{(n)} & s_1^{(n)} & \cdots & s_k^{(n)} \\ \vdots & \vdots & & \vdots \\ s_{k-1}^{(n)} & s_k^{(n)} & \cdots & s_{2k-1}^{(n)} \\ 1 & \kappa^{(n)} & \cdots & \kappa^{(n)k} \end{vmatrix}, \quad D_k^{(n)} := \left| s_{i+j}^{(n)} \right|_{0 \le i, j \le k-1}$$

にモーメントのクリストフェル変換 $s_k^{(n)} = s_{k-1}^{(n+1)} + \kappa^{(n)} s_{k-1}^{(n)}$ を代入して整理すると

$$p_k^{(n)}(\kappa^{(n)}) = \frac{1}{D_k^{(n)}} \begin{vmatrix} s_0^{(n)} & \cdots & s_{k-1}^{(n)} & s_{k-1}^{(n+1)} \\ \vdots & & \vdots & \vdots \\ s_{k-1}^{(n)} & \cdots & s_{2k-2}^{(n)} & s_{2k-2}^{(n+1)} \\ 1 & \cdots & \kappa^{(n)k-1} & 0 \end{vmatrix}$$
$$= \frac{1}{D_k^{(n)}} \begin{vmatrix} s_0^{(n)} & s_0^{(n+1)} \cdots & s_{k-1}^{(n+1)} \\ \vdots & \vdots & \vdots \\ s_{k-1}^{(n)} & s_{k-1}^{(n+1)} \cdots & s_{2k-2}^{(n+1)} \\ 1 & 0 & \cdots & 0 \end{vmatrix} = (-1)^k \frac{D_k^{(n+1)}}{D_k^{(n)}}$$

と書ける．ゆえに，(4.19) は

$$A_k^{(n)} = \frac{D_k^{(n)}}{D_k^{(n+1)}} \frac{D_{k+1}^{(n+1)}}{D_{k+1}^{(n)}}, \quad B_k^{(n)} = \frac{D_{k-1}^{(n+1)}}{D_k^{(n)}} \frac{D_{k+1}^{(n)}}{D_k^{(n+1)}} \quad (4.30)$$

となる．ここで，$(a_k^{(n)})^2 = D_{k-1}^{(n)} D_{k+1}^{(n)}/(D_k^{(n)})^2$ を用いている．(4.30) は (4.28) の一般化である．命題 4.1 より，定数 $\kappa^{(n)}$ を $\kappa^{(n)} \leq \xi$ と選べば，線形汎関数 $J^{(n)}$ の正定値性が保たれ $D_k^{(n+1)} > 0$ であるから，$A_k^{(n)}$，$B_k^{(n)}$ の正値性も成り立つ．この結果，$\kappa^{(n)} \leq \xi$ であれば，漸化式の計算の途中で仮定した $A_{k-1}^{(n+1)} \neq 0$ は常に成り立つとしてよい．

さて，クリストフェル変換を直交多項式の変形方程式とみれば，クリストフェル変換と 3 項漸化式との両立条件である 3 項漸化式の係数の変形方程式 (4.21), (4.22) は，一種のラックス型可積分系とみなせる．モーメントのクリストフェル変換 $s_k^{(n)} = s_{k+1}^{(n-1)} - \kappa^{(n-1)} s_k^{(n-1)}$ を繰り返して用いれば，$s_k^{(n)}$ は初期の直交多項式 $\{p_k^{(0)}\}$ のモーメント $s_{k+n}^{(0)}, s_{k+n-1}^{(0)}, \ldots, s_0^{(0)}$，および，与えられた定数 $\kappa^{(n-1)}, \kappa^{(n-2)}, \ldots, \kappa^{(0)}$ によって表現できる．この意味で，方程式 (4.21), (4.21) はハンケル行列式の比で表される解の表示式 (4.30) をもつ．行列式表示は定数 $\{\kappa^{(n)}\}$ の取り方には依存しないことに注意する．

方程式 (4.21), (4.22) の可積分系理論における位置付けについて述べよう．変数 $A_k^{(n)}, B_k^{(n)}$，および，定数パラメータ $\kappa^{(n)}$ を

$$J_{k+1}^{(n)} := A_k^{(n)} - \kappa^{(n)}, \quad V_k^{(n)} := \kappa^{(n)} B_k^{(n)}, \quad \delta^{(n)} = -\frac{1}{\kappa^{(n)}} \quad (4.31)$$

と変換する．(4.22), (4.21)，および条件 $B_0^{(n)} = 0$ は，それぞれ，

$$J_{k+1}^{(n+1)} - \delta^{(n+1)} V_k^{(n+1)} = J_{k+1}^{(n)} - \delta^{(n)} V_{k+1}^{(n)},$$
$$V_k^{(n+1)}(1 - \delta^{(n+1)} J_{k+1}^{(n+1)}) = V_k^{(n)}(1 - \delta^{(n)} J_{k+1}^{(n)}), \quad V_0^{(n)} = 0 \quad (4.32)$$

となる．$\delta^{(n+1)} = \delta^{(n)} = \delta$ とおいて，$J_k^{(n)}, V_k^{(n)}$ を時刻 $t = n\delta$ における変数 $J_k(t), V_k(t)$ の値とみて，

$$t = n\delta$$

を保ったまま $\delta \to 0$ の極限をとれば，(4.32) は

$$\frac{dJ_{k+1}(t)}{dt} = V_k(t) - V_{k+1}(t),$$
$$\frac{dV_k(t)}{dt} = V_k(t)(J_k(t) - J_{k+1}(t)), \quad V_0(t) = 0 \quad (4.33)$$

となる．これは，$J_k = -2b_k$, $V_k = 4a_k{}^2$ とおけば，2章2節に登場した有限非周期戸田方程式の半無限版 $(k = 1, 2, \dots)$

$$\frac{da_k}{dt} = a_k(b_{k+1} - b_k), \quad \frac{db_k}{dt} = 2(a_k{}^2 - a_{k-1}{}^2), \quad a_0 = 0 \qquad (4.34)$$

である．以上より，(4.32) は，$\delta^{(n)}$ を差分間隔とする，**不等間隔離散** (discrete with variable step-size)，あるいは，**非自励離散** (non-autonomous discrete) の半無限戸田方程式である．極限操作 $\delta \to +0$ は $\kappa \to -\infty$ に相当し，極限操作の過程で線形汎関数の正定値性が壊れることはない．単なる代数的操作ではなく，解析的性質を保存する操作であることがわかる．(4.32) を離散戸田方程式とみるのは，

i) 変数 n についての連続極限 $\delta \to 0$ をとることで，(4.32) は連続時間の戸田方程式 (4.34) に移行する

ためであるが，これだけではなく，

ii) 離散方程式として解の行列式表示 (4.30) をもち，この表示は連続極限のもとで壊れることなく，連続の戸田方程式の解の表示に移行する

iii) （4節で述べるように）解が行列の固有値に収束するという性質もまた共通する

などもその理由にあげられる．このように属性も含めた可積分系の離散化を可積分系の**可積分離散** (integrable discretization) ということがある．i), ii) の意味での可積分系の可積分離散の方法としては，広田による双線形形式とタウ関数による方法 [37]，ここで述べた直交多項式のクリストフェル変換による方法の他，ラックス表示と R 行列による方法 [82]，離散戸田階層 [92] からの簡約化による導出法などがある．

　周期戸田方程式 (1967, [88])，無限戸田方程式 (1970, [89]) やモーザーの有限非周期戸田方程式の研究 (1975, [59]) と比べて半無限戸田方程式の研究 (1986, [6]) は遅れて進行した．離散半無限戸田方程式の発見も比較的最近 (1993, [42]) である．不等間隔離散戸田方程式は解の表現に注目した広田による導出 [41] が嚆矢である．本節は直交多項式のクリストフェル変換を利用した Spiridonov-Zhedanov(1995, [80]) による不等間隔離散半無限戸田方程式の導出に基づいている．

3. 対称な直交多項式のクリストフェル変換

前節では，直交多項式のクリストフェル変換が引き起こす 3 項漸化式の係数の変換は不等間隔離散半無限戸田方程式となることをみた．ここでは，次章への準備として，対称な直交多項式のクリストフェル変換が引き起こす 3 項漸化式の係数の変換を導出する．対称なモニック直交多項式の 3 項漸化式

$$p_{k+1}(\lambda) = \lambda p_k(\lambda) - a_k{}^2 p_{k-1}(\lambda), \quad p_0(\lambda) = 1, \quad p_1(\lambda) = \lambda \quad (4.35)$$

からスタートする．簡単化して

$$y_{k+1} = \lambda y_k - a_k{}^2 y_{k-1}, \quad y_k = p_k(\lambda),$$
$$z_{k+1} = \kappa z_k - a_k{}^2 z_{k-1}, \quad z_k = p_k(\kappa) \quad (4.36)$$

と書き，二度用いて漸化式を

$$y_{k+2} = (\lambda^2 - a_{k+1}{}^2) y_k - \lambda a_k{}^2 y_{k-1},$$
$$z_{k+2} = (\kappa^2 - a_{k+1}{}^2) z_k - \kappa a_k{}^2 z_{k-1} \quad (4.37)$$

を準備する．(4.37) の第 1 式，第 2 式に，それぞれ，z_k, y_k を乗じて

$$(\lambda^2 - \kappa^2) y_k z_k = y_{k+2} z_k - y_k z_{k+2} + a_k{}^2 (\lambda y_{k-1} z_k - \kappa y_k z_{k-1}) \quad (4.38)$$

となるが，右辺の $\lambda y_{k-1} z_k - \kappa y_k z_{k-1}$ は (4.36) を繰り返し用いると，対称な直交多項式の満たす双線形方程式

$$\lambda y_{k-1} z_k - \kappa y_k z_{k-1}$$
$$= -a_{k-1}{}^2 (\lambda y_{k-1} z_{k-2} - \kappa y_{k-2} z_{k-1})$$
$$= -a_{k-1}{}^2 (\lambda^2 - \kappa^2) y_{k-2} z_{k-2} + a_{k-1}{}^2 a_{k-2}{}^2 (\lambda y_{k-3} z_{k-2} - \kappa y_{k-2} z_{k-3})$$
$$= -a_{k-1}{}^2 (\lambda^2 - \kappa^2) y_{k-2} z_{k-2} - a_{k-1}{}^2 a_{k-2}{}^2 a_{k-3}{}^2 (\lambda^2 - \kappa^2) y_{k-4} z_{k-4}$$
$$\quad + a_{k-1}{}^2 a_{k-2}{}^2 a_{k-3}{}^2 a_{k-4}{}^2 (\lambda y_{k-5} z_{k-4} - \kappa y_{k-4} z_{k-5})$$

を得る．k が奇数か偶数かで扱いを変える必要がある．

(i) $k = 2m-1$ のとき，$y_0 = z_0 = 1, y_1 = \lambda, z_1 = \kappa$ に注意すると，(4.38) は

$$(\lambda^2 - \kappa^2) y_{2m-1} z_{2m-1}$$

$$= y_{2m+1}z_{2m-1} - y_{2m-1}z_{2m+1} - a_{2m-1}{}^2 a_{2m-2}{}^2 (\lambda^2 - \kappa^2) y_{2m-3}z_{2m-3}$$
$$- a_{2m-1}{}^2 a_{2m-2}{}^2 a_{2m-3}{}^2 a_{2m-4}{}^2 (\lambda^2 - \kappa^2) y_{2m-5}z_{2m-5}$$
$$- \cdots - a_{2m-1}{}^2 \cdots a_2{}^2 (\lambda^2 - \kappa^2) y_1 z_1$$

となるから,まとめて

$$(\lambda^2 - \kappa^2) \sum_{k=1}^{m} \left(\prod_{j=0}^{2m-2k} a_{2m-j}{}^2 y_{2k-1} z_{2k-1} \right) = y_{2m+1}z_{2m-1} - y_{2m-1}z_{2m+1}$$

となる.

(ii) $k = 2m$ のとき, $a_0 = 0$ に注意すると,(4.38) は,(i) と同様にして

$$(\lambda^2 - \kappa^2) \sum_{k=0}^{m} \left(\prod_{j=0}^{2m-2k-1} a_{2m-j}{}^2 y_{2k} z_{2k} \right) = y_{2m+2}z_{2m} - y_{2m}z_{2m+2}$$

と書ける.

以上により,対称な直交多項式のクリストフェル・ダルブーの公式は以下のようになる.

$$\begin{cases} a_1{}^2 \cdots a_{2m-1}{}^2 \left(\displaystyle\sum_{j=1}^{m} \dfrac{p_{2j-1}(\lambda)p_{2j-1}(\kappa)}{a_1{}^2 \cdots a_{2j-1}{}^2} \right) \\ = \dfrac{p_{2m+1}(\lambda)p_{2m-1}(\kappa) - p_{2m-1}(\lambda)p_{2m+1}(\kappa)}{\lambda^2 - \kappa^2} & (k = 2m-1) \\[2mm] a_1{}^2 \cdots a_{2m}{}^2 \left(\displaystyle\sum_{j=1}^{m} \dfrac{p_{2j}(\lambda)p_{2j}(\kappa)}{a_1{}^2 \cdots a_{2j}{}^2} + p_0(\lambda)p_0(\kappa) \right) \\ = \dfrac{p_{2m+2}(\lambda)p_{2m}(\kappa) - p_{2m}(\lambda)p_{2m+2}(\kappa)}{\lambda^2 - \kappa^2} & (k = 2m) \end{cases} \quad (4.39)$$

さらに, $p_k(\kappa) \neq 0$ と仮定して,対称な直交多項式 $p_k(\lambda)$ に対する核多項式を $p_k^*(\lambda)$

$$:= \begin{cases} \dfrac{a_1{}^2 \cdots a_{2m-1}{}^2}{p_{2m-1}(\kappa)} \displaystyle\sum_{j=1}^{m} \dfrac{p_{2j-1}(\lambda)p_{2j-1}(\kappa)}{a_1{}^2 \cdots a_{2j-1}{}^2} & (k = 2m-1) \\[3mm] \dfrac{a_1{}^2 \cdots a_{2m}{}^2}{p_{2m}(\kappa)} \left(\displaystyle\sum_{j=1}^{m} \dfrac{p_{2j}(\lambda)p_{2j}(\kappa)}{a_1{}^2 \cdots a_{2j}{}^2} + p_0(\lambda)p_0(\kappa) \right) & (k = 2m) \end{cases} \quad (4.40)$$

によって定義する．このとき，クリストフェル・ダルブーの公式 (4.39) は

$$p_k^*(\lambda) = \frac{1}{\lambda^2 - \kappa^2}\left(p_{k+2}(\lambda) + A_k p_k(\lambda)\right), \quad A_k := -\frac{p_{k+2}(\kappa)}{p_k(\kappa)} \quad (4.41)$$

となる．$k = 2m - 1$ のとき，$p_k(\lambda)$ は奇関数，$k = 2m$ のとき，$p_k(\lambda)$ は偶関数である．$\lambda = \pm\kappa$ は $p_k^*(\lambda)$ のみかけの極であり，$p_k^*(\lambda)$ は λ の k 次多項式である．したがって，変換 $\{p_k(\lambda)\} \to \{p_k^*(\lambda)\}$ は対称な直交多項式に対するクリストフェル変換である．

$p_k^{(0)} = p_k(\lambda)$ とし，クリストフェル変換の反復を

$$p_k^{(n+1)} = \frac{1}{\lambda^2 - (\kappa^{(n)})^2}\left(p_{k+2}^{(n)} + A_k^{(n)} p_k^{(n)}\right),$$

$$A_k^{(n)} := -\frac{p_{k+2}^{(n)}(\kappa^{(n)})}{p_k^{(n)}(\kappa^{(n)})}, \quad (n = 0, 1, \ldots) \quad (4.42)$$

によって導入する．ただし，$p_k^{(n)}(\kappa^{(n)}) \neq 0$ とする．(4.42) を 3 項漸化式 $p_{k+1}^{(n+1)} = \lambda p_k^{(n+1)} - (a_k^{(n+1)})^2 p_{k-1}^{(n+1)}$ に代入して $p_{k+1}^{(n)} = \lambda p_k^{(n)} - (a_k^{(n)})^2 p_{k-1}^{(n)}$ を用いると

$$\left(A_{k+1}^{(n)} - (a_{k+2}^{(n)})^2 - A_k^{(n)} + (a_k^{(n+1)})^2\right) p_{k+1}^{(n)}$$
$$+ \left((a_k^{(n+1)})^2 A_{k-1}^{(n)} - (a_k^{(n)})^2 A_k^{(n)}\right) p_{k-1}^{(n)} = 0$$

を得る．よって，クリストフェル変換と 3 項漸化式の両立条件として，まず，

$$(a_k^{(n+1)})^2 = (a_k^{(n)})^2 \frac{A_k^{(n)}}{A_{k-1}^{(n)}} = (a_k^{(n)})^2 \frac{p_{k+2}^{(n)}(\kappa^{(n)})}{p_k^{(n)}(\kappa^{(n)})} \frac{p_{k-1}^{(n)}(\kappa^{(n)})}{p_{k+1}^{(n)}(\kappa^{(n)})} \quad (4.43)$$

を得る．ここで変数

$$\hat{u}_k^{(n)} := (a_k^{(n)})^2 \frac{p_{k-1}^{(n)}(\kappa^{(n)})}{p_k^{(n)}(\kappa^{(n)})} \quad (4.44)$$

を導入する．$p_{-1}^{(n)} = 0$ だから $\hat{u}_0^{(n)} = 0$ が成り立つ．直交多項式の零点の分布 (3 章 3 節) より部分分数展開できて

$$\frac{p_{k-1}^{(n)}(\kappa^{(n)})}{p_k^{(n)}(\kappa^{(n)})} = \sum_{j=1}^{k} \frac{\rho_j^{(n)}}{\kappa^{(n)} - \lambda_j^{(n)}}, \quad (\rho_j^{(n)} > 0)$$

となる.ここに $\lambda_j^{(n)}$ は直交多項式 $p_k^{(n)}(\lambda)$ の零点である.一方,核多項式の線形汎関数 J^* の正値性が成り立つためには,言い換えれば,核多項式が直交多項式であるためには,$\kappa^{(n)}$ は $\kappa^{(n)} < \lambda_1^{(n)} < \cdots < \lambda_k^{(n)}$ を満たさねばならない(命題 4.1).ここでは,対称な直交多項式を考えているから $\kappa^{(n)} < 0$ である.したがって,$p_{k-1}^{(n)}(\kappa^{(n)})/p_k^{(n)}(\kappa^{(n)}) < 0$ だから,$\hat{u}_k^{(n)} < 0$ がわかる.

さて,(4.44) を 3 項漸化式 $p_{k+1}^{(n)}(\kappa^{(n)}) = \kappa^{(n)} p_k^{(n)}(\kappa^{(n)}) - (a_k^{(n)})^2 p_{k-1}^{(n)}(\kappa^{(n)})$ に代入して

$$(a_{k+1}^{(n)})^2 = \hat{u}_{k+1}^{(n)}\left(\kappa^{(n)} + \hat{u}_k^{(n)}\right) \tag{4.45}$$

となる.また,(4.44) を (4.43) に代入して (4.45) を用いると

$$(a_k^{(n+1)})^2 = \hat{u}_k^{(n)}\left(\kappa^{(n)} + \hat{u}_{k+1}^{(n)}\right) \tag{4.46}$$

となる.(4.45) と (4.46) において $(a_k^{(n+1)})^2$ を消去すれば,変数 $\hat{u}_k^{(n)}$ の満たすべき関係式

$$\hat{u}_k^{(n+1)}(\kappa^{(n+1)} + \hat{u}_{k-1}^{(n+1)}) = \hat{u}_k^{(n)}(\kappa^{(n)} + \hat{u}_{k+1}^{(n)}) \tag{4.47}$$

を得る.対称な直交多項式のクリストフェル変換を用いた (4.47) の導出は,先行する Spiridonov-Zhedanov(1997, [81]) の精密化である.

さて,(4.47) において

$$\delta^{(n)} := \frac{1}{(\kappa^{(n)})^2}, \quad u_k^{(n)} = \kappa^{(n)} \hat{u}_k^{(n)} \tag{4.48}$$

とおき,変形すると

$$u_k^{(n+1)}(1 + \delta^{(n+1)} u_{k-1}^{(n+1)}) = u_k^{(n)}(1 + \delta^{(n)} u_{k+1}^{(n)}) \tag{4.49}$$

となる.変数 $\delta^{(n)}$ と $u_k^{(n)}$ について以下が成り立つことに注意する.

4.3 [命題] クリストフェル変換 (4.42) においてパラメータ $\kappa^{(n)}$ を常に $\kappa^{(n)} < 0$ と選ぶ.このとき,漸化式 (4.49) において,正値性

$$\delta^{(n)} > 0, \quad u_k^{(n)} > 0 \tag{4.50}$$

が成り立つ.

3. 対称な直交多項式のクリストフェル変換 101

これは，5章において定式化する特異値計算アルゴリズムの数値安定性の証明においてキーとなる性質である．

$u_k^{(n)}$ を時刻 $t = \sum_{j=0}^{n-1} \delta^{(j)}$ における u_k と値とみて，t を一定値に保ったまま $\delta^{(n+1)}/\delta^{(n)} \to 1$ なる極限 $\delta^{(n)} \to +0$ をとれば，漸化式 (4.49) は $u_k = u_k(t)$ についての微分方程式

$$\frac{du_k}{dt} = u_k(u_{k+1} - u_{k-1}), \quad u_0(t) = 0, \quad (k = 1, 2, \ldots) \qquad (4.51)$$

に移行する．この極限操作はクリストフェル変換のパラメータ操作 $\kappa^{(n)} \to -\infty$ に対応し，線形汎関数の正値性を破ることはない．微分方程式 (4.51) は半無限ロトカ・ボルテラ方程式 (2章6節) に他ならない．この意味で，両立条件 (4.49) は $\delta^{(n)} = 1/(\kappa^{(n)})^2 > 0$ を差分間隔とする，不等間隔離散の半無限ロトカ・ボルテラ方程式である．直交多項式の変形方程式とみたとき，通常の不等間隔離散ロトカ・ボルテラ方程式 [41, 81] と異なり，(4.49) には (4.50) なる付帯条件がついている．

もうひとつの両立条件は

$$A_{k+1}^{(n)} - (a_{k+2}^{(n)})^2 - A_k^{(n)} + (a_k^{(n+1)})^2 = 0$$

である．これは自動的に成り立つ．実際，(4.44), (4.45), (4.47) を用いると

$$\begin{aligned}
A_{k+1}^{(n)} - A_k^{(n)} &= -\frac{p_{k+3}^{(n)}(\kappa^{(n)})}{p_{k+1}^{(n)}(\kappa^{(n)})} + \frac{p_{k+2}^{(n)}(\kappa^{(n)})}{p_k^{(n)}(\kappa^{(n)})} \\
&= \frac{p_{k+1}^{(n)}(\kappa^{(n)})/p_k^{(n)}(\kappa^{(n)}) - p_{k+3}^{(n)}(\kappa^{(n)})/p_{k+2}^{(n)}(\kappa^{(n)})}{p_{k+1}^{(n)}(\kappa^{(n)})/p_{k+2}^{(n)}(\kappa^{(n)})} \\
&= \frac{(\kappa^{(n)} + \hat{u}_k^{(n)}) - (\kappa^{(n)} + \hat{u}_{k+2}^{(n)})}{1/(\kappa^{(n)} + \hat{u}_{k+1}^{(n)})} \\
&= (\hat{u}_k^{(n)} - \hat{u}_{k+2}^{(n)})(\kappa^{(n)} + \hat{u}_{k+1}^{(n)}) \\
&= -\hat{u}_{k+2}^{(n)}(\kappa^{(n)} + \hat{u}_{k+1}^{(n)}) + \hat{u}_k^{(n+1)}(\kappa^{(n+1)} + \hat{u}_{k-1}^{(n+1)}) \\
&= (a_{k+2}^{(n)})^2 - (a_k^{(n+1)})^2
\end{aligned}$$

が示される．以上によって，対称な直交多項式のクリストフェル変換と3項漸化式の両立条件は，不等間隔離散半無限ロトカ・ボルテラ方程式となることが示された．(4.49) を，単に**離散ロトカ・ボルテラ方程式**と呼ぶことにする．

4. ルティスハウザーの qd アルゴリズム

方程式 (4.21), (4.22), 条件 (4.26) を変数

$$q_{k+1}^{(n)} := A_k^{(n)}, \quad e_k^{(n)} := B_k^{(n)} \tag{4.52}$$

を用いて表すと，それぞれ，

$$q_k^{(n+1)} e_k^{(n+1)} = q_{k+1}^{(n)} e_k^{(n)},$$
$$q_{k+1}^{(n+1)} + e_k^{(n+1)} = q_{k+1}^{(n)} + e_{k+1}^{(n)} - (\kappa^{(n+1)} - \kappa^{(n)}), \quad e_0^{(n)} = 0 \tag{4.53}$$

となる．これは原点シフト $\omega^{(n)} := \kappa^{(n+1)} - \kappa^{(n)}$ 付きの qd アルゴリズムの漸化式である．

H. ルティスハウザー (Rutishauser) は，最初，1954 年に

$$q_{k+1}^{(n)} = q_k^{(n+1)} \frac{e_k^{(n+1)}}{e_k^{(n)}},$$
$$e_{k+1}^{(n)} = e_k^{(n+1)} + q_k^{(n+1)} - q_{k+1}^{(n)}, \quad e_0^{(n)} = 0 \tag{4.54}$$

の形で qd アルゴリズムを考案した [72]．これは，漸化式 (4.53) において $\kappa^{(n+1)} = \kappa^{(n)}$ とした場合を書き直したものである．qd アルゴリズムの変数の相互関係を表した菱形則図 4.3 を **qd 表** (qd table) という．

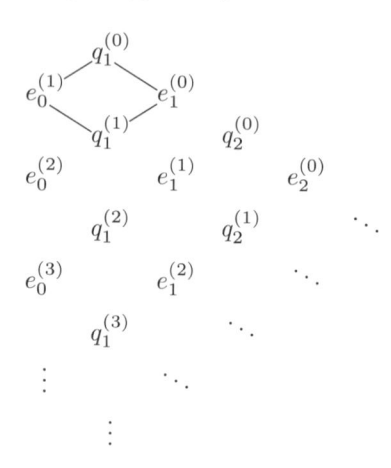

図 4.3 qd 表

次節で述べるように，qd アルゴリズムは行列の固有値計算機能をもつ．(4.53) における原点シフトとは，収束を速めるため行列の対角成分を平行移動させて計算するという意味である．計算値からシフト量の総和分を減じて正しい固有値を得る．適切な原点シフト量の設定は重要な問題であるが，可積分系の立場からは，戸田方程式の不等間隔な差分ステップサイズの逆数の差 $1/\delta^{(n)} - 1/\delta^{(n+1)}$ が自然に原点シフト量 $w^{(n)}$ を与えることは注目に値する．

前節で述べたように，離散半無限戸田方程式の発見は数理物理学では 1990 年代である．しかし，数値解析学において，方程式の漸化式 (4.54) そのものはルティスハウザーによって 1954 年に発表されている．面白いことに，同じ年，ルティスハウザーは，その連続極限の計算で，実質的に微分方程式の有限非周期戸田方程式 (4.33) を導出している [73]．モーザーより 20 年も前のことである．もちろん，ルティスハウザーにはその方程式が可積分系との認識はなく，解の解析を通じて qd アルゴリズムの漸化式の定める数列の漸近挙動をみるのが目的

Heinz Rutishauser (1918–1970) と Margrit Rutishauser[2]

---

[2] ルティスハウザーの交通事故死後，友人や弟子が遺稿を集めて完成させたのが主著 H. Rutishauser, Vorlesungen über numerische Mathematik, 1976 ([75] はその英訳) である．編者の M. Gutknecht 氏 (チューリヒ工科大学) によれば「ルティスハウザー先生は温和で実に紳士的な方でした」とのこと．数少ない写真の中から Gutknecht 氏が送ってくれたのがこの写真である (W. Gander 氏の撮影，1970 年)．

であった.なお,モーザーは後年,ルティスハウザーが活躍したチューリヒ工科大学(スイス)に移ったが,1960-1980 年の期間はクーラント研究所(ニューヨーク)におり,ルティスハウザーとの直接の交流はなかったようである.

ルティスハウザーは qd アルゴリズムの発見 [72] の後,前進型 qd アルゴリズム,原点シフト付き前進型 qd アルゴリズムなどの改良 [75] と同時に,qd アルゴリズムによるべき級数の連分数展開 [72],有理型関数の極の計算,行列の固有値計算 [74] などの応用を論じている.本節では,ヘンリッチ [34] に基づいて,有理型関数の極の計算について述べることとする.

簡単のため,差分ステップサイズ $\delta^{(n)}$ は一定で,$\kappa^{(n)} = \kappa^{(n+1)} = \kappa$, $(n = 0, 1, \ldots)$ とする.モーメントのクリストフェル変換は

$$s_{k+1}^{(n)} = s_k^{(n+1)} + \kappa s_k^{(n)}, \quad (k = 0, 1, \ldots, n = 0, 1, \ldots) \tag{4.55}$$

となる.このとき $D_k^{(n)} := \left| s_{i+j}^{(n)} \right|_{0 \leq i,j \leq k-1}$ は

$$D_k^{(n)} = \left| s_0^{(n+i+j)} \right|_{0 \leq i,j \leq k-1} \tag{4.56}$$

と書けることに注意する.$h_k := s_0^{(k)}$ とおけば,ハンケル行列式 $D_k^{(n)}$ は (3.84) の記号を用いて

$$D_k^{(n)} = \begin{vmatrix} h_n & \cdots & h_{n+k-1} \\ \vdots & & \vdots \\ h_{n+k-1} & \cdots & h_{n+2k-2} \end{vmatrix} = H_k^{(n)} \tag{4.57}$$

と表される.特に,$H_1^{(n)} = h_0$, $H_0^{(n)} = 1$ である.ハンケル行列式 $H_k^{(n)}$ の相互の関係は,図 4.4 のように並べるとわかりやすい.2 章にも登場したシルベスター(ヤコビ)の行列式恒等式

$$H_k^{(n-1)} H_k^{(n+1)} - (H_k^{(n)})^2 = H_{k-1}^{(n+1)} H_{k+1}^{(n-1)} \tag{4.58}$$

は,図 4.4 の上下左右の十文字上のハンケル行列式の関係を表している.シルベスターの行列式恒等式の証明は [44] を参照されたい.

qd アルゴリズムの漸化式 (4.54) の一般項は

$$q_k^{(n)} = \frac{H_{k-1}^{(n)}}{H_{k-1}^{(n+1)}} \frac{H_k^{(n+1)}}{H_k^{(n)}}, \quad e_k^{(n)} = \frac{H_{k-1}^{(n+1)}}{H_k^{(n)}} \frac{H_{k+1}^{(n)}}{H_k^{(n+1)}} \tag{4.59}$$

$$
\begin{array}{cccccc}
H_0^{(0)} & & & & & \\
H_0^{(1)} & H_1^{(0)} & & & & \\
H_0^{(2)} \!\!-\!\! & H_1^{(1)} \!\!-\!\! & H_2^{(0)} & & & \\
H_0^{(3)} & H_1^{(2)} & H_2^{(1)} & H_3^{(0)} & & \\
H_0^{(4)} & H_1^{(3)} & H_2^{(2)} & H_3^{(1)} & H_4^{(0)} & \\
\vdots & \vdots & \vdots & \vdots & \vdots & \ddots
\end{array}
$$

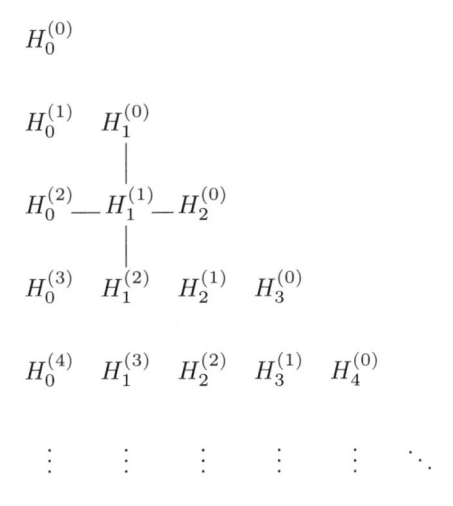

図 4.4 ハンケル行列式 $\{H_k^{(n)}\}$ の相互関係

により与えられる．特に，$q_1^{(n)} = h_{n+1}/h_n$，$e_0^{(n)} = 0$ である．

モーメントの系列 $h_n = s_0^{(n)}$，$(n = 0, 1, \ldots)$ を考える．クリストフェル変換 (4.55) により，$s_0^{(n)}$ は直交多項式 $p_k^{(0)}(\lambda)$ に対するモーメント $s_j^{(0)}$，$(n = 0, 1, \ldots, n)$，および，κ を用いて表すことができる．通常母関数

$$f(\lambda) = \sum_{i=0}^{\infty} h_i \lambda^i \tag{4.60}$$

を導入する[3]．さらに，$f(\lambda)$ は円盤 $\Gamma = \{\lambda \,|\, |\lambda| < \sigma\}$ で有理型，すなわち，極以外の特異点をもたないとする．$f(\lambda)$ の Γ における極を λ_i とし，$0 < |\lambda_1| \leq |\lambda_2| \leq \cdots < \sigma$ であるものとする．以下の定理が知られている [34]．

4.4 [定理] 関数 $f(\lambda)$ の極はすべて単純，すなわち，すべて1位で，$0 < |\lambda_1| < |\lambda_2| < \cdots < \sigma$ であるものとする．このとき，$|\lambda_k| < 1/\rho < |\lambda_{k+1}|$ なる定数 ρ と n によらない定数 $C_k \neq 0$ が存在して，$n \to \infty$ においてハンケル行列式 $H_k^{(n)}$ は

---
[3] $\lambda = 0$ で解析的な関数 $f(\lambda)$ が先に与えられたとしてもよい．

$$H_k^{(n)} = \frac{C_k}{(\lambda_1 \lambda_2 \cdots \lambda_k)^n} \left(1 + O\left((\rho|\lambda_k|)^n\right)\right) \tag{4.61}$$

と書ける[4].

証明 領域 $\Gamma_k = \{\lambda \mid |\lambda| < |\lambda_{k+1}|\}$ において $f(\lambda)$ は部分分数展開できて

$$f(\lambda) = \frac{r_1}{\lambda_1 - \lambda} + \cdots + \frac{r_2}{\lambda_k - \lambda} + g(\lambda)$$

と書ける．ここに，$g(\lambda)$ は Γ_k で解析的な関数．コーシーの係数評価式を用いると $g(\lambda) = \sum_{i=0}^{\infty} g_i \lambda^i$, $|g_i| < M\rho^i$, $M = \max_{\Gamma_k} g(\lambda)$ となる．また部分分数を $\lambda = \lambda_j$ で展開して

$$\frac{r_j}{\lambda_j - \lambda} = \frac{r_j}{\lambda_j} \sum_{n=0}^{\infty} \left(\frac{\lambda}{\lambda_j}\right)^n$$

だから，モーメントは

$$h_n = r_1 u_1^{n+1} + \cdots + r_k u_k^{n+1} + g_n, \quad u_j = \frac{1}{\lambda_j}$$

と表される．これをハンケル行列式 $H_k^{(n)}$ に代入して展開すれば

$$H_k^{(n)} = |h_{n+i+j}|_{0 \leq i,j \leq k-1} = \sum_{\sigma \in S_k} \Delta_k^{(n)} + \sum_{\sigma' \in S_k'} \Delta_k^{'(n)},$$

$$\Delta_k^{(n)} = \begin{vmatrix} r_{\sigma(1)} u_{\sigma(1)}{}^{n+1} & \cdots & r_{\sigma(k)} u_{\sigma(k)}{}^{n+k} \\ \vdots & & \vdots \\ r_{\sigma(1)} u_{\sigma(1)}{}^{n+k} & \cdots & r_{\sigma(k)} u_{\sigma(k)}{}^{n+2k-1} \end{vmatrix},$$

$$\Delta_k^{'(n)} = \begin{vmatrix} r_{\sigma'(1)} u_{\sigma'(1)}{}^{n+1} & \cdots & g_{n+j-1} & \cdots & r_{\sigma'(k)} u_{\sigma'(k)}{}^{n+k} \\ \vdots & & \vdots & & \vdots \\ r_{\sigma'(1)} u_{\sigma'(1)}{}^{n+k} & \cdots & g_{n+j+k-2} & \cdots & r_{\sigma'(k)} u_{\sigma'(k)}{}^{n+2k-1} \end{vmatrix}$$

となる．ここに，S_k は k 文字の置換の全体，σ はその代表元，S_k' は $\{1, 2, \ldots, k\}$ から $\{1, 2, \ldots, k, k+1\}$ へのある i について $\sigma'(i) = k+1$ となる 1 対 1 写像 σ' の全体である．値域の $1, 2, \ldots, k$ のうち，ある ℓ とは $\sigma'(j) = \ell$ なる j が存在しない．また，行列式 $\Delta_k^{'(n)}$ の第 j 列に g_{n+j-1} から始まる列がある．

---

[4] 極が単純でない場合も，極の合流を用いて同様な定理が証明される [34].

ここで，行列式 $\Delta_k^{(n)}$ を変形して

$$\sum_{\sigma \in S_k} \Delta_k^{(n)} = \prod_{i=1}^k r_i u_i^{n+1} \sum_{\sigma \in S_k} \begin{vmatrix} 1 & u_{\sigma(2)} & \cdots & u_{\sigma(k)}^{k-1} \\ u_{\sigma(1)} & u_{\sigma(2)}^2 & \cdots & u_{\sigma(k)}^k \\ \vdots & \vdots & & \vdots \\ u_{\sigma(1)}^{k-1} & u_{\sigma(2)}^k & \cdots & u_{\sigma(k)}^{2k-2} \end{vmatrix}$$

$$= (u_1 u_2 \cdots u_k)^n \prod_{i=1}^k r_i u_i V_k$$

とおく．関数 $V_k = V_k(u_1, \ldots, u_k)$ は $u_1, \ldots, u_k$ のなす $k(k-1)$ 次同次多項式で，$u_i = u_j$ のとき $u_{\sigma(\ell)} = u_{\sigma(m)}$ だから $u_i - u_j$ を因数にもつ．さらに，u_i と u_j を入れ替えても不変だから，ある定数 $d_k \neq 0$ を用いて $V_k = d_k \prod_{1 \leq i < j \leq k} (u_i - u_j)^2$ と書ける．$C_k = \prod_{i=1}^k r_i u_i V_k(u_1, \ldots, u_k)$ とおけば，C_k は $C_k \neq 0$ で n に依存しない．

次に行列式 $\Delta_k^{'(n)}$ を考える．$|u_1| > \cdots > |u_{k-1}| > |u_k| > \rho > |u_{k+1}|$ より，$\sigma' \in S_k'$ のうち，$u_{\sigma'(1)}, \ldots, u_{\sigma'(k)}$ が $u_1, \ldots, u_{k-1}$ の置換である場合が，$n \to \infty$ では支配的である．$|g_n| \leq M \rho^n$ と合わせて

$$\sum_{\sigma' \in S_k'} \Delta_k^{'(n)} = O\left((u_1 u_2 \cdots u_{k-1} \rho)^n\right)$$

となる．以上をまとめて，$n \to \infty$ で

$$H_k^{(n)} = C_k (u_1 u_2 \cdots u_k)^n \left(1 + O\left((\rho/|u_k|)^n\right)\right)$$

となる． ∎

4.5 [系] 関数 $f(\lambda)$ が有理関数

$$f(\lambda) = \frac{\lambda^{m-1} + q_{m-2} \lambda^{m-2} + \cdots + q_0}{\lambda^m + p_{m-1} \lambda^{m-1} + \cdots + p_1 \lambda + p_0} \tag{4.62}$$

で分母と分子の多項式は互いに素，極 λ_i はすべて1位であるとする．このとき，$n = 0, 1, 2, \ldots$ においてハンケル行列式 $H_m^{(n)}$ は

$$H_m^{(n)} = \frac{C_m}{(\lambda_1 \lambda_2 \cdots \lambda_m)^n}, \quad (C_m \neq 0),$$

$$H_k^{(n)} = 0, \quad (k = m+1, m+2, \ldots) \tag{4.63}$$

となる[5]。

証明　関数 $f(\lambda)$ の部分分数展開において，$g(\lambda) = 0$ だから $H_m^{(n)}$ は $H_m^{(n)} = C_m(u_1 u_2 \cdots u_m)^n$, $(n = 0, 1, 2, \ldots)$ と書ける。$k = m + j$, $(j = 1, 2, \ldots)$ のとき，行列式 $H_k^{(n)}$ の列は 1 次独立でないので，$H_k^{(n)} = 0$ となる。∎

4.6 [例]　有理関数 $f(\lambda) = (\lambda - 2)/(\lambda^2 - 4\lambda + 3)$ をべき級数展開し，展開係数 h_k を用いて図 4.4 のハンケル行列式 $H_k^{(n)}$ を計算すると

$$
\begin{array}{cccccc}
1 & & & & & \\
1 & -\frac{2}{3} & & & & \\
1 & -\frac{5}{9} & \frac{1}{27} & & & \\
1 & -\frac{14}{27} & \frac{1}{81} & 0 & & \\
1 & -\frac{41}{81} & \frac{1}{243} & 0 & 0 & \\
1 & -\frac{1094}{2187} & \frac{1}{729} & 0 & 0 & 0 \\
\vdots & \vdots & \vdots & \vdots & \vdots & \vdots & \ddots
\end{array}
$$

となる。$\lambda_1 = 1$, $\lambda_2 = 3$ だから，$H_2^{(n)}$ において $u_1 u_2 = 1/3$, $C_2 = 1/9$ である。□

さて，定理 4.4 の仮定を満たす関数 $f(\lambda)$ については $\rho|\lambda_k| < 1$ だから，$n \to \infty$ で $H_k^{(n)} \approx C_k(\lambda_1 \lambda_2 \cdots \lambda_k)^{-n}$ となる。この結果，十分大きな n については $H_k^{(n)} \neq 0$ となる。さらに，

$$\lim_{n \to \infty} \frac{H_k^{(n+1)}}{H_k^{(n)}} = \frac{1}{\lambda_1 \lambda_2 \cdots \lambda_k}$$

であるから，qd アルゴリズムの変数について

$$\lim_{n \to \infty} q_k^{(n)} = \frac{\lambda_1 \lambda_2 \cdots \lambda_{k-1}}{\lambda_1 \lambda_2 \cdots \lambda_k} = \frac{1}{\lambda_k},$$

$$\lim_{n \to \infty} e_k^{(n)} = \frac{C_{k+1} C_{k-1} \lambda_k}{C_k^2} \lim_{n \to \infty} \left(\frac{\lambda_k}{\lambda_{k+1}}\right)^n = 0 \qquad (4.64)$$

---

[5] m 次有理関数 (4.62) は無限遠点 $\lambda = \infty$ で正則であり**プロパー** (proper) といわれる。プロパーでない有理関数，2 位以上の極をもつ有理関数についても (4.63) と同様な性質が成り立つ [34]。

がわかる．有理型関数 $f(\lambda)$ のべき級数展開 $f(\lambda) = \sum_{j=0}^{\infty} h_j \lambda^j$ が既知とし，すべての h_j について $h_j \neq 0$ と仮定する．qd アルゴリズム (4.54) において初期値を $q_1^{(n)} = h_{n+1}/h_n$, $e_0^{(n)} = 0$ とし，計算の過程で $e_k^{(n)} = 0$ となることがないとすれば，変数 $\{q_k^{(n)}, e_k^{(n)}\}$ がすべて計算できる．ゆえに有理型関数 $f(\lambda)$ の極 λ_k が $\lim_{n \to \infty} q_k^{(n)}$ の逆数としてすべて求められる．以上が，qd アルゴリズムによる有理型関数の極の計算の手順 [72] である．与えられた多項式の逆数を $f(\lambda)$ とすれば，これは多項式の零点の計算法でもある．

qd アルゴリズムは，加減乗除の四則演算のみの反復で有理型関数の実軸上の極をすべて同時に計算するという機能をもつ．この算法が数値計算法として有用であるためには，i) 収束速度，ii) 数値安定性に関してよい性質をもつ必要がある．以下では，まず，収束速度について考察する．

qd アルゴリズムの $n \to \infty$ での漸近挙動 (4.64) より

$$e_k^{(n)} = O\left(\left(\frac{\lambda_k}{\lambda_{k+1}}\right)^n\right) \quad (4.65)$$

であるから，$e_k^{(n+1)} \approx \lambda_k/\lambda_{k+1} e_k^{(n)}$, $|\lambda_k/\lambda_{k+1}| < 1$ となり，数列 $e_k^{(n)}$ は $n \to \infty$ で 0 に **1 次収束** (linear convergence) する．(4.65) を (4.54) に用いると

$$q_k^{(n)} - \frac{1}{\lambda_k} = O\left(\left(\max\left\{\frac{\lambda_{k-1}}{\lambda_k}, \frac{\lambda_k}{\lambda_{k+1}}\right\}\right)^n\right) \quad (4.66)$$

となり，$q_k^{(n)}$ の収束次数も 1 次に過ぎない[6]．

4.7 [例]   副対角成分がすべて零でない ($^{\forall}a_k \neq 0$) 対称な 3 重対角行列

$$S = \begin{pmatrix} b_1 & a_1 & & 0 \\ a_1 & b_2 & \ddots & \\ & \ddots & \ddots & a_{m-1} \\ 0 & & a_{m-1} & b_m \end{pmatrix}$$

について，m 次有理関数 $f(\lambda) = e_1^{\top}(\lambda I - S)^{-1} e_1$, $e_1 = (1, 0, \ldots, 0)^{\top}$ を考える．S は相異なる m 個の実固有値 λ_k をもつ．固有値を順に

$$\lambda_1 < \lambda_2 < \cdots < \lambda_m$$

---

[6] これに対しニュートン法は実根を 1 つしか計算できないものの，反復法としての収束次数は 2 次である．これは解の近くでは有効数字の桁数が反復ごとに約 2 倍となることを意味する．**2 次収束** (quadratic convergence) 性はアルゴリズムが実用的な数値計算法となるための必要条件である．

とする．λ_k は $f(\lambda)$ の 1 位の極でもある．もし λ_k がすべて零でなく，$f(\lambda)$ を $f(\lambda) = \sum_{j=0}^{\infty} h_j \lambda^j$ とべき級数展開するとき，係数 h_j がすべて零でないならば，$q_1^{(n)} = h_{n+1}/h_n$，$e_0^{(n)} = 0$ として qd アルゴリズムを適用すると，$q_k^{(n)}$ は S の固有値の逆数 $1/\lambda_k$ に収束する．

$$\lim_{n \to \infty} q_{k-1}^{(n)} > \lim_{n \to \infty} q_k^{(n)} > \lim_{n \to \infty} q_{k+1}^{(n)} \tag{4.67}$$

が成り立ち，極限において固有値の逆数が大小順に並ぶ[7]． □

4.8 [例]　有理関数 $f(\lambda) = (\lambda - 2)/(\lambda^2 - 4\lambda + 3)$ のべき級数展開に対する qd 表（図 4.3）は次の通りである．$q_1^{(n)}, q_2^{(n)}$ の極 $\lambda_1 = 1, \lambda_2 = 3$ の逆数への収束はゆっくりしている．上の例で 3 重対角行列 S を $m = 2, a_1 = 1, b_1 = 2, b_2 = 2$ ととった場合である．

	0.833333			
0.000000		0.100000		
	0.933333		0.400000	
0.000000		0.042857		0.000000
	0.976190		0.357143	
0.000000		0.015679		0.000000
	0.991870		0.341463	
⋮	⋮	⋮	⋮	⋮
0.000000	1.000000	0.000000	0.333333	0.000000

□

$f(\lambda)$ が領域 Γ で有限個の極をもつとき，qd アルゴリズムの収束速度は $0 < |\lambda_1| < |\lambda_2| < \cdots < |\lambda_m| < \sigma$ なる極 λ_i のうち，最近接の極の組の比

$$R := \frac{|\lambda_j|}{|\lambda_{j+1}|} = \max \left\{ \frac{|\lambda_1|}{|\lambda_2|}, \frac{|\lambda_2|}{|\lambda_3|}, \ldots, \frac{|\lambda_{m-1}|}{|\lambda_m|} \right\} < 1$$

の大きさに依存する．このような $|\lambda_j|/|\lambda_{j+1}|$ が十分小さければ，すべての $q_k^{(n)}$，$e_k^{(n)}$ の収束は比較的速い．極を一斉に適当な大きさ ω だけ平行移動すること

---

[7] 固有値計算では大きいほう（小さいほう）からいくつかの固有値のみが必要なことがあり，これは好ましい性質である．

で，比

$$R' := \frac{|\lambda_j - \omega|}{|\lambda_{j+1} - \omega|} = \max\left\{\frac{|\lambda_1 - \omega|}{|\lambda_2 - \omega|}, \frac{|\lambda_2 - \omega|}{|\lambda_3 - \omega|}, \ldots, \frac{|\lambda_{m-1} - \omega|}{|\lambda_m - \omega|}\right\} \quad (4.68)$$

をもとの $|\lambda_j|/|\lambda_{j+1}|$ より小さくすることができる．これが原点シフトの考え方である．特に，固有値計算の対象となる行列が正定値のときは，シフト量 ω を正にとる．このような原点シフトを最初に1回行うことで，線形収束の範囲ながら，収束速度を改善できる[8]．

4.9 [例] 有理関数 $f(\lambda) = (\lambda - 2)/(\lambda^2 - 4\lambda + 3)$ に対して $\lambda \to \lambda + 0.9$ とシフトする．極は $\lambda_1 = 0.1, \lambda_2 = 2.1$ となり，比 $|\lambda_1|/|\lambda_1|$ は $1/3$ から $1/21$ に変化する．$m = 2$ 次行列 S に対して，副対角成分 $a_1 = 1$ はそのままで，対角成分を $b_1 = 2 - 0.9 = 1.1$, $b_2 = 2 - 0.9 = 1.1$ と原点シフトした場合に相当する．シフトされた有理関数 $f(\lambda) = (\lambda - 1.1)/(\lambda^2 - 2.2\lambda + 0.21)$ のべき級数展開に対する qd 表（図 4.3）は次の通り．

```
              9.567095
0.000000                 0.411354
              9.978449                 0.498243
0.000000                 0.020531                 0.000000
              9.998980                 0.467333
0.000000                 0.000960                 0.000000
              9.999940                 0.624996
    ⋮            ⋮            ⋮            ⋮            ⋮
0.000000    10.000000    0.000000     0.476190     0.000000
```

$q_1^{(n)}$ と $e_1^{(n)}$ の，それぞれ $1/0.1 = 10$ と 0 への収束は，シフトのない場合と比べてかなり速くなっている．真値に一致する桁数の増え方からも1次収束性が確認される．ところが，$q_2^{(n)}$ の $1/2.1 = 0.476190$ への収束は，下線部のように，途中で誤差が大きくなっている．この現象については次に述べる． □

---

[8] 反復ごとに大きさを適切に変えたシフト $\omega^{(n)}$ を行うとより効果的で，qd アルゴリズムについては，理論的には2次から3次の収束性を実現できる [22] が，変数の正値性と高次収束性を同時に実現するようなシフト量の選び方はわかっていない．

数値計算において，多くの場合，ある決められた桁数の有理数で実数を近似的に表現する．qd 表の $q_1^{(n)}$ の列が 2^{-s} 程度の絶対誤差をもっている場合，qd アルゴリズムの漸化式 $e_1^{(n)} = q_1^{(n+1)} - q_1^{(n)}$ で計算される $e_1^{(n)}$ の列は 2×2^{-s} 程度の絶対誤差をもつ．次に，漸化式 $q_2^{(n)} = q_1^{(n+1)} e_1^{(n+1)}/e_1^{(n)}$ によって計算される $q_2^{(n)}$ の列の誤差が問題となる．n が十分大きいとき $e_1^{(n)} = O((\lambda_1/\lambda_2)^n)$ だから，$q_2^{(n)}$ のもつ相対誤差は $(\lambda_2/\lambda_1)^n \times 2^{1-s}$ となる．$|\lambda_1| < |\lambda_2|$ だから $q_2^{(n)}$ のもつ誤差は反復ごとに増大する．

このように qd アルゴリズム (4.54) は数値不安定である．収束の加速のため原点シフトを導入すれば，誤差は早い段階でより顕著になる．

5. qd アルゴリズムによる行列の固有値計算

qd アルゴリズムの数値不安定に早い段階で気づいたルティスハウザーは，qd アルゴリズムの漸化式を

$$e_k^{(n+1)} = e_k^{(n)} \frac{q_{k+1}^{(n)}}{q_k^{(n+1)}},$$
$$q_{k+1}^{(n+1)} = q_{k+1}^{(n)} - e_k^{(n+1)} + e_{k+1}^{(n)}, \quad e_0^{(n)} = 0 \quad (4.69)$$

の形で用いることを考えた．qd 表（図 4.3）の上から下への計算である．これを**前進型 qd アルゴリズム** (progressive qd algorithm, [75]) という．分母は零でない定数に収束する変数 $q_k^{(n+1)}$ のため数値不安定は改善されているが，初期値として $q_k^{(0)}, e_k^{(0)}$ が必要である．

ヘンリッチ (Henrici)[34] は，qd 表を負の添え字をもつ $q_k^{(1-k)}, e_k^{(1-k)}$ まで含むように拡大し，有理型関数の逆数のべき級数展開を用いて $q_k^{(1-k)}, e_k^{(1-k)}$ の値が定まることを指摘している．これにより有理型関数の極が数値安定に計算できることになった．有理型関数の一例として，多項式の逆数として表される有理関数の場合を取り上げよう．

$$p(\lambda) = p_m \lambda^n + p_{m-1} \lambda^{m-1} + \cdots + p_1 \lambda + p_0,$$

係数 p_j はすべて零でなく，代数方程式 $p(\lambda) = 0$ の根はすべて実の単根であるとする．このような問題は直交多項式の零点の計算に現れる．拡大された qd 表

$$
\begin{array}{ccccccc}
 & q_1^{(0)} & & q_2^{(-1)} & & q_3^{(-2)} & \\
e_0^{(1)} & & e_1^{(0)} & & e_2^{(-1)} & & \cdots \quad e_m^{(1-m)} \\
 & q_1^{(1)} & & q_2^{(0)} & & q_3^{(-1)} & \\
e_0^{(2)} & & e_1^{(1)} & & e_2^{(0)} & & \cdots \quad e_m^{(2-m)} \\
 & q_1^{(2)} & & q_2^{(1)} & & q_3^{(0)} & \\
e_0^{(3)} & & e_1^{(2)} & & e_2^{(1)} & & \cdots \quad e_m^{(3-m)} \\
 & q_1^{(3)} & & q_2^{(2)} & & q_3^{(1)} & \\
\vdots & \vdots & \vdots & \vdots & \vdots & \vdots & \vdots \\
0 & \frac{1}{\lambda_1} & 0 & \frac{1}{\lambda_2} & 0 & \frac{1}{\lambda_3} & 0
\end{array}
$$

図 4.5 拡大 qd 表

において, $k = 1, \ldots, m-1$ について

$$e_0^{(n)} = 0, \quad q_1^{(0)} = -\frac{p_1}{p_0}, \quad e_k^{(1-k)} = \frac{p_{k+1}}{p_k}, \quad q_{k+1}^{(k)} = 0, \quad e_m^{(n)} = 0$$

と定める．このとき，代数方程式 $p(\lambda) = 0$ の根，すなわち，有理関数 $1/p(\lambda)$ の極は極限 $\lim_{n \to \infty} q_k^{(n)} = 1/\lambda_k$ の逆数 λ_k として計算される．これが前進型 qd アルゴリズムによる多項式の零点の算法である．

4.10 [例]   2次のラゲール多項式 $f(\lambda) = \lambda^2 - 4\lambda + 2$ に対する拡大 qd 表は次のようになる．

		2.000000		0.000000	
0.000000		−0.250000		0.000000	
	1.750000		0.250000		
0.000000		−0.035714		0.000000	
	1.714286		0.285714		
0.000000		−0.005952		0.000000	
	1.708334		0.291666		
⋮	⋮	⋮	⋮	⋮	
0.000000	1.707108	0.000000	0.292893	0.000000	

収束は遅いが，$q_1^{(n)}$, $q_2^{(n)}$ はラゲール多項式の零点の逆数 $1/(2-\sqrt{2}) = 1.707108$,

$1/(2+\sqrt{2}) = 0.292893$ に収束することがわかる. □

以下では，ルティスハウザーによって1958年に発表された前進型 qd アルゴリズムによる行列の固有値計算法 [74] について説明する.

$$A^{(0)} := \begin{pmatrix} q_1^{(0)} & q_1^{(0)}e_1^{(0)} & & & 0 \\ 1 & q_2^{(0)}+e_1^{(0)} & q_2^{(0)}e_2^{(0)} & & \\ & 1 & \ddots & \ddots & \\ & & \ddots & \ddots & q_{m-1}^{(0)}e_{m-1}^{(0)} \\ 0 & & & 1 & q_m^{(0)}+e_{m-1}^{(0)} \end{pmatrix},$$

$$q_k^{(0)}e_k^{(0)} > 0 \tag{4.70}$$

の形の m 次3重対角行列 $A^{(0)} = (a_{ij}^{(0)})$ が与えられたとする. $(1,1)$ 成分, $(1,2)$ 成分の順に $q_k^{(0)}, e_k^{(0)}$ を定める. 対称な3重対角行列

$$S := \begin{pmatrix} b_1 & a_1 & & 0 \\ a_1 & b_2 & \ddots & \\ & \ddots & \ddots & a_{m-1} \\ 0 & & a_{m-1} & b_m \end{pmatrix} \tag{4.71}$$

ですべての副対角成分が $a_k \neq 0$ であれば，対角行列

$$D := \mathrm{diag}(1, a_1, a_1a_2, \ldots, a_1\cdots a_{m-1})$$

による相似変形 $D^{-1}SD$ によって，S は

$$D^{-1}SD = \begin{pmatrix} b_1 & a_1^2 & & 0 \\ 1 & b_2 & \ddots & \\ & \ddots & \ddots & a_{m-1}^2 \\ 0 & & 1 & b_m \end{pmatrix} \tag{4.72}$$

の形に変形される. ゆえに, $A^{(0)} = D^{-1}SD$ と書けるとき, $A^{(0)}$ は S と同じく m 個の相異なる実固有値をもつ. 実際, S が直交多項式の3項漸化式の係数のなす行列であれば, 2, 3章でみたように, 直交多項式のモーメントのなすハンケル行列式を用いて

$$a_k{}^2 = \frac{H_{k-1}^{(0)}H_{k+1}^{(0)}}{(H_k^{(0)})^2}, \quad b_k = \frac{\widetilde{H}_k^{(0)}}{H_k^{(0)}} - \frac{\widetilde{H}_{k-1}^{(0)}}{H_{k-1}^{(0)}}$$

と表されるが，これは (4.59) より，それぞれ，$q_k^{(0)} e_k^{(0)}, q_k^{(0)} + e_{k-1}^{(0)}$ に一致する．
行列 $A^{(0)}$ は，以下のような下 3 角行列と上 3 角行列との積に分解できる．

$$A^{(0)} = L^{(0)} R^{(0)},$$

$$L^{(0)} \equiv \begin{pmatrix} q_1^{(0)} & & & 0 \\ 1 & q_2^{(0)} & & \\ & \ddots & \ddots & \\ 0 & & 1 & q_m^{(0)} \end{pmatrix},$$

$$R^{(0)} \equiv \begin{pmatrix} 1 & e_1^{(0)} & & 0 \\ & 1 & \ddots & \\ & & \ddots & e_{m-1}^{(0)} \\ 0 & & & 1 \end{pmatrix}. \tag{4.73}$$

このような 3 角行列の積への分解を **LR 分解** (LR decomposition) という．$R^{(0)}$ は正則であることに注意する．3 角行列 $L^{(0)}$ と $R^{(0)}$ の順序を入れ替えて積をとり，行列

$$A^{(1)} = R^{(0)} L^{(0)} \tag{4.74}$$

を導入する．$A^{(1)}$ の $(i+1, i)$ 成分は 1，$(i, i+1)$ 成分は

$$q_{i+1}^{(0)} e_i^{(0)} = H_{i-1}^{(1)} H_{i+1}^{(1)} / (H_i^{(1)})^2 > 0$$

だから，$A^{(1)}$ は $A^{(0)}$ と同様な形の 3 重対角行列である．そこで $A^{(1)}$ の $(1,1)$ 成分から順に $q_k^{(1)}, e_k^{(1)}$ を定めて

$$A^{(1)} = \begin{pmatrix} q_1^{(1)} & q_1^{(1)} e_1^{(1)} & & & 0 \\ 1 & q_2^{(1)} + e_1^{(1)} & q_2^{(1)} e_2^{(1)} & & \\ & 1 & \ddots & \ddots & \\ & & \ddots & \ddots & q_{m-1}^{(1)} e_{m-1}^{(1)} \\ 0 & & & 1 & q_m^{(1)} + e_{m-1}^{(1)} \end{pmatrix}.$$

と書くことができる．3 重対角行列 $A^{(1)}$ はまた LR 分解可能で $A^{(1)} = L^{(1)} R^{(1)}$ と書ける．このとき，$e_m^{(n)} = 0, (n = 0, 1, \dots)$ とした qd アルゴリズムの有限個の漸化式はまとめて

$$L^{(1)} R^{(1)} = R^{(0)} L^{(0)} \tag{4.75}$$

と表すことができる. ここで,

$$A^{(1)} = R^{(0)} L^{(0)} R^{(0)} (R^{(0)})^{-1} = R^{(0)} A^{(0)} (R^{(0)})^{-1}$$

であるから, 3 重対角行列 $A^{(1)}$ と $A^{(0)}$ は相似で, 両者の固有値は完全に一致する. 以上は $n = 0, 1, \ldots$ について成り立ち, qd アルゴリズムの 1 ステップは

$$L^{(n+1)} R^{(n+1)} = R^{(n)} L^{(n)}, \quad A^{(n+1)} = R^{(n)} A^{(n)} (R^{(n)})^{-1} \quad (4.76)$$

と書ける. ここに, $A^{(n)} = L^{(n)} R^{(n)}$ である.

一方, qd アルゴリズムの $n \to \infty$ での挙動 (4.64) より, 3 重対角行列 $A^{(n)}$ は $n \to \infty$ で収束して

$$\lim_{n \to \infty} A^{(n)} = \begin{pmatrix} u_1 & & & 0 \\ 1 & u_2 & & \\ & \ddots & \ddots & \\ 0 & & 1 & u_m \end{pmatrix}, \quad u_k = \frac{1}{\lambda_k} \quad (4.77)$$

となる. 対角成分 u_k は初期値の行列 $A^{(0)}$ の固有値であるから, 以上により 3 重対角行列 $A^{(0)} = D^{-1} S D$ の固有値が前進型 qd アルゴリズムによって計算できることがわかる. $A^{(0)}$ の成分は qd アルゴリズムの初期値 $q_k^{(0)}$, $e_k^{(0)}$ に他ならない. この手順は, $A^{(0)}$ の分解 (4.73) と因子の取り替え (4.74) の繰り返しで行列を下 3 角に相似変形するプロセスであり, ルティスハウザーの LR アルゴリズムと呼ばれている.

m 次 3 重対角行列 $A^{(0)}$ が, 直交多項式の 3 項漸化式の係数のなす対称行列 S に相似であれば, $H_k^{(0)} > 0$ であり, $A^{(0)}$ は相異なる m 個の実固有値をもつ. しかし, 一般の 3 重対角行列に LR アルゴリズムを適用すると, 計算の過程で漸化式の分母が零となったり, 振動が起きたりして, 固有値への収束は望めない. LR アルゴリズムの収束次数は 1 次である. LR アルゴリズムの収束を加速するため原点シフトを導入し, シフト付き前進型 qd アルゴリズム ((4.53) 参照)

$$L^{(n+1)} R^{(n+1)} = R^{(n)} L^{(n)} - \omega^{(n)} I \quad (4.78)$$

によって固有値を計算する. I は単位行列. シフト量 $\omega^{(n)}$ の取り方が悪いと, 途中で $q_k^{(n+1)} \approx 0$ となり, $A^{(0)}$ が相異なる m 個の実固有値をもつ場合も, 原点シフトのため, 漸化式の分母が零に近づいて数値不安定となる可能性がある.

LR アルゴリズムの発表 (1958 年) ののち,1962 年,LR 分解の代わりに直交行列 Q と上 3 角行列 R の積への QR 分解[9] $A^{(n)} = Q^{(n)} R^{(n)}$ と因子の取り替えによる類似のアルゴリズム

$$Q^{(n+1)} R^{(n+1)} = R^{(n)} Q^{(n)}, \quad A^{(n+1)} = R^{(n)} A^{(n)} (R^{(n)})^{-1}$$

がフランシス (Francis) とクブラノフスカヤ (Kublanovskaya) によって独立に定式化された.これが QR アルゴリズムである.QR 分解はグラム・シュミットの直交化に基づく行列の分解手法で,正則行列ならば常に QR 分解可能である.適用範囲は実 3 重対角行列に限られない.ベクトルの正規化に際し平方根計算と除算を必要とするが,零での除算は起きないため数値安定である.原点シフトのない QR アルゴリズムは 1 次収束であるが,原点シフト

$$Q^{(n+1)} R^{(n+1)} = R^{(n)} Q^{(n)} - \omega^{(n)} I$$

の導入により収束次数は 2 次以上となる.零での除算は起きないような適切なシフト量の設定法も調べられており,とりわけ信頼性の面で LR アルゴリズムより優れている.以上の理由で,QR アルゴリズムはアメリカの標準パッケージライブラリの **LAPACK**(Linear Algebra PACKage) を通じて広く汎用ソフトウェアに実装されている.反面,ルティスハウザーの LR アルゴリズム (前進型 qd アルゴリズム) は長い間忘れられてきた[10].

2 章で述べたように,対称な 3 重対角行列 $S^{(0)}$ の指数関数 $\exp S^{(0)}$ に対する QR アルゴリズムの軌道,すなわち,QR アルゴリズムで計算される相似な行列の系列 $\exp S^{(n)}$, $(n = 0, 1, \ldots)$ は有限非周期戸田方程式の解 $S(t)$ の指数関数 $\exp S(t)$, $(t \geq 0)$ 上にある.つまり,連続時間の戸田方程式は QR アルゴリズムの離散軌道を補間する.一方,本節でみたように,qd アルゴリズムの漸化式は離散時間の戸田方程式であり,連続時間の戸田方程式の軌道を離散的に近似する.行列の固有値計算のための 2 つのアルゴリズムが,いずれも戸田方程式に深く関連していることは注目されよう.

qd アルゴリズムは,(4.76) のように行列の相似変形 $A^{(n+1)} = R^{(n)} A^{(n)} (R^{(n)})^{-1}$ として表される.これは 2 章で論じた戸田方程式のラックス表示

---

[9] QR 分解の QR とは直交行列 Q と上 3 角行列 R という意味で,何かの頭文字というわけではない.フランシスの原論文の記号がそのまま名称に定着したようである.
[10] 一松 [44] には「不幸にしてこの算法は,よほど高精度で計算するか,あるいは全部を有理数で計算しないと,誤差の累積がひどく,数値計算では実用にならないとされてしまった」とある.

$dL/dt = [\Pi(L), L]$ と類似する．実際，線形方程式の組 $A^{(n)}\Psi^{(n)} = \lambda\Psi^{(n)}$, $\Psi^{(n+1)} = R^{(n)}\Psi^{(n)}$, $(n = 0, 1, \ldots)$ に対して，パラメータ λ が離散変数 n に依存しないとすると，線形方程式の両立条件は $A^{(n+1)}R^{(n)} - R^{(n)}A^{(n)} = 0$ となる．この意味で，(4.76) を離散時間戸田方程式，すなわち，qd アルゴリズムの**離散時間ラックス表示** (discrete time Lax representation) とみることができる．

6. qd アルゴリズムによる連分数展開とパデ近似

無限遠点におけるべき級数 $f(\lambda) = \sum_{j=0}^{\infty} s_j \lambda^{-j-1}$ について $2m$ 個の係数 $\{s_0, s_1, \ldots, s_{2m-1}\}$ が既知，ただし，$s_j \neq 0$ とする．qd アルゴリズム

$$q_{k+1}^{(n)} = q_k^{(n+1)} \frac{e_k^{(n+1)}}{e_k^{(n)}}, \quad e_{k+1}^{(n)} = e_k^{(n+1)} + q_{k+1}^{(n+1)} - q_{k+1}^{(n)},$$
$$e_0^{(n)} = 0, \quad q_1^{(n)} = \frac{s_{n+1}}{s_n}, \quad (n = 0, \ldots, 2m-2) \tag{4.79}$$

によって以下の有限で閉じた qd 表を完成する．

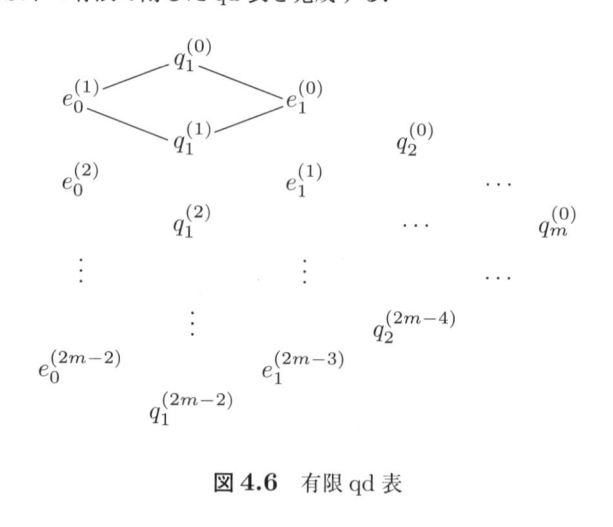

$q_1^{(0)}$

$e_0^{(1)}$ $e_1^{(0)}$

$q_1^{(1)}$ $q_2^{(0)}$

$e_0^{(2)}$ $e_1^{(1)}$ $\cdots$

$q_1^{(2)}$ $\cdots$ $q_m^{(0)}$

$\vdots$ $\vdots$ $\cdots$

$\vdots$ $q_2^{(2m-4)}$

$e_0^{(2m-2)}$ $e_1^{(2m-3)}$

$q_1^{(2m-2)}$

図 4.6 有限 qd 表

計算は左から右へと進行し，$O(m^2)$ 回の乗除算で完了する．もし計算の過程で $e_k^{(n)} \approx 0$ となることがなければ，十分な精度で $\{q_1^{(0)}, e_1^{(0)}, \ldots, e_{m-1}^{(0)}, q_m^{(0)}\}$ が求められる．極限 $\lim_{n\to\infty} q_k^{(n)}$ の計算を目的にしていないので，$\lim_{n\to\infty} e_k^{(n)} = 0$

に起因する qd アルゴリズムの数値不安定性の問題は緩和される[11]. ハンケル行列式を用いた一般項の表示 (4.59) を考慮すれば, 変数 $\{q_1^{(0)}, e_1^{(0)}, \ldots, e_{m-1}^{(0)}, q_m^{(0)}\}$ は与えられた $\{s_0, s_1, \ldots, s_{2m-1}\}$ によって一意に定まるが, 多数のハンケル行列式の計算を避けて, $O(m^2)$ 回の乗除算でこれらの変数の計算を行うことにメリットがある. 変数 $\{q_1^{(0)}, e_1^{(0)}, \ldots, e_{m-1}^{(0)}, q_m^{(0)}\}$ ともとのべき級数 $f(\lambda) = \sum_{j=0}^{\infty} s_j \lambda^{-j-1}$ の間には以下の関係がある.

Akhiezer[2] に従って関数の**補間問題** (interpolation problem) について簡単に触れる. $w = f(\lambda)$ を上半面 $\operatorname{Im} \lambda > 0$ から上半面 $\operatorname{Im} w \geq 0$ への解析関数とする. このような関数の全体を**クラス N 関数** (Class N function) という. **ネバンリンナの補間問題** (Nevanlinna interpolation problem) とは, 与えられたデータ λ_j, w_j に対して $w_j = f(\lambda_j)$ なるクラス N 関数 $f(\lambda)$ をみつける問題である. ある条件のもとで, 解はネバンリンナの積分公式

$$f(\lambda) = \int_{-\infty}^{\infty} \frac{d\sigma(x)}{\lambda - x} \tag{4.80}$$

をもつ. $\sigma(x)$ は適当な性質をもつ非減少関数である. さらに, モーメント列

$$s_k \equiv \int_{-\infty}^{\infty} x^k d\sigma(x)$$

を導入すれば, クラス N 関数 f のべき級数展開

$$f(\lambda) = \frac{s_0}{\lambda} + \frac{s_1}{\lambda^2} + \frac{s_2}{\lambda^3} + \cdots \tag{4.81}$$

を得る. このような関数の例にプロパーな有理関数がある. 関連する問題に**ハンバーガーのモーメント問題** (Hamburger moment problem) がある. これは, 与えられたモーメント列から $s_k = \int_{-\infty}^{\infty} x^k d\sigma(x)$ なる $\sigma(x)$ を構成する問題である. $\sigma(x)$ がわかれば積分公式を通じて $f(\lambda)$ が構成される.

ここで考えるのは, 与えられたモーメント列からクラス N 関数の**チェビシェフ連分数** (Chebyshev continued fraction) 展開を具体的に計算する問題である. 結論をいえば, クラス N 関数のべき級数 $f(\lambda) = \sum_{j=0}^{\infty} s_j \lambda^{-j-1}$ は, 以下の意味でチェビシェフ連分数展開

---

[11] 連分数展開では零による除算が現れてもそれを ∞ とおき, 次のステップで $1/\infty = 0$ と約束することで, 展開の計算を継続できることがある [43]. これは可積分系理論における**特異点閉じ込め** (singularity confinement) の考え方そのものである. 文献 [65] 4 章参照.

120　第4章　直交多項式のクリストフェル変換と qd アルゴリズム

$$f(\lambda) = \cfrac{s_0}{\lambda - q_1^{(0)} - \cfrac{q_1^{(0)} e_1^{(0)}}{\lambda - e_1^{(0)} - q_2^{(0)} - \cfrac{q_2^{(0)} e_2^{(0)}}{\lambda - e_2^{(0)} - q_3^{(0)} - \ddots}}} \quad (4.82)$$

が可能である [35]．すなわち，この連分数の m 次の打ち切り (m 次の有理関数) を $1/\lambda$ についてべき級数展開したものは，s_{2m-1}/λ^{2m} の項に至るまで，もとのべき級数 $s_0/\lambda + s_1/\lambda^2 + s_2/\lambda^3 + \cdots$ に一致する．すなわち，チェビシェフ連分数は $f(\lambda)$ のパデ近似を与える．qd アルゴリズムを用いれば，有限連分数の係数 $\{q_1^{(0)}, e_1^{(0)}, \ldots, e_{m-1}^{(0)}, q_m^{(0)}\}$ は，モーメント列 $\{s_0, s_1, \ldots, s_{2m-1}\}$ から $O(m^2)$ 回の乗除算で計算される．連分数には登場しない $e_k^{(n)}, q_k^{(n)}$ を中間変数として導入することで，連分数の係数 $q_k^{(0)}, e_k^{(0)}$ が少ない計算量で求められるという特徴がある．以下では，(4.82) の連分数を

$$\left.\frac{s_0}{\lambda - q_1^{(0)}}\right| - \left.\frac{q_1^{(0)} e_1^{(0)}}{\lambda - e_1^{(0)} - q_2^{(0)}}\right| - \left.\frac{q_2^{(0)} e_2^{(0)}}{\lambda - e_2^{(0)} - q_3^{(0)}}\right| - \cdots$$

と書くこともある．

4.11 [例]　3 次有理関数のべき級数展開

$$\frac{\lambda^2 - 4\lambda + 3}{\lambda^3 - 3\lambda^2 - 10\lambda + 21} = \frac{1}{\lambda} - \frac{1}{\lambda^2} + \frac{10}{\lambda^3} - \frac{1}{\lambda^4} + \frac{118}{\lambda^5} + \frac{134}{\lambda^6} + \cdots$$

の最初の 6 項から，初期値

$$e_0^{(n)} = 0,$$
$$q_1^{(0)} = -1, \quad q_1^{(1)} = -10, \quad q_1^{(2)} = -\frac{1}{10}, \quad q_1^{(3)} = -118, \quad q_1^{(4)} = \frac{67}{59}$$

を定める．有限 qd 表は以下の通り．

```
          −1
 0               −9
         −10              11
 0              99/10            1/11
        −1/10           131/110          21/11
 0            −1179/10          210/1441
         −118           15620/131
 0             7029/59
         67/59
```

この結果，チェビシェフ連分数が求められる．チェビシェフ連分数は最初の有理関数を回復する．

$$\frac{1}{|\lambda+1|} - \frac{(-9)\cdot(-1)}{|\lambda+9-11|} - \frac{11\cdot 1/11}{|\lambda-1/11-21/11|} = \frac{\lambda^2-4\lambda+3}{\lambda^3-3\lambda^2-10\lambda+21}$$

もし6項より多くのデータを用いても，$H_4^{(0)}=0, e_3^{(0)}=0$ となりチェビシェフ連分数は変わらない．6項より少なければ，最初の有理関数を近似する小さな次数の有理関数を得る． □

本節では，qd アルゴリズムによってべき級数のパデ近似を与えるチェビシェフ連分数 (4.82) が計算されることをみる [35]．与えられた形式的べき級数

$$g(\lambda) = s_0 + s_1\lambda + s_2\lambda^2 + \cdots \tag{4.83}$$

について，ハンケル行列式 $H_k^{(n)} = |s_{n+i+j}|_{0\leq i,j\leq k-1}$ を導入する．

$$H_k^{(n)} \neq 0, \quad (k=1,2,\ldots, n=0,1) \tag{4.84}$$

を仮定する．$H_1^{(n)} = s_n$ だから条件 $s_n \neq 0$ もこの仮定に含まれる．有理関数 $Q_{m-1}(\lambda)/P_m(\lambda)$ で，$P_m(\lambda)$ と $Q_{m-1}(\lambda)$ は互いに素，$Q_{m-1}(\lambda)$ が $m-1$ 次，$P_m(\lambda)$ が n 次のとき，$Q_{m-1}(\lambda)/P_m(\lambda)$ を $(m-1,m)$ 型有理関数という．

4.12 [補題]

$$g(\lambda) - \frac{Q_{m-1}(\lambda)}{P_m(\lambda)} = O\left(\lambda^{2m}\right) \tag{4.85}$$

なる $(m-1, m)$ 型有理関数 $Q_{m-1}(\lambda)/P_m(\lambda)$ がただ1つ存在する[12].

証明 $g(\lambda)$ は $\lambda = 0$ で解析的だから, (4.85) のような $(m-1, m)$ 型有理関数 $Q_{m-1}(\lambda)/P_m(\lambda)$ は, もし存在するならば,

$$Q_{m-1}(\lambda) = q_0 + q_1\lambda + \cdots + q_{m-2}\lambda^{m-2} + q_{m-1}\lambda^{m-1},$$
$$P_m(\lambda) = 1 + p_1\lambda + \cdots + p_{m-1}\lambda^{m-1} + p_m\lambda^m$$

なる形に表される. 条件 (4.85) を $g(\lambda)P_m(\lambda) - Q_{m-1}(\lambda) = O\left(\lambda^{2m}\right)$ と書き, $g(\lambda), P_m(\lambda), Q_{m-1}(\lambda)$ に展開式を代入して $\lambda^m, \ldots, \lambda^{2m-1}$ の係数についてみると, $\{p_k\}$ に関する m 元連立 1 次方程式

$$s_i p_m + s_{i+1} p_{m-1} + \ldots + s_{i+m-1} p_1 + s_{i+m} = 0, \quad (i = 0, 1, \ldots, m-1)$$

が得られる. 仮定 (4.84) より解 $\{p_k\}$ は一意に存在する. 同様に $\lambda^0, \lambda^1, \ldots, \lambda^{m-1}$ の係数から, (4.85) なる $\{q_k\}$ も一意に定まる. ∎

$g(\lambda)P_m(\lambda) - Q_{m-1}(\lambda) = O\left(\lambda^{2m}\right)$ の右辺を $r_{2m}\lambda^{2m} + \cdots$ と書き, λ^{2m} の係数をみると

$$s_m p_m + s_{m+1} p_{m-1} + \ldots + s_{2m-1} p_1 + s_{2m} = r_{2m}$$

となるが, 上の連立 1 次方程式と合わせて $\{p_k, r_{2m}\}$ に関する $m+1$ 元連立 1 次方程式とみてクラメルの公式を用いると, 解 r_{2m} は

$$r_{2m} = \frac{H_{m+1}^{(0)}}{H_m^{(0)}} \tag{4.86}$$

となる. (4.84) より $H_m^{(0)} \neq 0$ に注意する. これは $m = 0, 1, \ldots$ について成り立つ. r_{2m} の記述には偶数個の係数 $\{s_0, s_1, \ldots, s_{2m-1}\}$ が必要である.

同様にして,

$$g(\lambda) - \frac{Q_m(\lambda)}{P_m(\lambda)} = O\left(\lambda^{2m+1}\right) \tag{4.87}$$

なる (m, m) 型有理関数 $Q_m(\lambda)/P_m(\lambda)$ がただ1つ存在する. $H_m^{(1)} \neq 0$ に注意すれば, $g(\lambda)P_m(\lambda) - Q_m(\lambda) = r_{2m+1}\lambda^{2m+1} + \cdots$ なる r_{2m+1} は

$$r_{2m+1} = \frac{H_{m+1}^{(1)}}{H_m^{(1)}}, \quad (m = 0, 1, \ldots) \tag{4.88}$$

---

[12] このとき, $Q_{m-1}(\lambda)/P_m(\lambda)$ は $g(\lambda)$ の $(m-1, m)$ 型パデ近似を与えるという.

と書けることがわかる．r_{2m+1} の記述には奇数個の係数 $\{s_1,\ldots,s_{2m+1}\}$ が必要である．

さて，qd アルゴリズムの漸化式の一般項 (4.59) より，$q_k^{(0)}, e_k^{(0)}$ は

$$q_k^{(0)} = \frac{r_{2k-1}}{r_{2k-2}}, \quad e_k^{(0)} = \frac{r_{2k}}{r_{2k-1}} \tag{4.89}$$

と表される．$r_0 = H_1^{(0)} = s_0$ に注意すれば $r_{2k} = s_0 q_1^{(0)} e_1^{(0)} q_2^{(0)} \cdots q_k^{(0)} e_k^{(0)}$, $r_{2k+1} = s_0 q_1^{(0)} e_1^{(0)} q_2^{(0)} \cdots e_k^{(0)} q_{k+1}^{(0)}$, だから (4.85), (4.87) は，それぞれ，

$$g(\lambda)P_m(\lambda) - Q_{m-1}(\lambda) = s_0 q_1^{(0)} e_1^{(0)} q_2^{(0)} \cdots q_m^{(0)} e_m^{(0)} \lambda^{2m} + \cdots,$$
$$g(\lambda)P_m(\lambda) - Q_m(\lambda) = s_0 q_1^{(0)} e_1^{(0)} q_2^{(0)} \cdots q_m^{(0)} e_m^{(0)} q_{m+1}^{(0)} \lambda^{2m+1} + \cdots$$

となる．偶奇性に注目して $N = 2m$ と $N = 2m+1$ に場合分けし，まとめて

$$g(\lambda)P^{(N)}(\lambda) - Q^{(N)}(\lambda) = s_0 \alpha_1 \alpha_2 \cdots \alpha_N \lambda^N + \cdots, \tag{4.90}$$

$$P^{(N)}(\lambda) = \begin{cases} P_m \\ P_m, \end{cases} \quad Q^{(N)}(\lambda) = \begin{cases} Q_{m-1} & (N = 2m) \\ Q_m & (N = 2m+1), \end{cases}$$

$$\alpha_{N-1} = \begin{cases} q_m^{(0)} \\ e_m^{(0)}, \end{cases} \quad \alpha_N = \begin{cases} e_m^{(0)} & (N = 2m) \\ q_{m+1}^{(0)} & (N = 2m+1) \end{cases}$$

と書く．P_m, Q_m はともに λ の m 次多項式である．**フロア関数** (floor function)[13]を用いると m は，逆に，$m = \lfloor \frac{N}{2} \rfloor$ と表される．(4.90) を用いると

$$g(\lambda)(P^{(N)} - P^{(N-1)} + \lambda \alpha_{N-1} P^{(N-2)}) - (Q^{(N)} - Q^{(N-1)} + \lambda \alpha_{N-1} Q^{(N-2)})$$
$$= s_0 \alpha_1 \alpha_2 \cdots \alpha_N \lambda^N + O(\lambda^{N+1}) \tag{4.91}$$

となる．ここで，$P^{(N)} - P^{(N-1)} + \lambda \alpha_{N-1} P^{(N-2)}$ は m 次多項式で，$P_m(0) = 1$ より，定数項は 0 である．同様に，$Q^{(N)} - Q^{(N-1)} + \lambda \alpha_{N-1} Q^{(N-2)}$ は $m' = \lfloor \frac{N-1}{2} \rfloor$ 次多項式で，$Q_m(0) = Q_{m-1}(0) = s_0$ より，定数項は 0 である．$P^{(N)} - P^{(N-1)} + \lambda \alpha_{N-1} P^{(N-2)} = u_1 \lambda + \cdots + u_m \lambda^m$ とおいて (4.91) に代入し，$\lambda^{m'+1}, \ldots, \lambda^{m'+m}$ の係数とみると，同次 1 次方程式

$$s_i u_m + s_{i+1} u_{m-1} + \cdots + s_{i+m-1} u_1 = 0, \quad (i = m' - m + 1, \ldots, m')$$

---

[13] $\lfloor a \rfloor$ は a を越えない最大の整数を表す．

が成り立つ．仮定より $H_m^{(m'-m+1)} = H_m^{(0)}$, $H_m^{(1)}$ は 0 でないから，解は自明 ($u_i = 0$) となる．すなわち，$P^{(N)} - P^{(N-1)} + \lambda \alpha_{N-1} P^{(N-2)} = 0$. 同様に，$Q^{(N)} - Q^{(N-1)} + \lambda \alpha_{N-1} Q^{(N-2)} = 0$ も示される．以上により，$g(\lambda)$ の $(m, m-1)$ 型，(m, m) 型パデ近似 $Q^{(N)}/P^{(N)}$ は，漸化式

$$P^{(N)} = P^{(N-1)} - \lambda \alpha_{N-1} P^{(N-2)}, \quad P^{(0)} = 1, \quad P^{(1)} = 1,$$
$$Q^{(N)} = Q^{(N-1)} - \lambda \alpha_{N-1} Q^{(N-2)}, \quad Q^{(0)} = 0, \quad Q^{(1)} = s_0 \quad (4.92)$$

によって逐次的に生成される．例えば，

$$P^{(2)} = 1 - \alpha_1 \lambda, \quad P^{(3)} = 1 - (\alpha_1 + \alpha_2)\lambda,$$
$$P^{(4)} = 1 - (\alpha_1 + \alpha_2 + \alpha_3)\lambda + \alpha_1 \alpha_3 \lambda^2,$$
$$Q^{(2)} = s_0, \quad Q^{(3)} = s_0(1 - \alpha_2 \lambda), \quad Q^{(4)} = s_0(1 - (\alpha_2 + \alpha_3)\lambda).$$

このように，$(1,0), (1,1)$ パデ近似からジグザグに $(m, m-1)$ 型，(m, m) 型パデ近似を計算する手法を**クロネッカーアルゴリズム** (Kronecker's algorithm) という [5]．2 章で述べたように，有理関数 $Q^{(N)}/P^{(N)}$ は α_{N-1} を係数とする連分数で表現される．仮定 $H_k^{(n)} \neq 0$, $(n = 0, 1)$ よりこのような多項式 $P^{(N)}$, $Q^{(N)}$ は一意的である．議論は以下のようにまとめられる．

4.13 [定理] 連分数

$$C = \frac{s_0}{|1|} - \frac{\alpha_1 \lambda}{|1|} - \frac{\alpha_2 \lambda}{|1|} - \frac{\alpha_3 \lambda}{|1|} - \frac{\alpha_4 \lambda}{|1|} - \cdots \quad (4.93)$$

の $\alpha_N = 0$ とした有限打ち切りは，$g(\lambda)$ の $\left(\lfloor \frac{N-1}{2} \rfloor, \lfloor \frac{N}{2} \rfloor\right)$ 型パデ近似 $Q^{(N)}/P^{(N)}$ を一意に与える．

形式的べき級数 $g(\lambda)$ ((4.83) 参照) において λ を $1/\lambda$ と変換し

$$f(\lambda) = \frac{1}{\lambda} g\left(\frac{1}{\lambda}\right) = \frac{s_0}{\lambda} + \frac{s_1}{\lambda^2} + \frac{s_2}{\lambda^3} + \cdots \quad (4.94)$$

とおく．$f(\lambda)$ の連分数展開は $\lambda \to \infty$ における漸近展開とみなせる．qd アルゴリズムの変数を用いて表現すると，(4.93) より

6. qd アルゴリズムによる連分数展開とパデ近似　125

$$f(\lambda) = \frac{s_0}{|\lambda|} - \frac{q_1^{(0)}}{|1|} - \frac{e_1^{(0)}}{|\lambda|} - \frac{q_2^{(0)}}{|1|} - \frac{e_2^{(0)}}{|\lambda|} - \frac{q_3^{(0)}}{|1|} - \cdots$$

$$= \frac{s_0}{|\lambda - q_1^{(0)}|} - \frac{q_1^{(0)} e_1^{(0)}}{|\lambda - e_1^{(0)} - q_2^{(0)}|} - \frac{q_2^{(0)} e_2^{(0)}}{|\lambda - e_2^{(0)} - q_3^{(0)}|} - \cdots \quad (4.95)$$

となる．以上が (4.82) の証明である．

$$C_m^{(0)} = \frac{s_0}{|\lambda - q_1^{(0)}|} - \frac{q_1^{(0)} e_1^{(0)}}{|\lambda - e_1^{(0)} - q_2^{(0)}|} - \cdots - \frac{q_{m-1}^{(0)} e_{m-1}^{(0)}}{|\lambda - e_{m-1}^{(0)} - q_m^{(0)}|} \quad (4.96)$$

と書けば，$f(\lambda) - C_m^{(0)} = O(\lambda^{-2m-1})$ が成り立つ．特に，プロパーな m 次有理関数 $f(\lambda)$ に対しては，べき級数展開 (4.94) の $2m$ 個の係数 $\{s_0, s_1, \ldots, s_{2m-1}\}$ を用意する．$H_k^{(n)} \neq 0, (k=1, \ldots, m, \ n=0,1)$ を仮定して qd アルゴリズム (4.79) を適用すれば，パデ近似の係数 $\{q_1^{(0)}, e_1^{(0)}, \ldots, e_{m-1}^{(0)}, q_m^{(0)}\}$ が $O(m^2)$ 回の乗除算で計算される．このとき，s_j のうち独立なのは高々 $2m$ 個だから，$H_{m+1}^{(0)} = 0, e_m^{(0)} = 0$ となり，連分数展開 (4.93) は有限で途切れ，$f(\lambda) - C_m^{(0)} = 0$ となる．

べき級数 $s_n/\lambda + s_{n+1}/\lambda^2 + s_{n+2}/\lambda^3 + \cdots$ の連分数展開 $C^{(n)}$ を利用すれば，定理 4.13 の系として以下を得る．

4.14 [系] 定理 4.13 と同様な仮定のもとで，関数 $f(\lambda)$ は連分数展開

$$f(\lambda) = \frac{s_0}{\lambda} + \frac{s_1}{\lambda^2} + \cdots + \frac{s_{n-1}}{\lambda^n} + \frac{1}{\lambda^n} C^{(n)},$$

$$C^{(n)} = \frac{s_n}{|\lambda - q_1^{(n)}|} - \frac{q_1^{(n)} e_1^{(n)}}{|\lambda - e_1^{(n)} - q_2^{(n)}|} - \frac{q_2^{(n)} e_2^{(n)}}{|\lambda - e_2^{(n)} - q_3^{(n)}|} - \cdots \quad (4.97)$$

をもつ．

連分数 $\lambda C^{(n)}/s_n$ が関数 $f(\lambda)$ の $\lambda \to \infty$ における漸近展開の収束因子の役割をもつことがわかる．以上が qd アルゴリズムによる漸近展開の概要である．

4.15 [例] qd アルゴリズムによる連分数展開の応用として，3 章でも論じたラプラス変換を再考する．実解析関数 $g(t)$ のラプラス変換 $\mathcal{L}[g(t)](\lambda)$ のロー

ラン展開

$$\mathcal{L}[g(t)](\lambda) = \int_0^\infty g(t)e^{-\lambda t}dt = \sum_{k=0}^\infty \frac{g_k}{\lambda^{k+1}}$$

が既知とする．ローラン係数が定理 4.13 の仮定を満たせば，qd アルゴリズムによってラプラス変換の連分数展開が計算される．連分数 (4.95) において，一般項の表示 (4.59)，および，2 章 8 節で論じた戸田方程式のタウ関数の性質より

$$q_k^{(0)} e_k^{(0)} = \frac{H_{k-1}^{(0)} H_{k+1}^{(0)}}{(H_k^{(0)})^2} = \lim_{t\to 0}\frac{d^2 \log \tau_k}{dt^2} = V_k(0),$$

$$q_k^{(0)} + e_{k+1}^{(0)} = \frac{H_{k-1}^{(0)}}{H_{k-1}^{(1)}}\frac{H_k^{(1)}}{H_k^{(n)}} + \frac{H_k^{(1)}}{H_{k+1}^{(0)}}\frac{H_{k+2}^{(0)}}{H_{k+1}^{(1)}}$$

$$= \lim_{t\to 0}\frac{d\log(\tau_{k+1}/\tau_k)}{dt} = -J_{k+1}(0)$$

と書ける．ここに，$\tau_k = \tau_k(t)$ は半無限戸田方程式のタウ関数で，$g(t)$ とその導関数のなす k 次ハンケル行列式

$$\tau_k = |g_{i+j}|_{0\le i,f\le k-1}, \quad \frac{dg_k}{dt} = g_{k+1}, \quad g_0 = g,$$

$V_k(t), J_k(t)$ は戸田方程式 (4.33) の変数である．このことから，実解析関数 $g(t)$ のラプラス変換の連分数展開は，$g(t)$ に対応する半無限戸田方程式の解の $t=0$ における値を用いて直接に表現される [64]．例えば，$g(t) = \cos t$ については，$V_1(t) = -1/\cos^2 t$, $V_2(t) = 0$, $J_1(t) = \tan t$, $J_2(t) = -\tan t$ だから，

$$\mathcal{L}[\cos t](\lambda) = \frac{1}{\left|\lambda - 0\right.} - \frac{-1}{\left|\lambda - 0\right.} = \frac{\lambda}{\lambda^2 + 1}$$

となる．$g(t) = \sin t$ は $s_0 = 0$ となりこのままでは計算できないが，関数の値のシフト $g(t) = \alpha + \sin t, \alpha \ne 0$ を行ったのち，ラプラス変換から α/λ を減ずればよい．

もし，ある係数 g_k が零であるならば，qd アルゴリズムの初期値 $q_1^{(k)} = g_{k+1}/g_k$ が設定できない．一般に，qd アルゴリズムによる連分数計算では条件 $H_k^{(n)} \ne 0$, $(n = 0, 1)$ が重要である．$H_k^{(n)} = 0$ であっても，変数の適当なシフト $t \to t+s$ によって

$$g(t) \to g(t+s) = \sum_{k=0}^\infty \frac{g_k(s)}{k!}x^k$$

とすれば, $g_k(s)$ によって定まるハンケル行列式については $H_k^{(n)}(s) \neq 0$ となることがある. このとき, $g(t+s)$ のラプラス変換 $\mathcal{L}[g(t+s)](\lambda) = \sum_{k=0}^{\infty} g_k(s)/\lambda^{k+1}$ は連分数展開

$$\mathcal{L}[g(t+s)](\lambda) = \frac{s_0}{\left|\lambda + J_1(s)\right.} - \frac{V_1(s)}{\left|\lambda + J_2(s)\right.} - \frac{V_2(s)}{\left|\lambda + J_3(s)\right.} - \cdots \quad (4.98)$$

が可能となる. 関数 $g(s)$ が定める半無限戸田方程式

$$\frac{dJ_{k+1}(s)}{ds} = V_k(s) - V_{k+1}(s),$$
$$\frac{dV_k(s)}{ds} = V_k(s)(J_k(s) - J_{k+1}(s)), \quad V_0(s) = 0$$

の解が現れている. 以上により, qd アルゴリズムによるラプラス変換の連分数展開は, 半無限戸田方程式の解を用いることで, その適用範囲を広げることができた. また, (4.98) は解析関数の 1 パラメータ族 $g(t+s)$ のラプラス変換の連分数展開を与えるとみてもよい. □

5

dLV型特異値計算アルゴリズム

前章では,直交多項式から核多項式へのクリストフェル変換を用いて離散時間戸田方程式を導出した.この方程式は数値解析に現れる qd アルゴリズムの漸化式に一致する.可積分系と計算アルゴリズムの予期せぬ結びつきである.qd アルゴリズムには行列の固有値計算の機能があるが,同時に,収束の加速のため原点シフトを導入すれば,数値不安定性という大きな欠点をもつことが避けられない.

戸田方程式は可積分系の典型であるが,可積分系の世界はもっと豊かである.別の可積分系によって未知の新しいアルゴリズムを定式化できないか? 本章ではこの問題にチャレンジする.

1. 行列の特異値と特異値分解

行列の**特異値分解** (singular values decomposition, SVD) についてまとめておく.一般の長方形行列 $A \in \mathbf{R}^{n \times m}$ に対して,対称行列 $A^\top A$ は非負定値,すなわち,固有値は負になることはない.$A^\top A$ の固有値 λ_j の正の平方根 $\sigma_j := \sqrt{\lambda_j}$ を A の**特異値** (singular values) という.$A^\top A$ の零固有値に対しては零特異値を対応させる.特異値は最小2乗法を通じて非常に幅広い応用をもつ重要な概念である.特異値問題では**特異ベクトル** (singular vectors) の計算が重要な課題であり,固有値問題にない困難さがある.

$r := \operatorname{rank} A \leq \min\{m, n\}$ とする.簡単のため $A^\top A$ の固有値に重根はないとし,零でない特異値を順に $0 < \sigma_r < \cdots < \sigma_1$ と表すことにする.A のレイリー (Rayleigh) 商と $A^\top A$ の最大固有値 λ_1 の間には

$$\max_{||\boldsymbol{x}||=1} \frac{||A\boldsymbol{x}||^2}{||\boldsymbol{x}||^2} = \lambda_1(A^\top A)$$

の関係がある [101].レイリー商を最大とするベクトル $\boldsymbol{x}$ を $\boldsymbol{x}_1$ とする.$\boldsymbol{y}_1 :=$

$A\bm{x}_1$ とおくと, $\bm{y_1}$ は $A^\top \bm{y_1} = A^\top A\bm{x}_1 = \lambda_{\max}\bm{x}_1$ を満たす. ゆえに, $\bm{x}_1$ は最大固有値 λ_1 に対応する $A^\top A$ の固有ベクトルである. $A_1 := A - \bm{y}_1 \bm{x}_1^\top$ とおけば, $\operatorname{rank} A_1 = \operatorname{rank} A - 1$ が成り立つ [101]. 以上のプロセスを繰り返せば

$$A - \bm{y}_1\bm{x}_1^\top - \bm{y}_2\bm{x}_2^\top - \cdots - \bm{y}_r\bm{x}_r^\top = O$$

となる. $\bm{x}_j$ は相異なる λ_j に対応する対称行列 $A^\top A$ の固有ベクトルだから互いに直交する. さらに, $\bm{u}_j := \bm{y}_j/\sigma_j$, $\bm{v}_j := \bm{x}_j$ と書けば

$$A = \sigma_1 \bm{u}_1 \bm{v}_1^\top + \sigma_2 \bm{u}_2 \bm{v}_2^\top + \cdots + \sigma_r \bm{u}_r \bm{v}_r^\top$$

と表される. $\bm{u}_j$ も長さ 1 でまた互いに直交する. ベクトル $\bm{u}_j, \bm{v}_j$ を並べて $U_r := (\bm{u}_1, \ldots, \bm{u}_r)$, $V_r := (\bm{v}_1, \ldots, \bm{v}_r)$ と書けば, 特異値からなる対角行列 $\Sigma_r := \operatorname{diag}(\sigma_1, \ldots, \sigma_r)$ について

$$A = U_r \Sigma_r V_r^\top \tag{5.1}$$

となる. $0 < \sigma_r \leq \cdots \leq \sigma_1$ のときも含めて, (5.1) を A の特異値分解という [30].

さらに, 行列 U_r, V_r の列ベクトルを増やして, 直交行列 $U := (U_r, \bm{u}_{r+1}, \ldots, \bm{u}_m)$, $V := (V_r, \bm{v}_{r+1}, \ldots, \bm{v}_n)$ を準備する. 特異値についても

$$\Sigma := \begin{pmatrix} \Sigma_r & O \\ O & O \end{pmatrix}$$

を導入すれば, A は

$$A = U\Sigma V^\top, \quad (U^\top U = UU^\top = I_n, \quad V^\top V = VV^\top = I_m) \tag{5.2}$$

と表される.

A はフルランク, すなわち, $r = m$ または $r = n$ であると仮定すれば, (5.2) はそれぞれ

$$U_0^\top A V_0 = \begin{cases} \begin{pmatrix} \Sigma_r \\ O \end{pmatrix} & \text{for } n \geq m \\[2ex] \begin{pmatrix} \Sigma_r & O \end{pmatrix} & \text{for } n \leq m \end{cases}$$

となる．直交行列 U_0, V_0 の各列ベクトルを，それぞれ，左特異ベクトル，右特異ベクトルという．簡単のため，以下 $m \leq n$ とする．以下に $\operatorname{rank} A = 2 = m$, $n = 4$ の具体的な特異値分解の例をあげよう．

$$A = U\Sigma V^\top$$

$$A = \begin{pmatrix} 1 & 2 \\ -2 & -1 \\ -2 & -1 \\ 1 & 2 \end{pmatrix}, \quad \Sigma = \begin{pmatrix} 3\sqrt{2} & 0 \\ 0 & \sqrt{2} \end{pmatrix},$$

$$U = \begin{pmatrix} 1/2 & -1/2 \\ -1/2 & -1/2 \\ -1/2 & -1/2 \\ 1/2 & -1/2 \end{pmatrix}, \quad V = \begin{pmatrix} 1/\sqrt{2} & 1/\sqrt{2} \\ 1/\sqrt{2} & -1/\sqrt{2} \end{pmatrix}$$

今日，行列の特異値計算，特異値分解で主流となっているのが 1965 年に発表された**ガラブ・カハン法** (Golub-Kahan method) である [30]．ガラブ・カハン法は，数値安定で収束証明のある固有値計算法である QR アルゴリズム [76] に基づいている[1]．まず，前処理として，

(i) ハウスホルダー (Householder) 変換の繰り返しで A を上 2 重対角行列 B に変形する．

$$U_H^\top A V_H = \begin{pmatrix} B \\ O \end{pmatrix}, \quad B = \begin{pmatrix} b_1 & b_2 & & & \\ & b_3 & \ddots & & \\ & & \ddots & b_{2m-2} & \\ 0 & & & & b_{2m-1} \end{pmatrix} \quad (5.3)$$

ここに，U_H, V_H はある手順で行列 A から定まる直交行列である．対角行列 $\operatorname{diag}(\pm 1, \dots, \pm 1)$ を右から V_H に乗ずることで B の対角成分 b_{2k-1} はすべて正としてよい．上 2 重対角化に要する計算は数値的に安定で，有限回で完了し，その計算量は $8m^3/3 + O(m^2) \mathit{flops}$ であり[2]，比較的軽い

---

[1] QR アルゴリズムは，IEEE Computer Society 誌 (2000 年) が特集した 20 世紀の "The Top 10 Algorithms" に，シンプレックス法，高速フーリエ変換，クイックソートなどとともに選ばれている．

[2] flops とは**浮動小数点演算** (floating point operations) 回数の略である．

とされている [16]. ここで, すべての副対角成分 b_{2k} について $b_{2k} \neq 0$ を仮定する. もし, ある b_{2k} が零であれば, B は小さな 2 つの上 2 重対角行列に分けて考えることができるから, この仮定は一般性を失うものではない. このとき, B の特異値に重複はなく

$$\sigma_1 > \sigma_2 > \cdots > \sigma_m$$

となる [98]. 副対角成分 b_{2k} を $\mathrm{sgn}(b_{2k})b_{2k}$ と置き換えても B の特異値は変わらないから, 以下では簡単のため $b_{2k} > 0$ とする. さらに, $\sigma_m > 0$, すなわち, 零特異値はないものとする[3].

(ii) 正定値対称 3 重対角行列 $B^\top B = V_H^\top A^\top A V_H$ に対して固有値計算の QR アルゴリズムを適用して対角化する. 具体的には, $B^\top B = QR$ と QR 分解, すなわち, グラム・シュミットの直交化を行い, $B^\top B \to Q^\top B^\top B Q$ なる相似変形を繰り返して

$$(QQ'Q''\cdots)^\top B^\top B QQ'Q''\cdots = \Sigma^2$$

のように対角行列に近づけていく. $Q, Q', \ldots$ は m 次直交行列, R は上3 角行列. (ii) は反復計算であり, 精度を上げようとすれば, 反復回数を増やさねばならないが, 同時に計算量が増加し, **丸め誤差** (round-off error)[4] などのもととなる.

(iii) 右特異ベクトルは $V_0 = V_H QQ'Q''\cdots$ によって与えられる. 左特異ベクトル U_0 は AV_0 に対する (列ベクトルのピボッティングを伴う) QR 分解 $AV_0 P = U_0 R$ によって得られる. P は列ベクトルの置換のための行列. 全特異ベクトルの計算量は $4m^3 + O(m^2) flops$ である.

ガラブ・カハン法の上 2 重対角化のステップ (i) は, (ii) の計算量を減らすために行う前処理である. $(QQ'\cdots)^\top B^\top B QQ'\cdots$ が 3 重対角に保たれることからわかるように, フルの正方行列 $A^\top A$ に QR アルゴリズムを適用する場合に比べて計算量が少ない. ステップ (iii) の最も大きな長所は, 直交行列 Q の各ベクトルは長さ 1 に正規直交化されているため, 特異ベクトルの直交性が高いレ

---
[3] 最初から $\mathrm{rank}\, A = m$ となるように A を選んで計算開始すれば零特異値は現れない.
[4] 例えば, $1/3$ は計算機内では 3.33333×10^{-1} (6 桁精度) と浮動小数点表示される.

ベルで実現されることである．零特異値がないとすれば，QR 分解の過程で零による除算はない．

ステップ (ii) において素朴な QR アルゴリズムをそのまま適用したのでは，正規直交化のための大量の平方根計算に起因して収束が遅い．とりわけ近接特異値がある場合は収束が遅く精度も悪化する．そこで，行列 $B^\top B$ の対角成分から一斉に同じ数 $\theta^2 (> 0)$ を減じ

$$B^\top B \to B'^\top B' = B^\top B - \theta^2 I$$

とする．I は m 次単位行列である．この結果，特異値の相対的な距離が大きくなり，一般に，収束が加速される [29]．これが θ^2 をシフト量とする原点シフトである．シフト量が正であるのは $B^\top B$ が正定値であることによる．

原点シフト付きガラブ・カハン法の完成形が**デーメル・カハン法** (Demmel-Kahan method)(1990, [16, 17]) である．デーメル・カハン法は，(ii) の特異値計算部では，m 次 3 重対角対称行列 $B^\top B$ の 3 重対角部の 2 次小行列に対して，順次，シフト付き QR アルゴリズムを適用して，少ない計算量で特異値を計算する．計算量は 1 反復について $6m\,flops$ である．通常の停止条件のもとで $6m^2\,flops$ の計算量で特異値計算は終了し [16]，(i), (iii) に比べて無視できるほど小さいとされている．(ii) の QR アルゴリズムで用いた直交行列 $QQ' \cdots$ はそのまま (iii) の右特異ベクトルの元になる．固有値・特異値計算では，大きな原点シフトを選ぶほど加速の効果は大きいが，大きすぎると行列 $B^\top B$ の正定値性を壊し，反復計算が収束しなくなる．デーメル・カハン法ではウィルキンソン (Wilkinson) シフトと呼ばれる安全な原点シフトの選び方を採用しており，数値安定性と収束性の保証された信頼性の高い標準解法として，商用ソフトウェアなどにおいて広く使われている[5]．シフト付き QR アルゴリズムの収束次数は最大で 3 次であり [97]，ニュートン法が 2 次収束することと比べていかに高速かがわかる．

(ii) のシフト付き QR アルゴリズムで用いた直交行列の積 $QQ' \cdots$ は，そのまま (iii) の B の右特異ベクトルを与える．逆にみれば，(ii) は (iii) と不可分であり，直交行列の積 $QQ' \cdots$ を計算することなく (ii) が終了するわけではない．デーメル・カハン法では Q を回転行列にとることで計算量の低減が図られてい

---

[5] デーメルとカハンはこの研究で 1991 年 SIAM 賞（線形代数部門）を受賞している．

るが，2重対角行列 B の特異値分解法とみても，デーメル・カハン法は $O(m^3)$ アルゴリズムである．また，応用上は一部の特異ベクトルだけが必要とされることもあるが，デーメル・カハン法は構造上，いくつかの特異値に対応する特異ベクトルだけを選んで計算することはできない．これも高速計算の妨げとなる．このため，通常の計算機環境では，数千次の2重対角行列の特異値分解に数千秒が必要であり [49]，QR アルゴリズムが中規模行列向きとされているのと同様，デーメル・カハン法も中規模行列用特異値分解法といえよう．様々な点で優れた特徴をもつデーメル・カハン法であるが，大規模行列の高速特異値分解が必要とされる昨今では，その理論的限界が明らかとなっており，新しい動作原理に基づくより高速・高精度な特異値分解アルゴリズムの登場が期待されるようになってきた[6]．

2. qd アルゴリズム型特異値計算アルゴリズム

1960年代より続く QR アルゴリズムの全盛に対して，パーレット (Parlett) らは，対象を2重対角行列の特異値計算に限定することで，挑戦を試みた [22, 71]．前章において，ルティスハウザーの開発した固有値計算法の LR アルゴリズム（1958年）は，その改良型である QR アルゴリズム（1962年）にとって代わられたことは述べた．LR アルゴリズムのもつ零割の危険性のためである．3重対角行列に対する LR アルゴリズムはルティスハウザーの qd アルゴリズム（1954年）と等価である．qd アルゴリズムは，収束が遅いだけでなく，**減算のため桁落ち** (cancellation) が発生しやすく，直後の除算で誤差が拡大して数値不安定となる [34]．桁落ちとは，浮動小数点数として表された2つの数の減算により有効数字の上位数桁が0になってしまう現象である[7]．致命的とも思われる欠点をもつ qd アルゴリズムに対して，ルティスハウザーの遺稿をまとめた [75] の付録には，彼自身による qd アルゴリズムの様々な改善の試みが記されている．

ガラブ・カハン法のステップ (i) はそのままで，上2重対角行列 B の特異値

---

[6] もちろん，計算時間は求める精度だけでなく，与えられた行列の性質やプログラミング，コンパイラ，CPU などの計算機環境に強く依存している．デーメル・カハン法の高速化として，分割統治型 QR アルゴリズムの開発も進行しているが [16]，絶対誤差の意味での高精度性しか保証されず，行列によっては計算量が $O(m^3)$ に増大する [99]．

[7] 例えば，有効数字 6 桁で $3.33333 \times 10^{-1} - 3.33331 \times 10^{-1} = 2 \times 10^{-5}$ となり，仮数部の減算の結果上位 5 桁が失われ相対誤差が増大している．

σ_k の計算を問題とする. 前進型 qd アルゴリズム

$$e_k^{(n+1)} = \frac{e_k^{(n)}}{q_k^{(n+1)}} q_{k+1}^{(n)},$$
$$q_{k+1}^{(n+1)} = q_{k+1}^{(n)} - e_k^{(n+1)} + e_{k+1}^{(n)}, \quad e_0^{(n)} = 0 \quad (5.4)$$

による B の特異値計算は, 正定値 3 重対角対称行列 $S = B^\top B$ の固有値計算として, 初期値を

$$q_k^{(0)} = b_{2k-1}{}^2, \quad e_k^{(0)} = b_{2k}{}^2$$

と与えることで実行できる. ここに, $a_k(\neq 0)$ は S の副対角成分, b_k は対角成分. 求める特異値 σ_k は極限

$$\lim_{n\to\infty} q_k^{(n)} = \sigma_k{}^2, \quad \lim_{n\to\infty} e_k^{(n)} = 0 \quad (5.5)$$

から得られる. 数値計算上は, ある停止条件のもとで, 反復計算が $n = N$ で停止したとき, $\sigma_k = \sqrt{q_k^{(N)}}$ として与えられる. ガラブ・カハン法のステップ (ii) と異なり, 特異ベクトルに関する情報はこの計算には含まれていない. QR 分解で必要な大量の平方根計算はなく, 最後の σ_k の計算を除けば, 加減乗除の四則演算のみである.

前進型 qd アルゴリズムの収束次数は 1 次で, このままではシフト付き QR アルゴリズムにまったく歯が立たない. 収束加速のため,

$$e_k^{(n+1)} = \frac{e_k^{(n)}}{q_k^{(n+1)}} q_{k+1}^{(n)},$$
$$q_{k+1}^{(n+1)} = q_{k+1}^{(n)} - e_k^{(n+1)} - \theta^{(n)2} + e_{k+1}^{(n)}, \quad e_0^{(n)} = 0 \quad (5.6)$$

によって原点シフトを導入する [75]. これを **pqds アルゴリズム** (progressive qd algorithm with shift) という. 前章の行列表示を用いると (5.6) は

$$L^{(n+1)}R^{(n+1)} = R^{(n)}L^{(n)} - \theta^{(n)2}I \quad (5.7)$$

と書けるから, $\widetilde{A}^{(n)} = L^{(n)}R^{(n)}$ とおけば, pqds アルゴリズムはシフト付き LR アルゴリズム

$$\widetilde{A}^{(n)} = L^{(n)}R^{(n)}, \quad \widetilde{A}^{(n+1)} = R^{(n)}L^{(n)} - \theta^{(n)2}I \quad (5.8)$$

として表現できる．これより，シフト付きの相似変形（離散時間ラックス表示）

$$\widetilde{A}^{(n+1)} = R^{(n)} \widetilde{A}^{(n)} (R^{(n)})^{-1} - \theta^{(n)2} I \tag{5.9}$$

を得る．$\widetilde{A}^{(n+1)}$ の固有値は $\widetilde{A}^{(n)}$ の各固有値から $\theta^{(n)2}$ を減じたものとなる．$\widetilde{A}^{(0)}$ は $B^\top B$ に相似な正定値3重対角行列である．もし，この計算で $\widetilde{A}^{(n+1)}$ が下3角行列になったとすれば，$\widetilde{A}^{(n+1)}$ の対角成分 $q_k^{(n+1)}$ は $\widetilde{A}^{(n)}$ の固有値 $\lambda_k(\widetilde{A}^{(n)})$ と $q_k^{(n+1)} = \lambda_k(\widetilde{A}^{(n)}) - \theta^{(n)2}$ の関係にある．pqds アルゴリズムの反復計算が数値安定に行われるためには，$q_k^{(n+1)} > 0$ である必要があり，シフト量 $\theta^{(n)2}$ は最小固有値 $\lambda_m(\widetilde{A}^{(n)})$ の下からの推定値 $\lambda_m^*(\widetilde{A}^{(n)})$ より小さく選ばねならない．実際は，1回の反復計算ですべての成分が収束することはなく，条件 $\theta^{(n)2} \leq \lambda_m^*(\widetilde{A}^{(n)})$ はシフト量に常に課すべき条件である．ところが，ルティスハウザーによる固有値計算の例 ([75], p. 474) からわかるように，$q_k^{(n)}$ の n についての挙動は一般に単調ではなく，ある n で $q_k^{(n)}$ と $q_{k+1}^{(n)}$ の大小が入れ替わることが起きる．シフト量 $\theta^{(n)2}$ を $\lambda_m^*(\widetilde{A}^{(n)})$ より小さく選んだとしても，特に小さな特異値が近接している場合は，$q_k^{(n+1)} \leq 0$，あるいは，$q_k^{(n+1)} \approx 0$ となる可能性がある．丸め誤差なども影響する．プログラム上は $q_k^{(n+1)} \leq 0$ の場合を条件判定で排除してシフトを取り直せばよいが，$q_k^{(n+1)}$ が桁落ちした正の小さな値の場合は，そのまま計算が進行し，次の $q_k^{(n+1)}$ による除算によって誤差が増大し，数値不安定となる可能性がある．ゆえに，pqds アルゴリズムによって必ず精度の高い特異値が計算できるという保証はない．

パーレットが目をつけたのは，これもルティスハウザー ([75], p. 505) にある **dqd アルゴリズム** (differential qd algorithm) である．differential とはここでは「増分」といった意味である[8]．前進型 qd アルゴリズム (5.4) において，

$$d_k^{(n)} = q_{k+1}^{(n)} - e_k^{(n+1)}, \quad d_1^{(n)} = q_1^{(n)}$$

とおく．補助変数 $d_k^{(n)}$ は $n \to \infty$ で理論的には σ_k^2 に収束する．漸化式 (5.4) を繰り返し用いれば，$d_k^{(n)}$ の満たすべき漸化式が導かれる．すなわち，

$$d_{k+1}^{(n)} = q_{k+1}^{(n)} - e_k^{(n)} \frac{q_{k+1}^{(n)}}{q_k^{(n+1)}}$$

---

[8] 微分方程式や力学系とは関係ない．なお，本書では，qd アルゴリズムの漸化式が離散時間戸田方程式と等価であることをみてきたが，ルティスハウザーはもちろん，パーレットにもそのような視点はまったくないようである．

$$= d_k^{(n)} \frac{q_{k+1}^{(n)}}{q_k^{(n+1)}}.$$

変数 $d_k^{(n)}$ の導入により (5.4) は

$$\begin{aligned}
e_k^{(n+1)} &= \frac{e_k^{(n)}}{q_k^{(n+1)}} q_{k+1}^{(n)}, \\
q_k^{(n+1)} &= d_k^{(n)} + e_k^{(n)}, \quad e_0^{(n)} = 0, \\
d_{k+1}^{(n)} &= d_k^{(n)} \frac{q_{k+1}^{(n)}}{q_k^{(n+1)}}, \quad d_1^{(n)} = q_1^{(n)}
\end{aligned} \tag{5.10}$$

と書かれる．これが dqd アルゴリズムである．変数の増加により，一見漸化式は複雑化しているが，桁落ちのもととなる減算がなくなり，前進型 qd アルゴリズムより高精度な計算が期待できる．パーレットは [22] において，dqd アルゴリズムの混合型誤差解析を行い，前進・後退の数値安定性とともに，1 反復において生じる丸め誤差は最大で $3mulps$ 程度であることを示している[9]．

パーレットは，次の段階として，収束次数が1次に過ぎない dqd アルゴリズムの収束を加速するために，シフト付きの **dqds アルゴリズム** (differential qd algorithm with shift)

$$\begin{aligned}
e_0^{(n)} &= 0, \quad d_1^{(n)} = q_1^{(n)} - \theta^{(n)2}, \\
q_k^{(n+1)} &= d_k^{(n)} + e_k^{(n)}, \\
e_k^{(n+1)} &= \frac{e_k^{(n)}}{q_k^{(n+1)}} q_{k+1}^{(n)}, \\
d_{k+1}^{(n)} &= d_k^{(n)} \frac{q_{k+1}^{(n)}}{q_k^{(n+1)}} - \theta^{(n)2}
\end{aligned} \tag{5.11}$$

を定式化している [22]．シフト量についての減算が現れている．**アンダーフロー** (under flow) や零割が起きないと仮定すれば，混合型誤差解析の意味では前進・後退安定で，1 反復の丸め誤差は最大で $4mulps$ 程度である．デーメル・カハン法の1反復における丸め誤差は $69m^2 ulps$ 程度であり [17]，相対誤差の意味での dqds アルゴリズムの優位性が主張される．また，（収束する場合の）収束次

---

[9] ulp とは units in the last place の略で，浮動小数点で表された実数の間の相対的な差を表している．一度の丸めによって生じる誤差は $1ulp$ の半分を越えない．

数は最大で3次であることも示されている．文献 [71] は dqds アルゴリズムの推奨プログラミング（実装）法を述べている．デーメル・カハン法と dqds アルゴリズムの両者を実装したパッケージライブラリ LAPACK[10]を使った数値実験 [85] において，[22] の主張は確認されている[11]．これにより，少なくとも特異値計算，あるいは，正定値対称3重対角行列の固有値計算については，長く続いた QR 系アルゴリズムの王座はゆらいだかにみえる．

残る問題は dqds アルゴリズムにおけるシフト量の設定の問題，言い換えれば，必ず数値安定に特異値に収束させるような原点シフトが可能かどうかである．dqds アルゴリズムの理論的な高精度性はすべて「収束する場合」における主張である．文献 [22, 69] では $q_k^{(n)}$ の正値性を保証する安全なシフト量の取り方には言及していない．dqd アルゴリズム (5.10) で計算された補助変数 $d_k^{(n)}$ は，不等式

$$\left(\sum_{k=1}^{m} d_k^{(n-1)-1}\right)^{-1} < \sigma_m{}^2(B^{(n)}) \leq \min_k d_k^{(n-1)}$$

を満たす．この性質に基づいて dqds アルゴリズムのシフト量を決めるのが [22, 69] の方針であるが，具体的にどう選べば，(5.11) において，$d_{k+1}^{(n)} > 0$，さらには，$q_{k+1}^{(n+1)} > 0$ が保証されるのかは明らかではない [99]．すなわち，$\theta^{(n)2} < \sigma_m{}^2(B^{(n)})$ と選んでも，$q_{k+1}^{(n+1)} \leq 0$ となる可能性がある[12]．その後の文献 [71] に基づいて実装された LAPACK の DLASQ ルーチンでは，ある簡便な方法で $d_k^{(n-1)}$ からシフト量 $\theta^{(n)2}$ を定めて変数 $q_k^{(n+1)}$ を計算し，$q_k^{(n+1)} \leq 0$ となれば，シフト量を零としてシフトなしの dqd アルゴリズムの反復計算で代用し，変数 $q_k^{(*)}$ の値の変化を待って，次のシフトを試みるという方法を採用している[13]．このようなプログラミング上の工夫によっても，$q_k^{(n+1)} \approx 0$ となる可能性を否定できない．

---

[10] 線形数値計算のための標準的なプログラムをインターネット上 [55] で無料で提供している，信頼性の高いプログラムデータベースである．
[11] dqds アルゴリズムを実装した LAPACK の DLASQ ルーチンは，多くの具体例で，デーメル・カハン法を実装した DBDSQR より実際に高速高精度である．DBDSQR は Double BiDiagonal Singular value decomposition by QR（QR による倍精度上2重特異値分解）の略とみられる．
[12] デーメル ([16], p. 243) には，慎重な言い回しで，"dqds … could be numerically unstable" とある．
[13] このようなことは DLASQ では全反復の 1/3 程度ある．DLASQ には速度優先で設計したとの記述がある．

3. dLV アルゴリズムによる特異値計算

有限 ($k = 1, 2, \ldots, 2m - 1$) の場合のロトカ・ボルテラ方程式

$$\frac{du_k}{dt} = u_k(u_{k+1} - u_{k-1}), \quad u_0(t) = 0, \quad u_{2m}(t) = 0 \tag{5.12}$$

について考える．$u_k(0) > 0, (k = 1, \ldots, 2m - 1)$ と仮定する．2 章 6 節でみたように，$m \times m$ 上 2 重対角行列

$$X = \begin{pmatrix} x_1 & x_2 & & \\ & x_3 & \ddots & \\ & & \ddots & x_{2m-2} \\ 0 & & & x_{2m-1} \end{pmatrix}, \quad x_k{}^2 = u_k \tag{5.13}$$

および，正定値な 3 重対角対称行列 $L := X^\top X$ を用いると，(5.12) はラックス表示

$$\frac{dL}{dt} = \frac{1}{2}[\Pi(L), L], \quad \Pi(L) = L_-{}^\top - L_- \tag{5.14}$$

をもつが，これは正定値なラックス行列 L についての有限戸田方程式である．2 章で論じた戸田方程式の解の漸近的挙動より，$t \to \infty$ の極限で

$$\lim_{t \to \infty} u_{2k-1}(t) = \sigma_k{}^2, \quad \lim_{t \to \infty} u_{2k}(t) = 0 \tag{5.15}$$

となる．ここに $\sigma_k{}^2$ は初期値の正定値行列 $L(0) = X^\top(0)X(0)$ の $\sigma_1{}^2 > \sigma_2{}^2 > \cdots > \sigma_m{}^2 > 0$ なる固有値である．すなわち，有限ロトカ・ボルテラ方程式の解 $u_{2k-1}(t)$ は，$t \to \infty$ で，非零な成分がすべて正である上 2 重対角行列 B の特異値 σ_k の平方に収束する．

そこで，初期値を $B = X(0)$ とするロトカ・ボルテラ方程式を極めて高精度にシミュレーションすれば，十分大きな時刻 $t = T$ における変数 $u_k(T)$ の値から $X(0)$ の特異値を近似的に計算できると考えられる．しかし，微分方程式の高精度な汎用数値積分法を長時間用いても，計算量はおろか計算精度において，特異値のための線形数値計算ルーチンにはまったく太刀打ちできない．そこで，大きな差分ステップサイズでも解の漸近的な挙動が変わらない離散時間可積分系の出番となる．

ようやく本章の主題を述べることができる．離散可積分系である qd アルゴリズムとその改良版によっても高速高精度かつ高信頼性をもった特異値計算が困

難であるなら，もうひとつの離散可積分系である離散ロトカ・ボルテラ方程式

$$u_k^{(n+1)}(1+\delta^{(n+1)}u_{k-1}^{(n+1)}) = u_k^{(n)}(1+\delta^{(n)}u_{k+1}^{(n)}),$$
$$u_0^{(n)} \equiv 0, \quad u_{2m}^{(n)} \equiv 0, \quad 0 < \delta^{(n)} < M \tag{5.16}$$

による特異値計算ではどうだろうか．以下では一連の研究 [45, 46, 47, 48, 85, 93] に基づいて，デーメル・カハン法やシフト付き qd アルゴリズムに代わるべき新しい特異値計算法を解説する．

まず考えるべきは，どのように初期値 $u_k^{(0)}$ を設定すれば上2重対角行列 (5.3) の特異値計算が開始できるかである．単純に $u_k^{(0)} = b_k$, $(k = 1, 2, \ldots, 2m-1)$ と与えたのでは，正しい特異値への収束は望めない．

離散ロトカ・ボルテラ方程式 (5.16) の行列表示

$$L^{(n+1)}R^{(n+1)} = R^{(n)}L^{(n)} - \left(\frac{1}{\delta^{(n)}} - \frac{1}{\delta^{(n+1)}}\right)I,$$

$$L^{(n)} \equiv \begin{pmatrix} J_1^{(n)} & & & 0 \\ 1 & J_2^{(n)} & & \\ & \ddots & \ddots & \\ & & 1 & J_m^{(n)} \end{pmatrix},$$

$$R^{(n)} \equiv \begin{pmatrix} 1 & V_1^{(n)} & & \\ & 1 & \ddots & \\ & & \ddots & V_{m-1}^{(n)} \\ 0 & & & 1 \end{pmatrix} \tag{5.17}$$

からスタートする．ここに

$$J_k^{(n)} := \frac{1}{\delta^{(n)}}\left(1 + \delta^{(n)}u_{2k-2}^{(n)}\right)\left(1 + \delta^{(n)}u_{2k-1}^{(n)}\right),$$
$$V_k^{(n)} := \delta^{(n)}u_{2k-1}^{(n)}u_{2k}^{(n)} \tag{5.18}$$

である．もし $1/\delta^{(n)} - 1/\delta^{(n+1)} \geq 0$ であれば，$J_k^{(n)} = q_k^{(n)}$, $V_k^{(n)} = e_k^{(n)}$, さらに，

$$\frac{1}{\delta^{(n)}} - \frac{1}{\delta^{(n+1)}} = \theta^{(n)2} \geq 0 \tag{5.19}$$

とおくことで (5.17) は，$q_k^{(n)}$, $e_k^{(n)}$ についてみれば，シフト付き qd アルゴリズム (5.7) に一致する．これは対称な直交多項式に対して $(\kappa^{(n)})^2 \geq (\kappa^{(n+1)})^2$

なるクリストフェル変換を続けることに対応する．特に，$\delta^{(n)} = \delta > 0$，すなわち，$(\kappa^{(n)})^2 = (\kappa^{(n+1)})^2, (n=0,1,\ldots)$ とすれば，離散ロトカ・ボルテラ方程式はシフトなし qd アルゴリズムに帰着する．

新しい変数 $\bar{w}_k^{(n)}$ を

$$\bar{w}_k^{(n)} := u_k^{(n)}(1+\delta^{(n)}u_{k-1}^{(n)}) \tag{5.20}$$

により導入する．$u_k^{(0)} > 0, (k=1,2,\ldots,2m-1)$，かつ $\delta^{(n)} > 0$ であれば $\bar{w}_k^{(n)} > 0$ が成り立つ．さらに，3 重対角行列

$$\begin{aligned}
Y^{(n)} &= L^{(n)}R^{(n)} - \frac{1}{\delta^{(n)}}I \\
&= \begin{pmatrix}
\bar{w}_1^{(n)} & \bar{w}_1^{(n)}\bar{w}_2^{(n)} & & & \\
1 & \bar{w}_2^{(n)}+\bar{w}_3^{(n)} & \ddots & & \\
& \ddots & \ddots & \bar{w}_{2m-3}^{(n)}\bar{w}_{2m-2}^{(n)} & \\
& & 1 & \bar{w}_{2m-2}^{(n)}+\bar{w}_{2m-1}^{(n)}
\end{pmatrix}
\end{aligned}$$

を準備する．このとき，離散ロトカ・ボルテラ方程式 (5.17) は $Y^{(n)}$ の相似変形を記述し，離散時間ラックス表示

$$Y^{(n+1)} = R^{(n)}Y^{(n)}(R^{(n)})^{-1} \tag{5.21}$$

をもつ．$\bar{w}_k^{(n)} > 0$ に注意して対角行列

$$D^{(n)} := \mathrm{diag}\left(\prod_{j=1}^{m-1}\sqrt{\bar{w}_{2j-1}^{(n)}\bar{w}_{2j}^{(n)}}, \prod_{j=2}^{m-1}\sqrt{\bar{w}_{2j-1}^{(n)}\bar{w}_{2j}^{(n)}}, \ldots, \sqrt{\bar{w}_{2m-3}^{(n)}\bar{w}_{2m-2}^{(n)}}, 1\right)$$

を準備し，$Y^{(n)}$ を対称化して

$$\begin{aligned}
Y_S^{(n)} &:= (D^{(n)})^{-1}Y^{(n)}D^{(n)} \\
&= \begin{pmatrix}
\bar{w}_1^{(n)} & \sqrt{\bar{w}_1^{(n)}\bar{w}_2^{(n)}} & & & \\
\sqrt{\bar{w}_1^{(n)}\bar{w}_2^{(n)}} & \bar{w}_2^{(n)}+\bar{w}_3^{(n)} & \ddots & & \\
& \ddots & \ddots & \sqrt{\bar{w}_{2m-3}^{(n)}\bar{w}_{2m-2}^{(n)}} & \\
& & & \bar{w}_{2m-2}^{(n)}+\bar{w}_{2m-1}^{(n)}
\end{pmatrix}
\end{aligned} \tag{5.22}$$

と書く．$\det(Y_S^{(n)}) = \prod_{j=1}^m \bar{w}_{2j-1}^{(n)}$ が成り立つ．以上をまとめる．

5.1 [補題] 離散ロトカ・ボルテラ方程式 (5.17) は正定値な 3 重対角対称行列の相似変形

$$Y_S^{(n+1)} = \widetilde{R}^{(n)} Y_S^{(n)} (\widetilde{R}^{(n)})^{-1}, \quad \widetilde{R}^{(n)} := (D^{(n+1)})^{-1} R^{(n)} D^{(n)} \quad (5.23)$$

として表され, $Y_S^{(n)}$ の固有値は離散ロトカ・ボルテラ方程式の時間発展 $n \Rightarrow n+1$ のもとで不変である.

補題 5.1 より, $Y_S^{(n)}$ の固有値は差分ステップサイズ $\delta^{(1)}, \delta^{(2)}, \ldots, \delta^{(n)}$ の選び方に依存せず, 初期値 $\bar{w}_k^{(0)} = u_k^{(0)} (1 + \delta^{(0)} u_{k-1}^{(0)})$ のみによって定まることがわかる. $Y_S^{(n)}$ は正定値対称だからコレスキー (Cholesky) 分解可能で

$$Y_S^{(n)} = (B^{(n)})^\top B^{(n)},$$
$$B^{(n)} := \begin{pmatrix} \sqrt{\bar{w}_1^{(n)}} & \sqrt{\bar{w}_2^{(n)}} & & \\ & \sqrt{\bar{w}_3^{(n)}} & \ddots & \\ & & \ddots & \sqrt{\bar{w}_{2m-2}^{(n)}} \\ 0 & & & \sqrt{\bar{w}_{2m-1}^{(n)}} \end{pmatrix} \quad (5.24)$$

と書ける. $B^{(n)}$ の特異値は $Y_S^{(n)}$ の固有値の正の平方根だから, 補題 5.1 より, $B^{(n)}$ の特異値もまた離散ロトカ・ボルテラ方程式の時間発展のもとで不変である. このことから, 離散ロトカ・ボルテラ方程式による上 2 重対角行列 B の特異値計算のためには, 初期値 $u_k^{(0)}$ は $\sqrt{\bar{w}_k^{(0)}} = b_k$, すなわち,

$$u_k^{(0)} = \frac{b_k^2}{1 + \delta^{(0)} u_{k-1}^{(0)}}, \quad (k = 1, \ldots, 2m-1),$$
$$u_0^{(0)} = 0, \quad u_{2m}^{(0)} = 0 \quad (5.25)$$

となるように選ぶ必要がある. 変数 $\bar{w}_k^{(n)}$ についてみると,

$$\bar{w}_k^{(0)} = b_k^2, \quad \bar{w}_0^{(0)} = 0, \quad \bar{w}_{2m}^{(0)} = 0 \quad (5.26)$$

である.

次に, 離散ロトカ・ボルテラ方程式の解の B の特異値への収束を論じる. 補題 5.1 より, $Y_S^{(n)}$ の固有値と初期値 $Y_S^{(0)}$ の固有値は完全に一致する. 正定値対称行列 $Y_S^{(0)}$ の固有値 σ_k^2 を

$$\sigma_1 > \sigma_2 > \cdots > \sigma_m > 0 \quad (5.27)$$

であるものとする．$\mathrm{trace}(Y_S^{(n)}) = \mathrm{trace}(Y_S^{(0)})$ より，変数 $\bar{w}_k^{(n)}$ の和は一定で

$$\sum_{k=1}^{2m-1} \bar{w}_k^{(n)} = \sum_{k=1}^{m} \sigma_k{}^2 \tag{5.28}$$

が成り立つ．初期値選択 (5.25) より $0 < u_k^{(0)}$ は明らか．離散ロトカ・ボルテラ方程式 (5.16) で時間発展して $0 < u_k^{(n)}$ だから，変数 $\bar{w}_k^{(n)}$ についても正値性 $0 < \bar{w}_k^{(n)}$ が成り立つ．一方，(5.28) より $\bar{w}_k^{(n)}$ の有界性も成り立つ．ゆえに変数 $u_k^{(n)}$ について，ある正数 M_1 が存在して

$$0 < u_k^{(n)} < M_1, \quad (k = 1, 2, \ldots, 2m-1) \tag{5.29}$$

が成り立つ．

5.2 [命題] 初期値について $0 < u_k^{(0)}$ であるならば，離散ロトカ・ボルテラ方程式の解は，以下のように，$c_1 > c_2 > \cdots > c_m > 0$ なる定数 c_k と 0 に収束する [46].

$$\lim_{n \to \infty} u_{2k-1}^{(n)} = c_k, \quad \lim_{n \to \infty} u_{2k}^{(n)} = 0. \tag{5.30}$$

証明 $k = 1$ とする．境界条件 $u_0^{(n)} = 0$ を考慮すれば，離散ロトカ・ボルテラ方程式 (5.17) より $u_1^{(n)} = u_1^{(0)} \prod_{j=0}^{n-1}(1 + \delta^{(j)} u_2^{(j)})$ だから，変数 $u_1^{(n)}$ は単調増加で $u_1^{(0)} < u_1^{(1)} < \cdots < u_1^{(n)} < \cdots$ が成り立つ．(5.29) と合わせると $u_1^{(n)}$ は，$n \to \infty$ で，ある正数 c_1 に収束する．同時に，$\prod_{j=0}^{n-1}(1 + \delta^{(j)} u_2^{(j)})$ もまたある正数に収束するから，$0 < \delta^{(j)} < M$，$0 < u_2^{(j)}$ より $u_2^{(n)}$ は，$n \to \infty$ で，0 に収束する．

離散ロトカ・ボルテラ方程式 (5.17) より

$$u_{2k-1}^{(n)} = u_{2k-1}^{(0)}(1 + \delta^{(0)} u_{2k}^{(0)}) \frac{\prod_{j=1}^{n}(1 + \delta^{(j)} u_{2k}^{(j)})}{\prod_{j=1}^{n+1}(1 + \delta^{(j)} u_{2k-2}^{(j)})}$$

である．ここで，分母の $\prod_{j=1}^{n+1}(1 + \delta^{(j)} u_{2k-2}^{(j)})$ は，$n \to \infty$ で，ある正数 p_{k-1} に収束すると仮定する．$0 < \delta^{(j)} < M$，$0 < u_k^{(j)}$ より

$$u_{2k-1}^{(0)}(1 + \delta^{(0)} u_{2k}^{(0)}) \frac{\prod_{j=1}^{n}(1 + \delta^{(j)} u_{2k}^{(j)})}{p_{k-1}}$$

は n について単調に増加する. $u_{2k-1}^{(n)}$ の有界性 (5.29) より $u_{2k-1}^{(n)}$ は, $n \to \infty$ で, ある正数 c_k に収束する. 帰納法により $\lim_{n\to\infty} u_{2k-1}^{(n)} = c_k$ が従う. また, $\prod_{j=1}^{n}(1 + \delta^{(j)} u_{2k}^{(j)})$ が $n \to \infty$ で収束することから, $0 < \delta^{(j)} < M, 0 < u_k^{(j)}$ より, $u_{2k}^{(n)}$ は, $n \to \infty$ で, 0 に収束する.

一方, 離散ロトカ・ボルテラ方程式 (5.17) より

$$\frac{u_{2k}^{(n)}(1 + \delta^{(n+1)} u_{2k-1}^{(n+1)})}{u_{2k}^{(0)}(1 + \delta^{(0)} u_{2k+1}^{(0)})} = \prod_{j=1}^{n} \frac{1 + \delta^{(j)} u_{2k+1}^{(j)}}{1 + \delta^{(j)} u_{2k-1}^{(j)}}$$

と書けるが, $u_{2k}^{(n)}$ は 0 に収束し, $u_{2k-1}^{(n+1)}$ は正定数 c_k に収束することから, 左辺は, $n \to \infty$ で, 0 に収束する. ゆえに十分大きな n において,

$$1 + \delta^{(n)} u_{2k-1}^{(n)} > 1 + \delta^{(n)} u_{2k+1}^{(n)}$$

でなければならないが, これは, $c_k > c_{k+1}$ を意味する. ∎

最後に極限 c_k と特異値の関係について述べる.

5.3 [定理] 離散ロトカ・ボルテラ方程式 (5.17) の初期値を (5.25) に従って与えるとする. このとき, $b_{2k-1}(>0)$ を対角成分, $b_{2k}(>0)$ を副対角成分とする上 2 重対角行列 B の第 k 特異値 σ_k は $\sqrt{c_k}$ に一致する. すなわち, 離散ロトカ・ボルテラ方程式の解 $u_{2k-1}^{(n)}$ は, $\delta^{(n)}(>0)$ の取り方によらず, $n \to \infty$ で, σ_k^2 に収束する.

$$\lim_{n\to\infty} u_{2k-1}^{(n)} = \sigma_k^2, \quad (k = 1, \ldots, m) \tag{5.31}$$

証明 補題 5.1 より, $Y_S^{(n)}$ の固有値と初期値 $Y_S^{(0)}$ の固有値は完全に一致し, $Y_S^{(0)} = B^\top B$ だから $Y_S^{(0)}$ の固有値は B の特異値の平方である. 一方, 漸近的挙動 (5.30) を変数 (5.20) についてみると

$$\lim_{n\to\infty} \bar{w}_{2k-1}^{(n)} = c_k, \quad \lim_{n\to\infty} \bar{w}_{2k}^{(n)} = 0. \tag{5.32}$$

だから, $Y_S^{(n)}$ は, $n \to \infty$ で, c_k からなる対角行列 $\mathrm{diag}(c_1, c_2, \ldots, c_m)$ に収束する. ゆえに, $c_k = \sigma_k^2$ である. ∎

本節では，適切な初期値のもとで，離散ロトカ・ボルテラ方程式の解が，与えられた上 2 重対角行列の特異値の平方に収束することを示した．離散ロトカ・ボルテラ方程式 (5.17) による特異値計算法を **dLV アルゴリズム** (discrete Lotka-Volterra algorithm) と名づける．dLV アルゴリズムでは命題 4.3 により変数の正値性が保証されており，正の数の加算と乗除算のみで減算や平方根はなく，桁落ちのない数値安定な高精度特異値計算が可能と期待できる．条件 (5.19) のもとで，dLV アルゴリズムの漸化式は，シフト付き qd アルゴリズムの漸化式に変数変換 (5.18) で移るが，dLV アルゴリズムの数値安定性が直ちにシフト付き qd アルゴリズムの数値安定性を意味するわけではない．すなわち，dLV の変数が正値でない場合にもシフト付き qd アルゴリズムは定式化されており，dLV の数値安定性をもってシフト付き qd の数値安定性とするわけにはいかない．これについては 9 節で論じる．

4. dLV アルゴリズム：基本的性質

デーメル・カハン法やシフト付き qd アルゴリズムと比較して，dLV アルゴリズムは可変パラメータ $\delta^{(n)}$ をもつ点が異なる．$\delta^{(n)}$ は微分方程式のロトカ・ボルテラ方程式 (4.51) を離散化する際に現れる差分ステップサイズであるから，離散ロトカ・ボルテラ方程式 (4.47) は，差分間隔によらず，もとの微分方程式と同一の極限に収束するという著しい性質をもつ．dLV アルゴリズムの各変数と初期値，極限の相互の関係は以下の **dLV 表** (dLV table) における菱形則として表される．すなわち，与えられた初期値 b_k に対して図 5.1 の左上から右下の方向に順に変数 $u_k^{(n)}$ の値が定まる．

以下では $\delta^{(n)}$ の大きさと収束速度の関係を調べる．$\delta^{(0)} = \delta$ と書き，差分間隔一定の場合，$\delta^{(n)} = \delta^{(0)}$, $(n=1,2,\ldots)$，の離散ロトカ・ボルテラ方程式

$$u_k^{(n+1)} = \frac{1+\delta u_{k+1}^{(n)}}{1+\delta u_{k-1}^{(n+1)}} u_k^{(n)}, \quad u_0^{(n)} = 0, \quad u_{2m}^{(n)} = 0 \quad (5.33)$$

を考える．変数 $u_k^{(n)}$ は時刻 $t=n\delta$ における u_k の値を表す．離散ロトカ・ボルテラ方程式 (5.33) は，行列式解

$$u_{2k-1}^{(n)} = \frac{H_{k,1}^{(n)} H_{k-1,0}^{(n+1)}}{H_{k,0}^{(n)} H_{k-1,1}^{(n+1)}}, \quad u_{2k}^{(n)} = \frac{H_{k+1,0}^{(n)} H_{k-1,1}^{(n+1)}}{H_{k,1}^{(n)} H_{k,0}^{(n+1)}}, \quad (5.34)$$

$$
\begin{array}{ccccccccc}
& b_1{}^2 & \cdots & b_{2k-2}{}^2 & b_{2k-1}{}^2 & b_{2k}{}^2 & \cdots & b_{2m-1}{}^2 & \\
u_0^{(0)} & u_1^{(0)} & \cdots & u_{2k-2}^{(0)} & u_{2k-1}^{(0)} & u_{2k}^{(0)} & \cdots & u_{2m-1}^{(0)} & u_{2m}^{(0)} \\
u_0^{(1)} & u_1^{(1)} & \cdots & u_{2k-2}^{(1)} & u_{2k-1}^{(1)} & u_{2k}^{(1)} & \cdots & u_{2m-1}^{(1)} & u_{2m}^{(1)} \\
u_0^{(2)} & u_1^{(2)} & \cdots & u_{2k-2}^{(2)} & u_{2k-1}^{(2)} & u_{2k}^{(2)} & \cdots & u_{2m-1}^{(2)} & u_{2m}^{(2)} \\
\vdots & \vdots & & \vdots & \vdots & \vdots & & \vdots & \vdots \\
0 & \sigma_1{}^2 & \cdots & 0 & \sigma_k{}^2 & 0 & \cdots & \sigma_m{}^2 & 0
\end{array}
$$

図 5.1 dLV 表

$$H_{k,j}^{(n)} := \begin{vmatrix} h_j^{(n)} & h_j^{(n+1)} & \cdots & h_j^{(n+k-1)} \\ h_j^{(n+1)} & h_j^{(n+2)} & \cdots & h_j^{(n+k)} \\ \vdots & \vdots & & \vdots \\ h_j^{(n+k-1)} & h_j^{(n+k)} & \cdots & h_j^{(n+2k-2)} \end{vmatrix}, \quad \begin{array}{l} (k=1,2,\ldots,m) \\ (n=0,1,\ldots) \\ (j=0,1) \end{array}$$

$$H_{-1,j}^{(n)} \equiv 0, \quad H_{0,j}^{(n)} \equiv 1, \quad H_{m+1,j}^{(n)} = 0 \tag{5.35}$$

をもつ.ここに,$\{h_0^{(n)}, h_1^{(n)}\}$ は線形漸化式

$$h_0^{(n+1)} - h_0^{(n)} = \delta h_1^{(n)}, \quad (n=0,1,\ldots) \tag{5.36}$$

を満たす数列である.証明は行列式の恒等式であるシルベスターの恒等式

$$H_{k,0}^{(n)} H_{k,1}^{(n+1)} - H_{k,1}^{(n)} H_{k,0}^{(n+1)} = \delta H_{k+1,0}^{(n)} H_{k-1,1}^{(n+1)}$$

とプリュッカー関係式

$$H_{k-1,1}^{(n)} H_{k,0}^{(n+1)} - H_{k,0}^{(n)} H_{k-1,1}^{(n+1)} = \delta H_{k,1}^{(n)} H_{k-1,0}^{(n+1)}$$

を繰り返し用いる.(5.36) は線形方程式 (3.87) の離散化であることに注意する.数列 $\{h_0^{(n)}\}$ の定めるべき級数

$$f_0(z) = \sum_{n=0}^{\infty} h_0^{(n)} z^n \tag{5.37}$$

は原点 $z = 0$ で解析的, 開円盤 $D \equiv \{z; |z| < d\}$ で

$$0 < |z_{1,0}| < |z_{2,0}| < \cdots < d$$

なる極 $\{z_{k,0}\}$ をもつ m 次有理関数 $f_0(z)$ のべき級数展開であるものとする. 線形漸化式 (5.36) を考慮すれば,

$$f_1(z) = \frac{(1-z)f_0(z) - h_0^{(0)}}{\delta z} \tag{5.38}$$

で定まる有理関数 $f_1(z)$ はべき級数展開 $f_1(z) = \sum_{n=0}^{\infty} h_1^{(n)} z^n$ をもち, D におけるその極 $\{z_{k,1}\}$ は, また $0 < |z_{1,1}| < |z_{2,1}| < \cdots < d$ であり, $z_{k,0} = z_{k,1}$ を満たす.

4 章 3 節でみたように, ハンケル行列式 $H_{k,j}^{(n)}$ の $n \to \infty$ での漸近的性質と関数 $f_j(z)$ の解析的性質は密接な関係がある. m 次有理関数であることから $H_{m+1,j}^{(n)} = 0$ が成り立つ. $H_{-1,j}^{(n)} \equiv 0$, $H_{0,j}^{(n)} \equiv 1$ とおくことで, 離散ロトカ・ボルテラ方程式の初期値 $u_k^{(0)}$, $(k = 1, \ldots, 2m-1)$ は係数 $h_j^{(n)}$ によって定まる. ある k と

$$\frac{1}{|z_{k,j}|} > \rho_{k,j} > \frac{1}{|z_{k+1,j}|},$$

なる $\rho_{k,j}$ について, $n \to \infty$ でハンケル行列式 $H_{k,j}^{(n)}$ は

$$H_{k,j}^{(n)} = c_{k,j} \left(\frac{1}{z_{1,j} z_{2,j} \cdots z_{k,j}} \right)^n \{1 + O((\rho_{k,j}|z_{k,j}|)^n)\} \tag{5.39}$$

のように表される [34]. ここに, $c_{k,j}$ は零でない定数. (5.39) を行列式解 (5.34) に代入して $O((\rho_{k,j}|z_{k,j}|)^n) = O(\epsilon^n)$, $z_{k,0} = z_{k,1}$ を用いると, 行列式解の $n \to \infty$ での漸近的挙動

$$\begin{aligned} u_{2k-1}^{(n)} &= \frac{c_{k,1} c_{k-1,0}}{c_{k,0} c_{k-1,1}} \frac{z_{1,1} \cdots z_{k-1,1}}{z_{1,0} \cdots z_{k-1,0}} \left(\frac{z_{k,0}}{z_{k,1}} \right)^n \{1 + O(\epsilon^n)\} \\ &= \frac{c_{k,1} c_{k-1,0}}{c_{k,0} c_{k-1,1}} \{1 + O(\epsilon^n)\} \end{aligned} \tag{5.40}$$

$$\begin{aligned} u_{2k}^{(n)} &= \frac{c_{k+1,0} c_{k-1,1}}{c_{k,1} c_{k,0}} \frac{z_{1,0} \cdots z_{k,0}}{z_{1,1} \cdots z_{k-1,1}} \left(\frac{z_{k,1}}{z_{k+1,0}} \right)^n \{1 + O(\epsilon^n)\} \\ &= \frac{c_{k+1,0} c_{k-1,1} z_{k,0}}{c_{k,1} c_{k,0}} \left(\frac{z_{k,1}}{z_{k+1,0}} \right)^n \{1 + O(\epsilon^n)\} \end{aligned} \tag{5.41}$$

を得る．(5.31) より (5.40) の右辺の定数 $c_{k,1}c_{k-1,0}/c_{k,0}c_{k-1,1}$ は特異値の平方 σ_k^2 に一致する．一方，$|z_{k,1}| = |z_{k,0}| < |z_{k+1,0}|$ だから，(5.41) の右辺は 0 に収束する．(5.40), (5.41) より dLV アルゴリズムは 1 次収束することがわかる．

$u_{2k}^{(n)}$ が 0 に収束したとき，(5.20) より $w_{2k}^{(n)}$ も 0 に収束し，(5.24) の $B^{(n)}$ は $B^{(0)}$ の特異値からなる対角行列 $\mathrm{diag}(\sigma_1, \ldots, \sigma_m)$ に収束する．このことから，dLV アルゴリズムでは，すべての $u_{2k}^{(n)}/u_{2k+1}^{(n)}$ が望みの精度で十分に 0 に近くなったとき，反復計算を終了するという簡便な**停止条件** (stopping criterion) を設定することができる．

アルゴリズムの収束の速さは，(5.41) より，比 $|z_{k,0}/z_{k+1,0}|\ (<1)$ のうち，もっとも大きな値がどれくらい 1 に近いかに依存することがわかる．$z_{k,0}$ は有理関数 $f_0(z)$ の極である．$\delta^{(n)} = \delta$ (一定) のときは，(5.17) より，離散ロトカ・ボルテラ方程式はシフトなしの qd アルゴリズムに変数変換できる．4 章でみたように，qd アルゴリズムの収束次数も 1 次である．関係式 $q_k^{(n)} = (1+\delta^{(n)}u_{2k-2}^{(n)})(1+\delta^{(n)}u_{2k-1}^{(n)})/\delta^{(n)}$ において，$n \to \infty$ とすれば，

$$\lim_{n\to\infty} q_k^{(n)} = (1+\delta\sigma_k^2)/\delta$$

となる．一方，$q_1^{(n)} = (1+\delta u_1^{(n)})/\delta = h_0^{(n+1)}/h_0^{(n)}$, $e_0^{(n)} = 0$ を初期値とする qd アルゴリズムは，理論的には，有理関数 $f_0(z) = \sum_{n=0}^{\infty} h_0^{(n)} z^n$ の極の逆数に収束する．ゆえに，$(1+\delta\sigma_k^2)/\delta = 1/z_{k,0}$ となる．以上をまとめて次の命題を得る [45]．

5.4 [命題] $\sigma_1 > \sigma_2 > \cdots > \sigma_m > 0$ なる特異値をもつ上 2 重対角行列 B に対する dLV アルゴリズム $(\delta^{(n)} = \delta)$ は 1 次収束し，その収束の速さ v_B は比

$$R_1 := \frac{\sigma_{j+1}^2 + 1/\delta}{\sigma_j^2 + 1/\delta} = \max_{k=1,\ldots,m-1} \frac{\sigma_{k+1}^2 + 1/\delta}{\sigma_k^2 + 1/\delta} < 1 \quad (5.42)$$

に依存する．パラメータ δ が 0 から ∞ に増加するとき，v_B は R_1 から最近接特異値の平方の比 $\max_k \sigma_{k+1}^2/\sigma_k^2$ に単調に減少し，dLV アルゴリズムの収束は一定値まで加速される．

このことから，離散ロトカ・ボルテラ方程式の差分ステップサイズ δ と平衡点への収束速度の直感的な関係が確認されると同時に，速度は無限に増大する

ものではないこともわかる．注意すべきは，「終速」$\max_k \sigma_{k+1}^2/\sigma_k^2$ は特異値分布によってあらかじめ決まっていることである．「終速」を越えて加速するには特異値の分布を変える必要があり，dLV アルゴリズムに原点シフトを導入しなければならない．これについては次節で考察する．

ここで，離散ロトカ・ボルテラ方程式の解の挙動について数値例を与える．特異値を計算する上 2 重対角行列を

$$B^{(0)} = \begin{pmatrix} 0.5 & 0.3 & 0 \\ 0 & 0.7 & 0.1 \\ 0 & 0 & 0.9 \end{pmatrix}$$

とする．定理 5.3 でみたように，$\sqrt{u_1^{(n)}}$, $\sqrt{u_3^{(n)}}$, $\sqrt{u_5^{(n)}}$ は $n \to \infty$ で特異値に収束し，$\sqrt{u_2^{(n)}}$, $\sqrt{u_4^{(n)}}$ は 0 に収束する．δ の値を $\delta = 1.0$ （図 5.2a），$\delta = 10$ （図 5.2b）と取り替えて，収束の速さを比較すると次のようになる．また，初期値 $\sqrt{u_k^{(0)}}$ が δ の値に依存する様子もわかる．

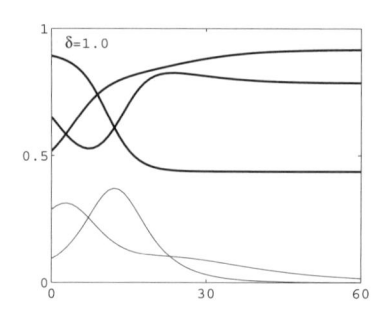

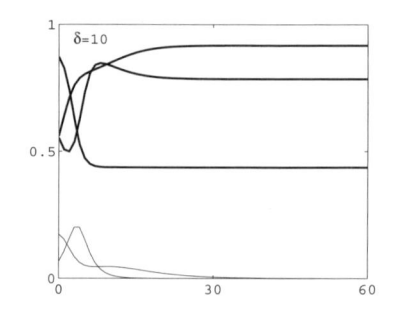

図 5.2a $\delta = 1.0$ **図 5.2b** $\delta = 10$

次に，混合型誤差解析法 [22] を適用して，dLV アルゴリズムの丸め誤差の量を見積もる．dLV アルゴリズムの漸化式 (5.33) において $\gamma = 1/\delta^{(n)}$ とおく．(5.20) の変数 $\bar{w}_k^{(n)}$ のスケール変換として $w_k := u_k^{(n)}(\gamma + u_{k-1}^{(n)})$，$\widehat{w}_k := u_k^{(n+1)}(\gamma + u_{k+1}^{(n+1)})$ を導入し，$u_k = u_k^{(n)}$ と略記して，漸化式 (5.33) を

$$u_k = \frac{w_k}{\gamma + u_{k-1}}, \quad \widehat{w}_k = u_k(\gamma + u_{k+1}) \tag{5.43}$$

と書く．与えられた変数

$$W = \{w_1, w_2, \ldots, w_{2m-1}\} \tag{5.44}$$

に対して，dLV アルゴリズムの 1 反復を有限桁精度で計算したのち，変数

$$\widehat{W} = \{\widehat{w}_1, \widehat{w}_2, \ldots, \widehat{w}_{2m-1}\} \tag{5.45}$$

を得るものとする．1 反復の計算 $W \to \widehat{W}$ を次の 3 段に分割して考える．$\vec{W}$ を W に丸め誤差など微少な摂動が加わったものとし，$\vec{W}$ から dLV アルゴリズムの 1 反復の誤差なしの計算で $\check{W}$ が得られ，さらに，$\check{W}$ の微少な摂動で $\widehat{W}$ が得られるとみなす．これらの変数の相互関係は図 5.3 のように表される．

```
              dLV の実際の計算
     W ─────────────────────→ Ŵ
  w の微少な摂動 ↓                    ↑ w̌ の微少な摂動
     W⃗ ─────────────────────→ W̌
              dLV の誤差なしの計算
```

図 5.3 丸め誤差解析

これらの摂動のもとで発生する相対誤差を見積もる．ある四則演算 $\circ$ の浮動小数点計算で $fl(x \circ y) = (x \circ y)(1+\eta) = (x \circ y)/(1+\delta)$ の形の誤差 $|\eta| < \varepsilon$, $|\delta| < \varepsilon$ が発生するものとする．ここに ε は使用する計算機環境で定まるある小さな数である．変数 $\vec{W}$ と W から dLV アルゴリズムの 1 反復で得られる変数 $\widehat{W}$ の関係は

$$\begin{aligned}
u_k &= \frac{w_k}{\gamma + u_{k-1}} \frac{1+\varepsilon_/}{1+\varepsilon_{k-1}}, \\
\widehat{w}_{k-1} &= u_{k-1}(\gamma + u_k)(1+\varepsilon_k)(1+\varepsilon_*) \\
&= u_{k-1}\left(\gamma + \frac{w_k}{\gamma + u_{k-1}}\frac{1+\varepsilon_/}{1+\varepsilon_{k-1}}\right)(1+\varepsilon_k)(1+\varepsilon_*)
\end{aligned}$$

と表される．ここに，$\varepsilon_/$ は除算で発生する相対誤差で $|\varepsilon_/| < \varepsilon$ を満たすとする．他も同様．すべての相対誤差は k に依存する．特に加算で発生する相対誤差を $\varepsilon_{k-1}, \varepsilon_k$ と書いている．

W の微少な相対的摂動

$$\vec{w}_k = w_k(1+\vec{\varepsilon}_1)/(1+\vec{\varepsilon}_2) \tag{5.46}$$

を導入する．このとき dLV アルゴリズムの誤差なしの計算で $\vec{W}$ から $\breve{W}$ が

$$\vec{u}_k = \frac{w_k}{\gamma + \vec{u}_{k-1}} \frac{1+\vec{\varepsilon}_1}{1+\vec{\varepsilon}_2}, \tag{5.47}$$

$$\breve{w}_{k-1} = \vec{u}_{k-1}(\gamma + \vec{u}_k)$$
$$= \vec{u}_{k-1}\left(\gamma + \frac{w_k}{\gamma + \vec{u}_{k-1}} \frac{1+\vec{\varepsilon}_1}{1+\vec{\varepsilon}_2}\right) \tag{5.48}$$

と得られる．ここで，

$$\widetilde{w}_k = \breve{w}_k(1+\breve{\varepsilon}_1)(1+\breve{\varepsilon}_2) \tag{5.49}$$

とおく．(5.48) を代入して

$$\widetilde{w}_{k-1} = \vec{u}_{k-1}\left(\gamma + \frac{w_k}{\gamma + \vec{u}_{k-1}} \frac{1+\vec{\varepsilon}_1}{1+\vec{\varepsilon}_2}\right)(1+\breve{\varepsilon}_1)(1+\breve{\varepsilon}_2) \tag{5.50}$$

である．$\vec{\varepsilon}_1 = \varepsilon_/$, $\vec{\varepsilon}_2 = \varepsilon_{k-1}$, $\breve{\varepsilon}_1 = \varepsilon_*$, $\breve{\varepsilon}_2 = \varepsilon_k$ とおけば，(5.47) より

$$\vec{u}_k = \frac{w_k}{\gamma + \vec{u}_{k-1}} \frac{1+\varepsilon_/}{1+\varepsilon_{k-1}} \tag{5.51}$$

となる．(5.46) を考慮すれば $\vec{u}_k = u_k$ がわかる．さらに，(5.46) と (5.50) より，変数 (5.49) は変数 (5.45) に一致し，$\widetilde{w}_{k-1} = \widehat{w}_{k-1}$ が成り立つ．すなわち，図 5.3 は可換である．(5.46) より $\breve{w}_k$ は w_k と高々 2ε だけ異なり，(5.49) より $\widehat{w}_k$ は $\breve{w}_k$ と高々 2ε だけ異なる．また，$\widehat{w}_k$ は特異値 σ_k の平方に収束するため，特異値に含まれる相対誤差は $\widehat{w}_k$ に含まれる相対誤差の半分と見積もられる．まとめると，

5.5 [定理]　dLV アルゴリズム ($\delta^{(n)} = \delta$) の 1 反復における相対誤差の総和は高々

$$(4m-2)\varepsilon$$

である．ここに m は上 2 重対角行列 B の次数である．

dLV アルゴリズムの実装 [85] においてはスケーリングによって $0 \ll \delta^{(n)} u_{k-1}^{(n+1)}$ として計算している．したがって，$\delta^{(n)} = 1$ のときは，$u_{k-1}^{(n+1)}$ に 1 を加えることで生じる相対誤差 $\vec{\varepsilon}_2 = \varepsilon_{k-1}$ は，ε に比べて非常に小さい量 ε' を用いて $|\vec{\varepsilon}_2| < \varepsilon'$ と評価される．差分ステップサイズを $\delta^{(n)} = 1$ とした dLV アルゴリズムについては以下が成り立つ．

5.6 [系] dLV アルゴリズム ($\delta^{(n)} = 1$) の 1 反復における相対誤差の総和は高々

$$(2m - 1) \times (\varepsilon + \varepsilon')$$

である.ここに,$\varepsilon' \ll \varepsilon$ である.

　以上により,除算と加算,乗算で発生する相対誤差の大きさを同程度と仮定して,1 反復で生じる丸め誤差などに起因する相対誤差の総和をみる限り,dLV アルゴリズムの相対誤差は $2mulps$ ないし $4mulps$ 程度であり,dqd アルゴリズム (1 反復あたり最大 $3mulps$ の相対誤差 [22]) と同程度であり,シフトなしのデーメル・カハン QR アルゴリズム (1 反復あたり最大 $69m^2 ulps$ の相対誤差 [17]) より高精度であることがわかる.実際には,反復によって誤差は蓄積するため,反復回数も考慮しなければならない.

　続いて,丸めの誤差解析として前進誤差と後退誤差の安定性解析を行う.与えられた変数 $z = \{z_k\}$ に対して,何らかの誤差なし計算で変数 $C(z) = C(z_1, z_2, \ldots, z_m)$ が得られるとする.変数 $\bar{z} = \{\bar{z}_k\}$ に対しても同様に $C(\bar{z}) = C(\bar{z}_1, \bar{z}_2, \ldots, \bar{z}_m)$ が得られるとする.有限桁の浮動小数点演算のもと,考えているアルゴリズムの 1 反復で $fl(C(z))$ が出力されたとき,前進誤差解析では,前進誤差 $\|C(z) - fl(C(z))\|$ が小さいとき,アルゴリズムの 1 反復は**前進安定** (forward stable) であるという.

　後退誤差解析では,変数 $\bar{z} = \{\bar{z}_k\}$ から誤差なしで $fl(C(z)) = C(\bar{z})$ が計算されたとするとき,z と $\bar{z}$ との差を z から $fl(C(z))$ への計算の後退誤差と呼び,$\|z - \bar{z}\|$ が小さいとき,アルゴリズムの 1 反復は**後退安定** (backward stable) であるという.図 5.4 に変数の相互関係を記す.

　さて,dLV アルゴリズムの 1 反復について,図 5.3 の写像 $W \to \widehat{W}$, $W \to \vec{W}$, $\vec{W} \to \check{W}$, $\check{W} \to \widehat{W}$ を,それぞれ,$W_l \to W_{l+1}$, $W_l \to \vec{W}_l$, $\vec{W}_l \to \check{W}_{l+1}$, $\check{W}_{l+1} \to W_{l+1}$ と書く.変数の組は,例えば,$W_l = \{w_1^{(l)}, w_2^{(l)}, \ldots, w_{2m-1}^{(l)}\}$ を表す.dLV アルゴリズムの反復計算の一部

$$W_l \to W_{l+1} \to W_{l+2} \to W_{l+3} \tag{5.52}$$

を誤差なし計算と微少な摂動に分解して図 5.5 のように表す.

　図 5.5 における

$$\vec{W}_l \to \vec{W}_{l+1} \to \vec{W}_{l+2} \to \vec{W}_{l+3} \tag{5.53}$$

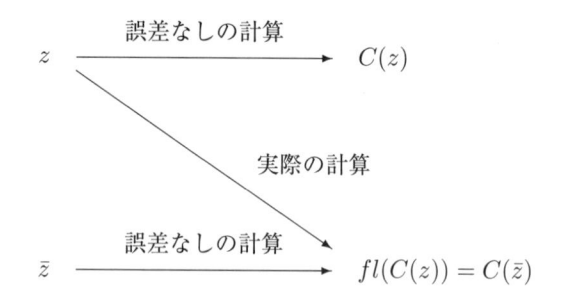

```
        z  ──誤差なしの計算──▶  C(z)
                              ╲
                         実際の計算
                                 ╲
        z̄  ──誤差なしの計算──▶  fl(C(z)) = C(z̄)
```

図 5.4 前進誤差と後退誤差

```
                     誤差なしの計算
              ⃗W_{l+1}  ──────────▶  W̌_{l+2}
              ↗  ↑                      ↓
   実際の計算      実際の計算        実際の計算
  W_l ──▶ W_{l+1} ──▶ W_{l+2} ──▶ W_{l+3}
   ↓           ↓              ↓           ↑
   ⃗W_l ──▶ W̌_{l+1}        ⃗W_{l+2} ──▶ W̌_{l+3}
       誤差なしの計算           誤差なしの計算
```

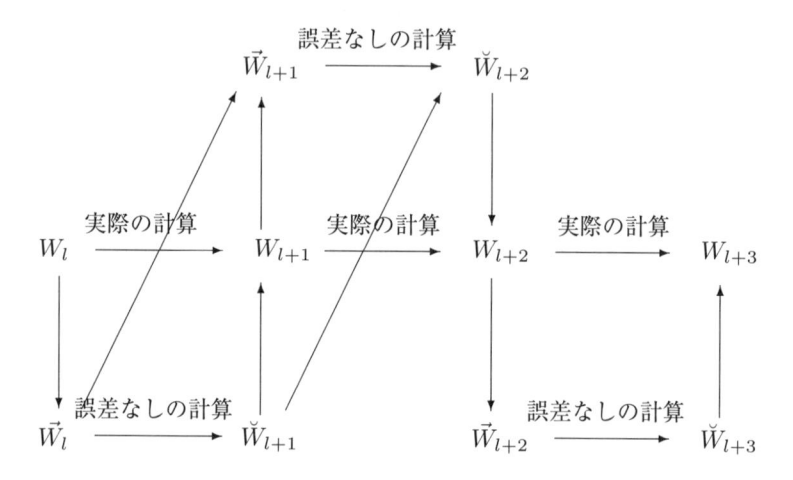

図 5.5 dLV アルゴリズムの前進誤差解析と後退誤差解析

の計算について考える．変数 $\vec{W}_l$ から誤差なしの計算の結果，変数 $\check{W}_{l+1}$ が得られるとしている．一方で，$\vec{W}_{l+1}$ は浮動小数点演算の結果，$\vec{W}_l$ から計算される．$\check{W}_{l+1}$ と $\vec{W}_{l+1}$ の差は，先にみたように，高々 $(8m-4)\varepsilon$ であり小さい．ゆえに，$\vec{W}_l$ から $\vec{W}_{l+1}$ への計算は前進安定である．

同様に，図 5.5 における計算

$$\check{W}_l \to \check{W}_{l+1} \to \check{W}_{l+2} \to \check{W}_{l+3} \tag{5.54}$$

を考える．変数 $\vec{W}_{l+1}$ から変数 $\check{W}_{l+2}$ への計算は誤差なしとしている．他方，$\check{W}_{l+1}$ から $\check{W}_{l+2}$ への計算は浮動小数点演算で行う．$\vec{W}_{l+1}$ と $\check{W}_{l+2}$ の差は，やはり，高々 $(8m-4)\varepsilon$ である．したがって，$\check{W}_{l+1}$ から $\check{W}_{l+2}$ への計算は後退

安定である．

dLV アルゴリズムを $\forall b_j > 0$ なる上 2 重対角行列 B の特異値計算に適用する．このとき，**オーバーフロー** (over flow) やアンダーフローは起きない．上の議論は以下の定理にまとめられる．

5.7 [定理]　　dLV アルゴリズムは，変数列 $\{\vec{W}_l\}$, $\{\check{W}_l\}$ の計算に関して，前進安定かつ後退安定である．

シフトなしのデーメル・カハン QR アルゴリズム，ルティスハウザーの dqd アルゴリズム，dLV アルゴリズムの精度を比較するため，それぞれのアルゴリズムを用いて計算された特異値の相対誤差を数値実験により調べよう[14]．

数値実験の対象とする行列は，以下の 3 種類の 100 次上 2 重対角行列である．

(i) 各特異値は互いに十分に分離しており，零に近い特異値をもたない行列の例として

$$B_1 = \text{bidiag}\left\{\begin{array}{cccc} & 2 & 2 & \cdots & 2 \\ 2.001 & 2.001 & \cdots & 2.001 & \end{array}\right\},$$

$\hat{\sigma}_1 = 4.000511306\cdots$, $\quad \hat{\sigma}_2 = 3.999045346\cdots$, $\quad \cdots$,

$\hat{\sigma}_{99} = 0.094010676\cdots$, $\quad \hat{\sigma}_{100} = 0.031906725\cdots$

を取り上げる．記号 bidiag{ } の下の段は B_1 の対角成分 b_{2i-1}, 上の段は副対角成分 b_{2i}, $\hat{\sigma}_k$ は多倍長計算で得た 100 次のときの B_1 の特異値の真の値を表す．

図 5.6a は，計算された B_1 の特異値の相対誤差 $|\sigma_k - \hat{\sigma}_k|/\hat{\sigma}_k$ を，最大特異値 σ_1 の相対誤差から最小特異値 σ_{100} の相対誤差まで左から順に並べたものである．縦軸が相対誤差の大きさを表す．細い実線，点線，実線は，それぞれ，シフトなしデーメル・カハン法，dqd アルゴリズム，dLV アルゴリズムによる結果を表す．これを見やすくするために，相対誤差の小さな特異値から降順に並

---

[14] 計算機 CPU: Pentium IV 2.6 GHz, RAM: 1 GB において倍精度計算する．デーメル・カハン法，dqd アルゴリズムとしては，それぞれ，国際標準パッケージライブラリ LAPACK[55] の DBDSQR ルーチン，DLASQ ルーチンからシフト計算の機能を除いたものを採用し，さらに，dLV アルゴリズムとしては DLASQ ルーチンの dqd 部を dLV で置き換えたものを用いる．停止条件は DBDSQR の停止条件を共通して採用する．dLV アルゴリズムではパラメータを $\delta^{(n)} = 1$ と固定する．

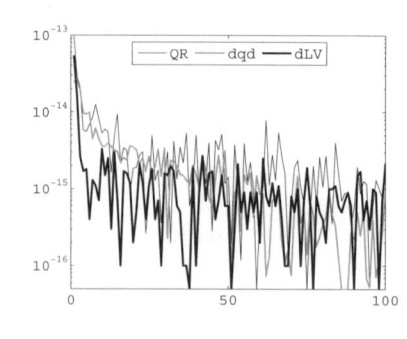

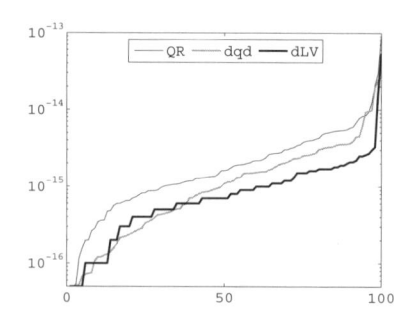

図 5.6a　行列 B_1 の特異値の相対誤差　　図 5.6b　降順に並べ替えた相対誤差

べ直したのが図 5.6b である．僅差であるが，3 種類の特異値計算法のうち dLV アルゴリズムが最も高精度である．なお，前進型 qd アルゴリズムは dqd アルゴリズムとほぼ同じ傾向を示すので省略している．

(ii) 各特異値は互いに分離しており，零に極めて近い特異値 1 つをもつ行列，すなわち，条件数の大きな行列の例として

$$B_2 = \mathrm{bidiag} \left\{ \begin{array}{cccc} 10 & 10 & \cdots & 10 \\ 1 & 1 & \cdots & 1 \end{array} \right\},$$

$$\hat{\sigma}_1 = 10.99955222\cdots, \quad \hat{\sigma}_2 = 10.99820922\cdots, \quad \cdots,$$

$$\hat{\sigma}_{99} = 9.000549469\cdots, \quad \hat{\sigma}_{100} = 0.000000000\cdots$$

を考える．

図 5.7 は，行列 B_2 の特異値の相対誤差を最大特異値から順に並べている．零に極めて近い特異値 $\hat{\sigma}_{100}$ についてのみ，絶対誤差 $|\sigma_{100} - \hat{\sigma}_{100}|$ をプロットしている．dLV アルゴリズムが最も高い相対精度をもつ．dLV アルゴリズムの変数 $u_{198}^{(n)}$ は早い段階で零に収束する．このとき変数 $u_{199}^{(n)}$ は特異値 $\hat{\sigma}_{100}$ に収束したとみて**減次** (deflation) する[15]．

---

[15] ある変数が先に収束したとき，行列の次数を減らすことで問題の大きさを縮小し，残りの変数の収束を速めるようプログラミングすることがある．これを減次という．

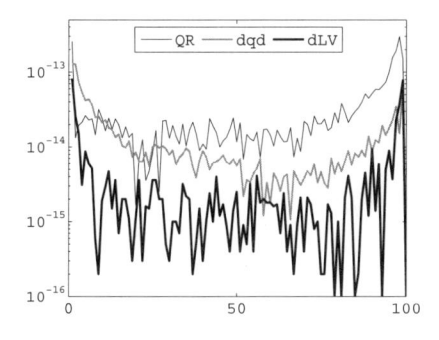

図 5.7 行列 B_2 の特異値の相対誤差

(iii) 各特異値が密に分布している行列として

$$B_3 = \text{bidiag} \left\{ \begin{array}{cccc} 0.001 & 0.002 & \cdots & 0.002 \\ 1 & 2 & \cdots & 2 \end{array} \right\}$$

$$\hat{\sigma}_1 = 2.001999014\cdots, \quad \hat{\sigma}_2 = 2.001996057\cdots, \quad \cdots,$$
$$\hat{\sigma}_{99} = 1.998000987\cdots, \quad \hat{\sigma}_{100} = 0.999999833\cdots$$

を選ぶ.

B_3 の特異値の相対誤差の分布は図 5.8a の通りである．特異値が比較的密に分布するためどの手法も収束が遅くなり，精度の悪化が起きているが，dLV アルゴリズムの悪化は小さく，シフトなしデーメル・カハン QR アルゴリズム，dqd アルゴリズムと比較して，全域で相対精度がよいことが確認される．図 5.8b では dqd アルゴリズムの代わりに前進型 qd(pqd) アルゴリズムを用いているが，両者の数値の違いはグラフ上では確認できないくらい小さい．

シフトなしの特異値計算それだけでは，収束が遅く実用的ではない．しかし，どのようなシフト付き特異値計算アルゴリズムでも，変数の正値性を維持するためには，反復計算の繰り返しでシフト量の総和が最小特異値の平方を越えるときには，シフト量を 0 として計算することが必要となる．このため，シフト付き特異値計算ルーチンにおいても，シフトなしの反復が頻繁に発生し，基本性能としてシフトなしの場合の高精度性は重要である．

dLV アルゴリズムは，B_2, B_3 のような行列に対しても精度が大きく悪化す

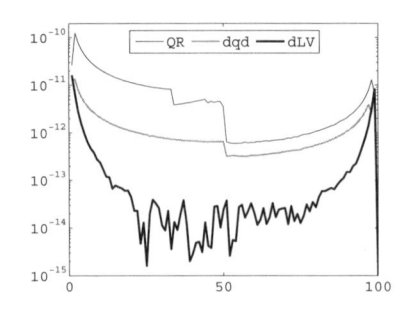

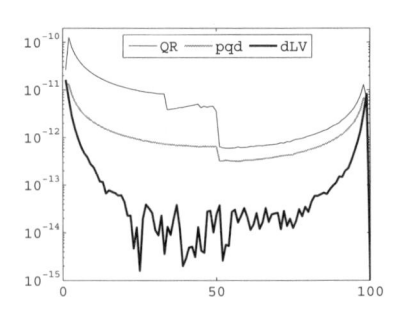

図 5.8a 行列 B_3 の特異値の相対誤差 **図 5.8b** 行列 B_3 の特異値の相対誤差

ることはない．この理由としては，まず，デーメル・カハン QR アルゴリズムに対しては，1 反復における相対誤差のオーダーが異なることが大きい．また，$u_k^{(n)}$ の正値性が保証されているだけでなく，(丸め誤差などで) $u_k^{(n)} \approx 0$ となっても，

$$1 + \delta^{(n)} u_k^{(n)} > 1$$

であるから，誤差が増大するような除算はなく桁落ちは起きにくい．dqd アルゴリズムではこのような機構はない．

5. シフト付き dLV アルゴリズム mdLVs

差分ステップサイズ $\delta^{(n)}$ が条件 $1/\delta^{(n)} - 1/\delta^{(n+1)} > 0$ を満たすとき，離散ロトカ・ボルテラ方程式の行列表示 (5.17) は変数 $J_k^{(n)}$, $V_k^{(n)}$ についてのシフト付き qd (qds) アルゴリズムとみなせることを述べた．同時に (5.19) とおいて行列表示 (5.17) を $u_k^{(n)}$ についてみれば，$\delta^{(n)}$ が一定の場合の離散ロトカ・ボルテラ方程式，すなわち dLV アルゴリズムの漸化式 (5.33) に対する $(\theta^{(n)})^2 = 1/\delta^{(n)} - 1/\delta^{(n+1)}$ をシフト量とする **dLVs アルゴリズム** (discrete Lotka-Volterra algorithm with shift) が定式化されたとみることができる．このような $\delta^{(n)}$ の取り方は

$$0 < \delta^{(n)} \leq \delta^{(n+1)}, \quad \delta^{(n)} \leq \delta^{(n+1)} < 0 \tag{5.55}$$

の 2 通りある．共通する条件 $\delta^{(n)} \leq \delta^{(n+1)}$ は，シフトによって収束を加速することと差分ステップサイズを徐々に大きくすることが自然に対応する．$0 < \delta^{(n)}$ の場合の dLVs アルゴリズムは不等間隔離散ロトカ・ボルテラ方程式 (5.16) そのものであるから，すでに定理 5.3 において特異値への収束性が証明されており，反復計算において減算はなく，桁落ちのない高精度計算が期待できる．丸め誤差の点では収束の速さが問題となる．繰り返してシフト付き計算を行うと，シフト量の総和は

$$\theta^{(1)2} + \cdots + \theta^{(N)2}$$
$$= \left(\frac{1}{\delta^{(1)}} - \frac{1}{\delta^{(2)}}\right) + \left(\frac{1}{\delta^{(2)}} - \frac{1}{\delta^{(3)}}\right) + \cdots + \left(\frac{1}{\delta^{(N)}} - \frac{1}{\delta^{(N+1)}}\right)$$
$$= \frac{1}{\delta^{(1)}} - \frac{1}{\delta^{(N+1)}}$$

となり，途中の $\delta^{(2)}, \ldots, \delta^{(N)}$ によらない[16]．命題 5.4 でみたように，$0 < \delta^{(n)} \leq \delta^{(n+1)}$ の範囲で $\delta^{(n)}$ を増加しても，収束次数は 1 次のままで，収束加速の効果は小さい．すなわち，dLVs アルゴリズムは本質的に 1 次収束アルゴリズムである．

なお，$\delta^{(n)} < 0$ を許せば，収束の速さは大きく変わる[17]．この場合はもはや dLVs アルゴリズムではなく，qds アルゴリズムとなる．qds は，収束する場合，2 次以上の収束次数をもつ [22] が，dLVs アルゴリズムの収束性，高精度性を支える性質 $1 + \delta^{(n)} u_k^{(n)} > 1$ が一般に成り立たなくなる．

これまでに登場した pqd, pqds, dqd, dqds, dLV, dLVs アルゴリズムの相互関係は図 5.9 のようになる．

ここに，$\Leftrightarrow$ は $\delta^{(n)} = \delta$ のとき変換 (5.18) を通じて同値，$\equiv$ は補助変数 $d_k^{(n)}$ の導入/消去の意味で同値，$\Uparrow$ はシフト量を 0 とすればシフト付きアルゴリズムはシフトなしに帰着，$\neq$ は $1/\delta^{(n)} - 1/\delta^{(n+1)} = \theta^{(n)2} > 0$ において qds では $\delta^{(n)} < \delta^{(n+1)} < 0$ を選び，dLVs では $0 < \delta^{(n)} < \delta^{(n+1)}$ を選ぶという相違がある，の意味である．このうち，dqd, dLV, dLVs アルゴリズムにおいて減算はなく，初期値を正にとれば，桁落ちによる精度悪化は生じない．しかし，収

---

[16] 実際は，シフト付きの反復計算の過程で，減次，あるいは，副対角成分が零になることによる上 2 重対角行列 B の上 2 重対角行列 B_1, B_2 への**分割** (splitting) が起きるため，$\delta^{(2)}, \ldots, \delta^{(N)}$ の選び方は減次・分割までの計算に関係し，結果として収束の速さに影響を与える．
[17] ちなみに，固有値固有ベクトル計算のべき乗法では，差分ステップサイズ δ が負のときに最速かつ最適な原点シフトが実現される [66]．

$$
\begin{array}{cccccc}
\text{シフトなしアルゴリズム} & \text{dLV} & \Leftrightarrow & \text{pqd} & \equiv & \text{dqd} \\
 & \Uparrow & & \Uparrow & & \Uparrow \\
\text{シフト付きアルゴリズム} & \text{dLVs} & \neq & \text{pqds} & \equiv & \text{dqds}
\end{array}
$$

図 5.9 可積分系に基づくアルゴリズムの相互関係

束次数は 1 次に過ぎない.

本節では,dLVs アルゴリズムとは異なる新構想のシフト付き dLV アルゴリズムである **mdLVs アルゴリズム** (modified discrete Lotka-Volterra algorithm with shift) を定式化する [48]. もちろん,pqds, dqds アルゴリズムとも異なる. このアルゴリズムは変数の正値性を壊さない範囲で常にシフト量を選ぶことが可能で,シフトの効果により,収束の加速だけでなく,丸め誤差の蓄積の減少による特異値の精度向上が顕著なものになる[18].

mdLVs アルゴリズムを記述するために,変数の組

$$
\begin{aligned}
&U^{(n)} = \{u_k^{(n)}\}, \quad V^{(n)} = \{v_k^{(n)}\}, \quad \bar{V}^{(n)} = \{\bar{v}_k^{(n)}\}, \\
&W^{(n)} = \{w_k^{(n)}\}, \quad \bar{W}^{(n)} = \{\bar{w}_k^{(n)}\}, \quad (k=1,2,\ldots,2m-1), \quad (5.56)
\end{aligned}
$$

および,以下の写像 $\psi_j^{(n)}, \phi_j^{(n)}$

$$
\begin{aligned}
&\psi_1^{(n)} : \bar{W}^{(n)} \to U^{(n)}, \quad u_k^{(n)} = \bar{w}_k^{(n)}/(1+\delta^{(n)} u_{k-1}^{(n)}), \quad u_0^{(n)} \equiv 0, \\
&\psi_2^{(n)} : U^{(n)} \to V^{(n)}, \quad v_k^{(n)} = u_k^{(n)}(1+\delta^{(n)} u_{k+1}^{(n)}), \quad u_{2m}^{(n)} \equiv 0, \\
&\psi_3^{(n)} : \bar{V}^{(n)} \to W^{(n+1)}, \quad w_k^{(n+1)} = \bar{v}_k^{(n)}, \\
&\phi_1^{(n)} : W^{(n)} \to \bar{W}^{(n)}, \quad \bar{w}_k^{(n)} = w_k^{(n)}, \\
&\phi_2^{(n)} : V^{(n)} \to \bar{V}^{(n)}, \quad \bar{v}_k^{(n)} = v_k^{(n)}, \quad (k=1,2,\ldots,2m-1) \quad (5.57)
\end{aligned}
$$

を準備する[19]. 具体的には,条件 $u_0^{(n)} \equiv 0$ のもとで,写像 $\psi_1^{(n)}$ によって

$$
u_k^{(n)} = \frac{\bar{w}_k^{(n)}\Big|}{\Big| 1} + \frac{\delta^{(n)} \bar{w}_{k-1}^{(n)}\Big|}{\Big| 1} + \cdots + \frac{\delta^{(n)} \bar{w}_2^{(n)}\Big|}{\Big| 1+\delta^{(n)} \bar{w}_1^{(n)}}
$$

---

[18] 収束性,数値安定性の保証されたシフト付き特異値計算法として,デーメル・カハン QR アルゴリズムに比すべきアルゴリズムが誕生することになる.
[19] 定義 5.57 において 2 つの恒等写像 $\phi_1^{(n)} : W^{(n)} \to \bar{W}^{(n)}$, $\phi_2^{(n)} : V^{(n)} \to \bar{V}^{(n)}$ がある.

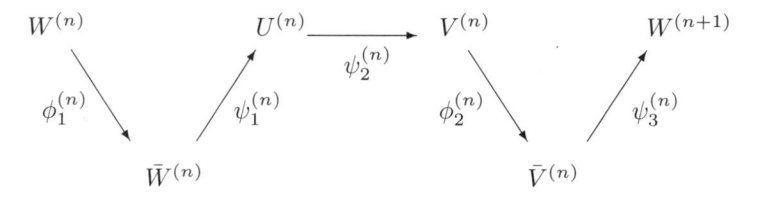

```
W^(n)              U^(n) ──────→ V^(n)           W^(n+1)
     ↘ φ_1^(n)   ↗ ψ_1^(n)  ψ_2^(n)  ↘ φ_2^(n)   ↗ ψ_3^(n)
         W̄^(n)                            V̄^(n)
```

図 5.10 dLV アルゴリズム $W^{(n)} \to W^{(n+1)}$

が定まる．$\psi_2^{(n)}$ も条件 $u_{2m}^{(n)} \equiv 0$ のもとで，

$$\begin{pmatrix} v_1^{(n)} \\ \vdots \\ v_{2m-2}^{(n)} \\ v_{2m-1}^{(n)} \end{pmatrix} = \begin{pmatrix} u_1^{(n)}(1+\delta^{(n)} u_2^{(n)}) \\ \vdots \\ u_{2m-2}^{(n)}(1+\delta^{(n)} u_{2m-1}^{(n)}) \\ u_{2m-1}^{(n)} \end{pmatrix}$$

と書ける．$U^{(n)}$ から $U^{(n+1)}$ への合成写像

$$\Psi_{dLV}^{(n+1)} := \psi_1^{(n+1)} \circ \phi_1^{(n+1)} \circ \psi_3^{(n)} \circ \phi_2^{(n)} \circ \psi_2^{(n)} : U^{(n)} \to U^{(n+1)} \quad (5.58)$$

を定義する．$0 < u_k^{(n)}$, $0 < \delta^{(n)} < M$ であれば，$1 < 1 + \delta^{(n)} \bar{u}_k^{(n)}$, $1 < 1 + \delta^{(n)} \bar{w}_k^{(n)}$ だから，$\psi_j^{(n)}$, $(j=1,2,3)$, $\phi_j^{(n)}$, $(j=1,2)$ はすべて $2m-1$ 個の正数の集合の間の全単射であり，合成写像 $\Psi_{dLV}^{(n+1)}$ は不等間隔離散ロトカ・ボルテラ方程式 (5.16) に一致する．

同様にして，合成写像

$$\Psi^{(n+1)} := \psi_3^{(n)} \circ \phi_2^{(n)} \circ \psi_2^{(n)} \circ \psi_1^{(n)} \circ \phi_1^{(n)} : W^{(n)} \to W^{(n+1)}$$

によって $W^{(n)}$ から $W^{(n+1)}$ への写像を定義する．図 5.10 を参照されたい．$0 < w_k^{(n)}$, $w_0^{(n)} \equiv 0$, $w_{2m}^{(n)} \equiv 0$, $0 < \delta^{(n)} < M$ とすれば，$0 < u_k^{(n)}$, $u_0^{(n)} = 0$, $u_{2m}^{(n)} = 0$ は明らかで，写像 $\Psi^{(n+1)}$ は変数 $W^{(n)}$ についてみた不等間隔離散ロトカ・ボルテラ方程式である．

前節までで示した dLV アルゴリズムの収束定理（定理 5.3）は，写像 $\Psi^{(n+1)}$ を使うと以下のように表現される．上 2 重対角行列

$$B^{(n)} = \begin{pmatrix} \sqrt{w_1^{(n)}} & \sqrt{w_2^{(n)}} & & \\ & \sqrt{w_3^{(n)}} & \ddots & \\ & & \ddots & \sqrt{w_{2m-2}^{(n)}} \\ 0 & & & \sqrt{w_{2m-1}^{(n)}} \end{pmatrix}, \quad B^{(0)} = B$$

に対して，dLV アルゴリズムの 1 反復は $\Psi^{(n+1)} : W^{(n)} \to W^{(n+1)}$ と書かれる．$0 < w_k^{(0)}$ であれば，B の特異値 $\sigma_k(B)$ について $\sigma_1(B) > \sigma_2(B) > \cdots > \sigma_m(B) > 0$ が成り立つ．このとき，定理 5.3 より，

$$\Psi^{(n)} \circ \Psi^{(n-1)} \circ \cdots \circ \Psi^{(1)} : W^{(0)} = \left\{ w_{2k-1}^{(0)}, w_{2k}^{(0)} \right\} \to W^{(n+1)},$$
$$\lim_{n \to \infty} W^{(n+1)} = \{\sigma_k{}^2(B), 0\} = \{\lambda_k(B^\top B), 0\}$$

となる．ここに，$\lambda_k(B^\top B)$ は正定値 3 重対角対称行列 $B^\top B$ の第 k 固有値である．なお，補題 5.1 より，$\lambda_k((B^{(n)})^\top B^{(n)})$ は離散ロトカ・ボルテラ方程式の時間発展 $\Psi^{(n)}$ のもとで不変である．

さて，dLV アルゴリズムに対する原点シフトを

$$(\bar{B}^{(n)})^\top \bar{B}^{(n)} = (B^{(n)})^\top B^{(n)} - \theta^{(n)2} I,$$
$$\bar{B}^{(n)} := \begin{pmatrix} \sqrt{\bar{w}_1^{(n)}} & \sqrt{\bar{w}_2^{(n)}} & & \\ & \sqrt{\bar{w}_3^{(n)}} & \ddots & \\ & & \ddots & \sqrt{\bar{w}_{2m-2}^{(n)}} \\ 0 & & & \sqrt{\bar{w}_{2m-1}^{(n)}} \end{pmatrix} \quad (5.59)$$

によって導入しよう．ここで，$\theta^{(n)2}$ は離散時刻 $\sum_{i=0}^{n-1} \delta^{(i)}$ におけるシフト量である．後述するように，常に $\bar{w}_k^{(n)} > 0, (k = 1, 2, \ldots, 2m-1)$ が成り立つように $\theta^{(n)2}$ を選ぶことができる．原点シフトを写像として表すのに，パラメータ $\theta^{(n)2}$ をもつ変換 $\phi_{1;\theta^{(n)}}^{(n)}$

$$\begin{pmatrix} \bar{w}_{2k-2}^{(n)} + \bar{w}_{2k-1}^{(n)} \\ \bar{w}_{2k-1}^{(n)} \bar{w}_{2k}^{(n)} \end{pmatrix} = \begin{pmatrix} w_{2k-2}^{(n)} + w_{2k-1}^{(n)} - \theta^{(n)2} \\ w_{2k-1}^{(n)} w_{2k}^{(n)} \end{pmatrix} \quad (5.60)$$

を導入する[20]．ここに，変数 $w_k^{(n)}$ と $\bar{w}_k^{(n)}$ について境界条件 $w_0^{(n)} \equiv 0$ と $\bar{w}_0^{(n)} \equiv 0$ を仮定している．変数 $\bar{w}_k^{(n)}, (k = 1, 2, \ldots, 2m-1)$ は，写像 $\phi_{1;\theta^{(n)}}^{(n)}$

---

[20] ここでは，原点シフトの導入に恒等写像 $\phi_1^{(n)}$ の 1 パラメータ変形を利用している．論文 [48]

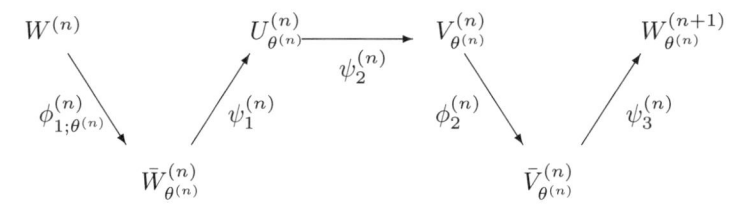

```
     W^(n)                U^(n)_{θ^(n)} ──────→ V^(n)_{θ^(n)}              W^(n+1)_{θ^(n)}
         ╲               ╱         ψ^(n)_2             ╲               ╱
    φ^(n)_{1;θ^(n)}  ψ^(n)_1                        φ^(n)_2      ψ^(n)_3
             ╲      ╱                                    ╲      ╱
           W̄^(n)_{θ^(n)}                                V̄^(n)_{θ^(n)}
```

図 5.11 mdLVs アルゴリズム $W^{(n)} \to W^{(n+1)}_{\theta^{(n)}}$

によって, $w_k^{(n)}$ から一意に

$$\bar{w}_{2k-1}^{(n)} = w_{2k-1}^{(n)} + w_{2k-2}^{(n)} - \kappa_{2k-2}^{(n)} - \theta^{(n)2},$$

$$\bar{w}_{2k}^{(n)} = \frac{w_{2k-1}^{(n)} w_{2k}^{(n)}}{\bar{w}_{2k-1}^{(n)}}, \quad \bar{w}_{2k-2}^{(n)} = \kappa_{2k-2}^{(n)},$$

$$\kappa_{2k-2}^{(n)} := \frac{w_{2k-2}^{(n)} w_{2k-3}^{(n)}}{\left| w_{2k-3}^{(n)} + w_{2k-4}^{(n)} - \theta^{(n)2} \right|} - \frac{w_{2k-4}^{(n)} w_{2k-5}^{(n)}}{\left| w_{2k-5}^{(n)} + w_{2k-6}^{(n)} - \theta^{(n)2} \right|}$$

$$- \cdots - \frac{w_2^{(n)} w_1^{(n)}}{\left| w_1^{(n)} - \theta^{(n)2} \right|} \quad (5.61)$$

として計算される. 原点シフトの定義 (5.59) より, $w_1^{(n)} \geq \bar{w}_1^{(n)}$ だから, $w_{2k-1}^{(n)} \geq \bar{w}_{2k-1}^{(n)}$ および, $w_{2k}^{(n)} \leq \bar{w}_{2k}^{(n)}$ が成り立つ.

dLV アルゴリズム $\Psi^{(n+1)}$ において, 写像 $\phi_1^{(n)}$ をパラメータ付き写像 $\phi_{1;\theta^{(n)}}^{(n)}$ で置き換え, 合成写像

$$\Psi_{\theta^{(n)}}^{(n+1)} := \psi_3^{(n)} \circ \widetilde{\phi}_2^{(n)} \circ \psi_2^{(n)} \circ \psi_1^{(n)} \circ \phi_{1;\theta^{(n)}}^{(n)} : W^{(n)} \to W^{(n+1)} \quad (5.62)$$

を定義する. もちろんシフト量 $\theta^{(n)2}$ が 0 のときは, 写像 $\Psi_{\theta^{(n)}}^{(n+1)}$ は dLV アルゴリズム $\Psi^{(n+1)}$ に帰着する. 合成写像

$$\Psi^{(n+1)} \circ \phi_1^{(n)-1} : \bar{W}^{(n)} \to W^{(n+1)}$$

のもとで, 固有値は不変, すなわち $\lambda_k((\bar{B}^{(n)})^\top \bar{B}^{(n)}) = \lambda_k((B^{(n+1)})^\top B^{(n+1)})$ だから,

$$\lambda_k((B^{(n+1)})^\top B^{(n+1)}) = \lambda_k((B^{(n)})^\top B^{(n)}) - \theta^{(n)2}$$

では恒等写像 $\phi_2^{(n)}$, 変数 $V^{(n)}$ を利用した数値安定なシフトの導入方法 mdLVs II を与えている.

が成り立つ．固有値はパラメータ $\theta^{(n)2}$ だけシフトを受ける．この意味で写像 $\Psi_{\theta^{(n)}}^{(n+1)}$ に基づく固有値，特異値計算法を mdLVs アルゴリズムと名づける．

5.8 [定理]　mdLVs アルゴリズムの反復

$$\Psi_{\theta^{(N)}}^{(N+1)} \circ \Psi_{\theta^{(N-1)}}^{(N)} \circ \cdots \circ \Psi_{\theta^{(0)}}^{(1)} : W^{(0)} \to W^{(N+1)}$$

によって得られる正定値3重対角対称行列 $(B^{(N+1)})^\top B^{(N+1)}$ の第 k 固有値は

$$\lambda_k((B^{(N+1)})^\top B^{(N+1)}) = \lambda_k((B^{(0)})^\top B^{(0)}) - \sum_{n=0}^{N} \theta^{(n)2} \quad (5.63)$$

と表される．

次に，いかにシフト量 $\theta^{(n)2}$ を選べば $\bar{w}_k^{(n)} > 0, (k=1,2,\ldots,2m-1)$ が成り立つかを論じる．$\bar{w}_k^{(n)} > 0$ を要請するのは以下の理由による．もし，ある n と k において $w_{2k-1}^{(n)} = 0$ となれば，写像 $\phi_{1;\theta^{(n)}}^{(n)}$ によって $w_{2k}^{(n)}$ がオーバーフローを起こす．また，$w_k^{(n)} < 0$ となれば，$\delta^{(n)}$ の選択によっては $1+\delta^{(n)} u_k^{(n)} = 0$ となり，写像 $\psi_1^{(n)}$ によって $u_{l+1}^{(n)}$ がオーバーフローとなるからである．したがって，あまり大きすぎるシフト量を選ぶと $\bar{w}_k^{(n)} \leq 0$ となり数値計算が破綻する．アルゴリズムとして重要なのは，ある範囲にシフト量 $\theta^{(n)2}$ を選べば，必ず $\bar{w}_k^{(n)} > 0$ となるという保証である．

mdLVs アルゴリズムについては以下が成り立つ．

5.9 [定理]　$w_k^{(n)} > 0, (k=1,2,\ldots,2m-1)$ と仮定する．このとき，$\bar{w}_k^{(n)} > 0, (k=1,2,\ldots,2m-1)$ であるためには，シフト量 $\theta^{(n)2}$ が不等式

$$\theta^{(n)2} < \sigma_m{}^2(B^{(n)}) \quad (5.64)$$

を満たすことが必要十分である．ここに，$\sigma_m(B^{(n)})$ は $B^{(n)}$ の最小特異値である．

証明　$w_k^{(n)} > 0, (k=1,2,\ldots,2m-1)$ であれば，$(B^{(n)})^\top B^{(n)}$ は正定値対称行列である．$(B^{(n)})^\top B^{(n)}$ の最小固有値を $\lambda_m((B^{(n)})^\top B^{(n)})$ とすれば，$\lambda_m((B^{(n)})^\top B^{(n)}) = \sigma_m{}^2(B^{(n)}) > 0$ である．

$\theta^{(n)2} < \lambda_m((B^{(n)})^\top B^{(n)})$ と仮定する．原点シフトの導入 (5.59) より

$$\lambda_k((\bar{B}^{(n)})^\top \bar{B}^{(n)}) = \lambda_k((B^{(n)})^\top B^{(n)}) - \theta^{(n)2}, \quad (k = 1, 2, \ldots, m)$$

だから，$\lambda_k((\bar{B}^{(n)})^\top \bar{B}^{(n)}) > 0$ が成り立つ．すなわち，$(\bar{B}^{(n)})^\top \bar{B}^{(n)}$ は正定値対称である．$k \times k$ 上 2 重対角行列

$$\bar{B}_k^{(n)} = \begin{pmatrix} \sqrt{\bar{w}_1^{(n)}} & \sqrt{\bar{w}_2^{(n)}} & & \\ & \sqrt{\bar{w}_3^{(n)}} & \ddots & \\ & & \ddots & \sqrt{\bar{w}_{2k-2}^{(n)}} \\ 0 & & & \sqrt{\bar{w}_{2k-1}^{(n)}} \end{pmatrix} \quad (5.65)$$

を準備する．$k = m$ のとき $\bar{B}_m^{(n)} = \bar{B}^{(n)}$ である．$(\bar{B}^{(n)})^\top \bar{B}^{(n)}$ の正定値性より

$$\det((\bar{B}_k^{(n)})^\top \bar{B}_k^{(n)}) = \det((\bar{B}_k^{(n)})^\top)\det(\bar{B}_k^{(n)}) > 0, \quad (k = 1, 2, \ldots, m).$$

ゆえに，$\prod_{j=1}^k \bar{w}_{2j-1}^{(n)} > 0, (k = 1, 2, \ldots, m)$，すなわち，$\bar{B}^{(n)}$ の対角成分について $\bar{w}_{2k-1}^{(n)} > 0, (k = 1, 2, \ldots, m)$ が示される．
一方，パラメータ付き写像 $\phi_{1;\theta^{(n)}}^{(n)}$ の定義 (5.60) より $\bar{w}_{2k-1}^{(n)} \bar{w}_{2k}^{(n)} = w_{2k-1}^{(n)} w_{2k}^{(n)}$, $(k = 1, 2, \ldots, m-1)$ だから，仮定 $w_k^{(n)} > 0$ に注意して，副対角成分について $\bar{w}_{2k}^{(n)} > 0, (k = 1, 2, \ldots, m-1)$ を得る．
逆に，$\bar{w}_k^{(n)} > 0, (k = 1, 2, \ldots, 2m-1)$ を仮定する．$\prod_{j=1}^k \bar{w}_{2j-1}^{(n)} > 0$ より $\det((\bar{B}_k^{(n)})^\top \bar{B}_k^{(n)}) > 0, (k = 1, 2, \ldots, m)$ が成り立ち，$(\bar{B}^{(n)})^\top \bar{B}^{(n)}$ は正定値対称である．この結果，$\lambda_k((\bar{B}^{(n)})^\top \bar{B}^{(n)}) > 0, (k = 1, 2, \ldots, m)$ から $\theta^{(n)2} < \lambda_m((B^{(n)})^\top B^{(n)})$ を得る． ∎

5.10 [系] $w_{2k-1}^{(n)} \geq \varepsilon_1, (k = 1, 2, \ldots, m), w_{2k}^{(n)} > 0, (k = 1, 2, \ldots, m-1)$ と仮定する．このとき，

$$\begin{aligned} \bar{w}_{2k-1}^{(n)} &\geq \varepsilon_2, \quad (k = 1, 2, \ldots, m), \\ \bar{w}_{2k}^{(n)} &> 0, \quad (k = 1, 2, \ldots, m-1) \end{aligned} \quad (5.66)$$

であるためには，シフト量 $\theta^{(n)2}$ が不等式

$$\theta^{(n)2} \leq \sigma_m^2(B^{(n)}) - \varepsilon_3 \quad (5.67)$$

を満たすことが必要十分である．ここに，$\varepsilon_1, \varepsilon_2, \varepsilon_3$ は小さな正の定数である．

最小特異値 $\sigma_m(B^{(n)})$ の推定法として，ジョンソン (Johnson) [50] によるゲルシュゴリン型下界 (Gerschgorin type bound) がある．それによれば，$\sigma_m(B^{(n)})$ は

$$\sigma_m(B^{(n)}) \geq \max\left\{0, \vartheta_1^{(n)}\right\}, \tag{5.68}$$

$$\vartheta_1^{(n)} := \min_k \left\{ \sqrt{w_{2k-1}^{(n)}} - \frac{1}{2}\left(\sqrt{w_{2k-2}^{(n)}} + \sqrt{w_{2k}^{(n)}}\right)\right\} \tag{5.69}$$

によって下から見積もられる．$\vartheta_1^{(n)}$ をジョンソン下界 (Johnson bound) という．定理5.9と合わせることで，mdLVs アルゴリズムの数値不安定を起こさない安全なシフト量の設定法を得る．

5.11 [定理] $w_{2k-1}^{(n)} \geq \varepsilon_1, (k=1, 2, \ldots, m), w_{2k}^{(n)} > 0, (k=1, 2, \ldots, m-1)$ と仮定する．このとき，シフト量を

$$\theta^{(n)2} = \max\{0, (\vartheta_1^{(n)})^2 - \varepsilon\} \tag{5.70}$$

とすれば，mdLVs アルゴリズムにおいて数値不安定は起きない．ここに，ε は小さな正の定数である．

実際，$(\vartheta_1^{(n)})^2 \geq \varepsilon$ のとき，$\vartheta_1^{(n)} > 0$ だから，$\sigma_m^2(B^{(n)}) - \varepsilon \geq (\vartheta_1^{(n)})^2 - \varepsilon = \theta^{(n)2}$ となり，系5.10によって $\bar{w}_{2k-1}^{(n)} \geq \varepsilon_2$ が成り立つ．一方，定理5.9でみたように，$\sigma_m^2(B^{(n)}) > \theta^{(n)2}$ であれば $\bar{w}_{2k-1}^{(n)} > 0$ となるが，丸め誤差によっては $\bar{w}_{2k-1}^{(n)} \approx 0$ となることがありうる．ゆえに，例えば，定理5.11のようにシフト量を選ぶことで $\bar{w}_{2k-1}^{(n)} \geq \varepsilon_2$ となり，有限桁精度計算のもとで丸め誤差があっても，mdLVs アルゴリズムの漸化式 (5.61) の除算において零割は発生せず，数値不安定となることはない．なお，$\bar{w}_{2k-1}^{(n)} \geq \varepsilon_2$ であれば，mdLVs アルゴリズムの定義により，$u_{2k-1}^{(n)} \geq \varepsilon_4, w_{2k-1}^{(n+1)} \geq \varepsilon_5$ が成立することに注意する．

ジョンソン下界の計算には多数の平方根を必要とする．シフト量に求めるべき性質としては，最小特異値のシャープな下界値であるだけでなく，シフト量の計算量が小さいことも求められる．そこで，次のようなシフト量の設定法も考えられている [48]．

5.12 [定理] $w_{2k-1}^{(n)} \geq \varepsilon_1, (k=1,2,\ldots,m), w_{2k}^{(n)} > 0, (k=1,2,\ldots,m-1)$ と仮定する．このとき，シフト量を

$$\theta^{(n)2} = \max\{0, \vartheta_2^{(n)} - \varepsilon\}, \tag{5.71}$$

$$\vartheta_2^{(n)} := \frac{1}{2} \min_k \left\{ w_{2k-1}^{(n)} - \left(w_{2k-2}^{(n)} + w_{2k}^{(n)} \right) \right\} \tag{5.72}$$

とすれば，mdLVs アルゴリズムにおいて数値不安定は起きない．

証明 ジョンソン下界について，$\vartheta_1^{(n)} \leq 0$ の場合と $\vartheta_1^{(n)} > 0$ の場合に分けて考える．

相加相乗平均の不等式 $(x+y)/2 \geq \sqrt{xy}, (x,y \geq 0)$，および，仮定 $w_k^{(n)} > 0$, $(k=1,2,\ldots,2m-1)$ に注意して

$$\sqrt{w_{2k-1}^{(n)}} \vartheta_1^{(n)} = \sqrt{w_{2k-1}^{(n)}} \min_k \left\{ \sqrt{w_{2k-1}^{(n)}} - \frac{1}{2} \left(\sqrt{w_{2k-2}^{(n)}} + \sqrt{w_{2k}^{(n)}} \right) \right\}$$

$$= \min_k \left\{ w_{2k-1}^{(n)} - \sqrt{w_{2k-1}^{(n)} \cdot \frac{1}{4} \left(\sqrt{w_{2k-2}^{(n)}} + \sqrt{w_{2k}^{(n)}} \right)^2} \right\}$$

$$\geq \min_k \left\{ \frac{1}{2} w_{2k-1}^{(n)} - \frac{1}{8} \left(\sqrt{w_{2k-2}^{(n)}} + \sqrt{w_{2k}^{(n)}} \right)^2 \right\}$$

$$= \frac{1}{2} \min_k \left\{ w_{2k-1}^{(n)} - \frac{1}{4} \left(w_{2k-2}^{(n)} + w_{2k}^{(n)} \right) - \frac{1}{2} \sqrt{w_{2k-2}^{(n)} w_{2k}^{(n)}} \right\}$$

$$\geq \frac{1}{2} \min_k \left\{ w_{2k-1}^{(n)} - \frac{1}{2} \left(w_{2k-2}^{(n)} + w_{2k}^{(n)} \right) \right\}$$

$$> \vartheta_2^{(n)}$$

を得る．$\vartheta_1^{(n)} \leq 0$ のとき $\vartheta_2^{(n)} < 0$ だから，$(\max\{0, \vartheta_1^{(n)} - \varepsilon\})^2 = \max\{0, \vartheta_2^{(n)} - \varepsilon\} = 0$ となる．

一方，$\vartheta_1^{(n)} > 0$ のときは，

$$\vartheta_1^{(n)2} = \min_k \left\{ \left(\sqrt{w_{2k-1}^{(n)}} - \frac{1}{2} \left(\sqrt{w_{2k-2}^{(n)}} + \sqrt{w_{2k}^{(n)}} \right) \right)^2 \right\}$$

$$= \min_k \left\{ w_{2k-1}^{(n)} + \frac{1}{4} \left(\sqrt{w_{2k-2}^{(n)}} + \sqrt{w_{2k}^{(n)}} \right)^2 \right.$$

$$\left. - \sqrt{w_{2k-1}^{(n)} \left(\sqrt{w_{2k-2}^{(n)}} + \sqrt{w_{2k}^{(n)}} \right)^2} \right\}$$

$$\geq \frac{1}{2}\min_k\left\{w_{2k-1}^{(n)} - \frac{1}{2}\left(\sqrt{w_{2k-2}^{(n)}} + \sqrt{w_{2k}^{(n)}}\right)^2\right\}$$
$$= \frac{1}{2}\min_k\left\{w_{2k-1}^{(n)} - \frac{1}{2}\left(w_{2k-2}^{(n)} + w_{2k}^{(n)}\right) - \sqrt{w_{2k-2}^{(n)}w_{2k}^{(n)}}\right\}$$
$$\geq \frac{1}{2}\min_k\left\{w_{2k-1}^{(n)} - \left(w_{2k-2}^{(n)} + w_{2k}^{(n)}\right)\right\}$$
$$= \vartheta_2^{(n)}$$

だから，

$$\sigma_m{}^2(B^{(n)}) > \max\{0, \vartheta_1^{(n)^2} - \varepsilon\} \geq \max\{0, \vartheta_2^{(n)} - \varepsilon\}$$

が示される．以上により，(5.71) の $\theta^{(n)^2}$ は最小特異値 $\sigma_m{}^2(B^{(n)})$ の下からの見積りを与える． ∎

定理 5.11, 5.12 は，1 反復において数値不安定を起こさないシフト量の設定方法を与えている．定理に従って毎回シフト量を取り直しながら，数値安定な反復計算を繰り返すことで，特異値への収束が加速されると期待される．現実にはありえないが，無限桁精度計算で，しかも，反復の途中で減次や分割が起きないとすれば，無限回のシフト付き反復計算を考えることができ，そのシフト量の総和は，理論的には，

$$\sum_{n=0}^{\infty} \theta^{(n)^2} < \lambda_m((B^{(0)})^\top B^{(0)}) = \sigma_m^2(B^{(0)}) \tag{5.73}$$

を満たさねばならない．$n \to \infty$ では $\theta^{(n)^2} \to 0$ となり，シフトなし計算に近づく．

6. mdLVs アルゴリズム：収束定理

本節ではいよいよ mdLVs アルゴリズムの収束定理を証明する．定理は無限回のシフト付き反復計算を行うという最悪の場合を想定して数学的に証明されるが，その結果，有限桁精度の数値計算では，丸め誤差があっても，必要な精度に有限回の反復で必ず収束することがわかり，収束性の保証された原点シフト付きの新しい特異値計算法であることが明らかとなる．

いくつかの補題を準備する．初期値 $w_k^{(0)}$ に対する mdLVs アルゴリズムの反復計算 $\psi_{\theta^{(N)}}^{(N+1)} \circ \psi_{\theta^{(N-1)}}^{(N)} \circ \cdots \circ \psi_{\theta^{(0)}}^{(1)} : W^{(0)} \to W^{(N+1)}$ を，ここでは，$w_k^{(N+1)} = \psi^{(N+1)} \circ \psi^{(N)} \circ \cdots \circ \psi^{(1)}(w_k^{(0)})$ と書く．

5.13 [補題] 初期値に関する有界性 $0 < w_k^{(0)} < M_1$ を仮定する．このとき，ある正の定数 M_2 が存在して

$$0 < w_k^{(N+1)} < M_1, \quad 0 < u_k^{(N)} < M_2$$

が成り立つ．

証明 定理 5.9 によって $0 < \bar{w}_k^{(0)}$ が従うが，その後の mdLVs アルゴリズム $\psi^{(1)}(w_k^{(0)})$ の写像 $\psi_1^{(0)}, \psi_2^{(0)}, \phi_2^{(0)}, \psi_3^{(1)}$ で変数の正値性が壊れることはなく，$0 < w_k^{(1)}$ となる．同様な反復の繰り返しにより $0 < u_k^{(N)}$, $0 < w_k^{(N+1)}$ が得られる．一方，定理 5.8 より

$$\begin{aligned}&\text{trace}((B^{(0)})^\top B^{(0)}) \\ &= \text{trace}((B^{(N+1)})^\top B^{(N+1)}) + m(\theta^{(0)2} + \theta^{(1)2} + \cdots + \theta^{(N)2})\end{aligned}$$

であるから, $\text{trace}((B^{(0)})^\top B^{(0)}) = \sigma_1^2(B^{(0)}) + \sigma_2^2(B^{(0)}) + \cdots + \sigma_m^2(B^{(0)})$, および，(5.73) より従う $0 \le \theta^{(0)2} + \theta^{(1)2} + \cdots + \theta^{(N)2} < \sigma_m^2(B^{(0)})$ を考慮して，ある正定数 M' について

$$0 < \text{trace}((B^{(N+1)})^\top B^{(N+1)}) < M'$$

と書かれる．すなわち，$0 < w_1^{(N+1)} + w_2^{(n+1)} + \cdots + w_{2m-1}^{(N+1)} < M_2$. ゆえに，有界性 $0 < w_k^{(N+1)} < M_1$ が従う．また，$0 < u_k^{(N)}$ により $u_k^{(N)} \le w_k^{(N)}$ だから，$0 < u_k^{(N)} < M_2$ も成り立つ． ∎

5.14 [補題] 初期値 $0 < w_k^{(0)} < M_1$ に対する mdLVs アルゴリズムで生成された変数 $w_k^{(n+1)}$ は

$$w_k^{(N+1)} = \prod_{n=0}^{N} \left(\frac{1}{\gamma_k^{(n)}} \cdot \frac{1 + \delta^{(n)} u_{k+1}^{(n)}}{1 + \delta^{(n)} u_{k-1}^{(n)}} \right) w_k^{(0)} \tag{5.74}$$

のように表される．ここに，$\gamma_k^{(n)}$ は $\gamma_{2k-1}^{(n)} \ge 1$, $0 < \gamma_{2k}^{(n)} \le 1$ なる適当な定数である．

証明 原点シフトの定義 (5.59) より，$w_{2k-1}^{(n)} \geq \bar{w}_{2k-1}^{(n)}$ および，$w_{2k}^{(n)} \leq \bar{w}_{2k}^{(n)}$ が成り立つ．ゆえに，$\gamma_{2k-1}^{(n)} \geq 1, 0 < \gamma_{2k}^{(n)} \leq 1$ なる定数を用いて

$$w_k^{(n)} = \gamma_k^{(n)} \bar{w}_k^{(n)} \tag{5.75}$$

と書ける．このとき，mdLVs アルゴリズムの 1 反復 $\Psi^{(n+1)}$ は

$$w_k^{(n)} \stackrel{\phi_{1;\theta^{(n)}}^{(n)}}{\longmapsto} \frac{1+\delta^{(n)} u_{k+1}^{(n)}}{1+\delta^{(n)} u_{k-1}^{(n)}} w_k^{(n)} = \gamma_k^{(n)} \frac{1+\delta^{(n)} u_{k+1}^{(n)}}{1+\delta^{(n)} u_{k-1}^{(n)}} \bar{w}_k^{(n)}$$

$$\stackrel{\psi_1^{(n)}}{\longmapsto} \gamma_k^{(n)}(1+\delta^{(n)} u_{k+1}^{(n)}) u_k^{(n)} \stackrel{\psi_2^{(n)}}{\longmapsto} \gamma_k^{(n)} v_k^{(n)} \stackrel{\psi_3^{(n)}}{\longmapsto} \gamma_k^{(n)} w_k^{(n+1)}$$

となる．したがって，

$$w_k^{(n+1)} = \frac{1}{\gamma_k^{(n)}} \frac{1+\delta^{(n)} u_{k+1}^{(n)}}{1+\delta^{(n)} u_{k-1}^{(n)}} w_k^{(n)}. \tag{5.76}$$

これを繰り返して (5.74) を得る． ∎

mdLV アルゴリズムについて顕著なのは，変数 $w_k^{(n)}$ についてみたとき，$n \to \infty$ で，ある有限な値に収束する無限積として表されることである．

5.15 [命題] $n \to \infty$ のとき，変数 $w_k^{(n)}$ は k の偶奇に応じて，それぞれ，変数 $w_{2k-1}^{(n)}, (k=1,2,\ldots,m)$ は $c_1 > c_2 > \cdots > c_m > 0$ なる正の定数 c_k に，$w_{2k}^{(n)}, (k=1,2,\ldots,m-1)$ は 0 に収束する．すなわち，

$$w_{2k-1}^{(n)} \to c_k, \quad w_{2k}^{(n)} \to 0. \tag{5.77}$$

証明 まず，$k = 2m-1$ の場合を考える．(5.74) において

$$w_{2m-1}^{(N+1)} = \frac{w_{2m-1}^{(0)}}{\prod_{n=0}^{N} \gamma_{2m-1}^{(n)}(1+\delta^{(n)} u_{2m-2}^{(n)})}$$

だから，$w_{2m-1}^{(0)} > w_{2m-1}^{(1)} > \cdots > w_{2m-1}^{(n)} > \cdots$ を得る．補題 5.13 より $0 < w_{2m-1}^{(N+1)} < M_1$ だから，単調減少数列 $w_{2m-1}^{(n)}, (n=0,1,\ldots)$ はある非負の定数 c_m に収束する．不等式

$$\frac{w_{2m-1}^{(0)}}{M_1} < \prod_{n=0}^{N} \gamma_{2m-1}^{(n)}(1+\delta^{(n)} u_{2m-2}^{(n)}) < \infty$$

が成り立つことに注意する。条件 (5.73) のもとで $\theta^{(n)^2} \to 0$ だから，写像 $\phi_{1;\theta^{(n)}}^{(n)}$ の定義 (5.60) より $n \to \infty$ で $\gamma_{2m-1}^{(n)} \to 1$ となる．ゆえに，$\prod_{n=0}^{N} \gamma_{2m-1}^{(n)}(1+\delta^{(n)} u_{2m-2}^{(n)})$ は，$N \to \infty$ で，ある定数 $\bar{p}_{m-1}$ に収束し，

$$\prod_{n=0}^{\infty} \gamma_{2m-1}^{(n)}(1+\delta^{(n)} u_{2m-2}^{(n)}) = \bar{p}_{m-1} \tag{5.78}$$

とおける．$0 < \delta^{(n)} < M$ より $u_{2m-2}^{(n)} \to 0$ だから，$w_{2m-2}^{(n)} \to 0$. この結果，$(B^{(n)})^\top B^{(n)}$ の (m,m) 成分 $w_{2m-1}^{(n)} + w_{2m-2}^{(n)}$ は $n \to \infty$ で定数 c_m に収束する．同時に $(m-1,m)$ 成分と $(m,m-1)$ 成分 $\sqrt{w_{2m-3}^{(n)} w_{2m-2}^{(n)}}$ は 0 に収束する．条件 (5.73) は $n \to \infty$ でも $(B^{(n)})^\top B^{(n)}$ が正定値対称であることを意味しているから，(m,m) 成分 $w_{2m-1}^{(n)} + w_{2m-2}^{(n)}$ の極限 c_m は 0 であってはならない．ゆえに，$c_m = \lim_{n \to \infty} w_{2m-1}^{(n)} > 0$ である．

次に，$k = 1, 2, \ldots, m-1$ とする．補題 5.13 に注意して (5.74) より

$$\frac{w_{2k-1}^{(0)}}{M_1} < \frac{w_{2k-1}^{(0)}}{w_{2k-1}^{(N+1)}} = \prod_{n=0}^{N} \left(\gamma_{2k-1}^{(n)} \frac{1+\delta^{(n)} u_{2k-2}^{(n)}}{1+\delta^{(n)} u_{2k}^{(n)}} \right) < \infty$$

である．(5.78) より $\prod_{n=0}^{\infty}(1+\delta^{(n)} u_{2m-2}^{(n)}) < \infty$ だから，$\prod_{n=0}^{\infty} \gamma_{2m-3}^{(n)}(1+\delta^{(n)} u_{2m-4}^{(n)}) < \infty$ がわかる．同様にして，無限積の収束性

$$\prod_{n=0}^{\infty}(1+\delta^{(n)} u_{2k}^{(n)}) = p_k, \quad \prod_{n=0}^{\infty} \gamma_{2k-1}^{(n)}(1+\delta^{(n)} u_{2k-2}^{(n)}) = \bar{p}_k \tag{5.79}$$

が示される．ここに，p_k と $\bar{p}_k$ は適当な正の定数である．この結果，(5.74) より，変数 $w_{2k-1}^{(n)}$ は $n \to \infty$ で正の定数に収束する，すなわち，

$$\lim_{n \to \infty} w_{2k-1}^{(n)} = w_{2k-1}^{(0)} \frac{p_k}{\bar{p}_k} = c_k > 0. \tag{5.80}$$

同時に，(5.79) より $u_{2k}^{(n)} \to 0$ だから

$$\lim_{n \to \infty} w_{2k}^{(n)} = 0 \tag{5.81}$$

を得る．

最後に，

$$\frac{w_{2k}^{(n+1)}}{w_{2k}^{(n)}} = \frac{1}{\gamma_{2k}^{(n)}} \cdot \frac{1+\delta^{(n)} u_{2k+1}^{(n)}}{1+\delta^{(n)} u_{2k-1}^{(n)}}$$

の $n \to \infty$ での漸近挙動を調べる．変数 $w_{2k}^{(n)}$ は 0 に収束し，$0 < \gamma_{2k}^{(n)} \le 1$ であることから，十分大きな n について

$$1 + \delta^{(n)} u_{2k+1}^{(n)} < \gamma_{2k}^{(n)}(1 + \delta^{(n)} u_{2k-1}^{(n)}) \le 1 + \delta^{(n)} u_{2k-1}^{(n)}$$

が成り立つ．$n \to \infty$ で $u_{2k-1}^{(n)} \to c_k$ であることから，極限 c_k は不等式

$$c_{k+1} < c_k, \quad (k = 1, 2, \ldots, m-1) \tag{5.82}$$

を満たすことがわかる． ■

変数 $w_k^{(n)}$ の極限と上 2 重対角行列の特異値 $\sigma_k^2(B^{(0)})$，および，シフト量の関係をまとめよう．

5.16 [定理] 　上 2 重対角行列 $B^{(0)}$ の成分について $b_k > 0, (k = 1, \ldots, 2m-1)$ であるものとする．初期値を $w_k^{(0)} = b_k{}^2$ とすれば，mdLVs アルゴリズムによって，変数 $w_k^{(n)}$ は，$n \to \infty$ で

$$\lim_{n \to \infty} w_{2k-1}^{(n)} = \sigma_k{}^2(B^{(0)}) - \sum_{n=0}^{\infty} \theta^{(n)2}, \quad \lim_{n \to \infty} w_{2k}^{(n)} = 0 \tag{5.83}$$

のように収束する．もし有限回 (N 回) の反復で収束するときには，

$$w_{2k-1}^{(N)} = \sigma_k{}^2(B^{(0)}) - \sum_{n=0}^{N-1} \theta^{(n)2}, \quad w_{2k}^{(N)} = 0 \tag{5.84}$$

となる．ここに，$\sigma_1 > \sigma_2 > \cdots > \sigma_m > 0$ である．

以上により，シフト付き特異値計算アルゴリズム mdLVs の特異値への収束性が証明された．関係式

$$\bar{w}_k^{(n)} = u_k^{(n)}(1 + \delta^{(n)} u_{k-1}^{(n)}), \quad v_k^{(n)} = u_k^{(n)}(1 + \delta^{(n)} u_{k+1}^{(n)})$$

を用いて変数 $u_k^{(n)}$ を消去すると，mdLVs アルゴリズムの計算は漸化式

$$\begin{aligned}
\bar{w}_{2k-1}^{(n+1)} &= v_{2k-2}^{(n)} + v_{2k-1}^{(n)} - \bar{w}_{2k-2}^{(n+1)} - \theta^{(n+1)2}, \\
\bar{w}_{2k}^{(n+1)} &= \frac{v_{2k-1}^{(n)} v_{2k}^{(n)}}{\bar{w}_{2k-1}^{(n+1)}}
\end{aligned} \tag{5.85}$$

の形で進行する．系 5.10 でみたように，適切なシフト選択により $\bar{w}_{2k-1}^{(n+1)} \geq \varepsilon_2 > 0$ が保たれ，丸め誤差が生じても，零割が起こらないのはもちろん，精度を悪化させる 0 に近い数での除算もない．したがって，数値安定に高精度な特異値計算が実行可能になる．

7. mdLVs アルゴリズム：収束次数

ここでは，丸め誤差の蓄積の可能性をみるため，mdLVs アルゴリズムの特異値への収束次数を求める [47]．命題 5.4 でみたように，シフトなしの dLV アルゴリズムの収束速度は，最近接特異値の組 (σ_j, σ_{j+1}) で定まる比 R_1 ((5.42) 参照) によって特徴づけられる．すなわち，特異値がクラスタをなしている行列では R_1 が 1 に近くなり，dLV アルゴリズムの収束は遅い．

mdLVs アルゴリズムは，漸化式 (5.85) で表される．この形でみると pqds アルゴリズムに似ているが，変数の相互関係が異なる．定理 5.9 に従って，シフト量を $\theta^{(n)^2} < \sigma_m{}^2$ と選ぶ．シフトの導入 (5.85) により最近接特異値の比は

$$R_2 \equiv \frac{\sigma_{j+1}{}^2 - \theta^{(n)^2} + 1/\delta^{(n)}}{\sigma_j{}^2 - \theta^{(n)^2} + 1/\delta^{(n)}} < \frac{\sigma_{j+1}{}^2 + 1/\delta^{(n)}}{\sigma_j{}^2 + 1/\delta^{(n)}} \tag{5.86}$$

となり，$\delta^{(n)}$ の選び方によらず，mdLVs アルゴリズムの収束速度は加速される．変数の正値性が壊れることもない．

mdLVs アルゴリズムの漸化式 (5.85) の両辺を掛け合わせて $u_{2m}^{(n)} = 0$ を用いると

$$\bar{w}_{2m-2}^{(n+1)} \bar{w}_{2m-1}^{(n+1)} = \frac{v_{2m-3}^{(n)} v_{2m-2}^{(n)}}{\bar{w}_{2m-3}^{(n+1)}} (v_{2m-2}^{(n)} + v_{2m-1}^{(n)} - \bar{w}_{2m-2}^{(n+1)} - \theta^{(n+1)^2})$$

$$= \frac{v_{2m-3}^{(n)} v_{2m-2}^{(n)}}{\bar{w}_{2m-3}^{(n+1)}} (\bar{w}_{2m-1}^{(n)} + u_{2m-2}^{(n)} - \bar{w}_{2m-2}^{(n+1)} - \theta^{(n+1)^2}).$$

さらに，(5.85) を代入すると

$$\bar{w}_{2m-2}^{(n+1)} \bar{w}_{2m-1}^{(n+1)} = \frac{v_{2m-3}^{(n)} v_{2m-2}^{(n)}}{\bar{w}_{2m-3}^{(n+1)}} \left(\bar{w}_{2m-1}^{(n)} + u_{2m-2}^{(n)} - \frac{v_{2m-3}^{(n)} v_{2m-2}^{(n)}}{\bar{w}_{2m-3}^{(n+1)}} - \theta^{(n+1)^2} \right) \tag{5.87}$$

を得る．一方，変数 $\bar{w}_k^{(n)}, v_k^{(n)}$ の定義より

$$v_{2m-3}^{(n)} v_{2m-2}^{(n)} = \frac{u_{2m-1}^{(n)}(1+\delta^{(n)}u_{2m-3}^{(n)})}{u_{2m-3}^{(n)}(1+\delta^{(n)}u_{2m-1}^{(n)})} \bar{w}_{2m-1}^{(n)} \bar{w}_{2m-2}^{(n)} \qquad (5.88)$$

が成り立つ．mdLVs アルゴリズムの実装 ([85]) では，大きなスケール倍して $u_{2k-1}^{(n)}$ の数値を扱う．このため，n が十分大きいとき，近似的に

$$1 + \delta^{(n)} u_{2k-1}^{(n)} = \delta^{(n)} u_{2k-1}^{(n)} \qquad (5.89)$$

としてよい[21]．このとき，(5.88) は $v_{2m-3}^{(n)} v_{2m-2}^{(n)} = \bar{w}_{2m-2}^{(n)} \bar{w}_{2m-1}^{(n)}$ となる．これを (5.87) に代入すると

$$\begin{aligned}&\bar{w}_{2m-2}^{(n+1)} \bar{w}_{2m-1}^{(n+1)} \\&= \frac{\bar{w}_{2m-2}^{(n)} \bar{w}_{2m-1}^{(n)}}{\bar{w}_{2m-3}^{(n+1)}} \left(\bar{w}_{2m-1}^{(n)} + u_{2m-2}^{(n)} - \theta^{(n+1)2} - \frac{\bar{w}_{2m-2}^{(n)} \bar{w}_{2m-1}^{(n)}}{\bar{w}_{2m-3}^{(n+1)}} \right) \end{aligned} \qquad (5.90)$$

を得る．

mdLVs アルゴリズムでは，定理 5.11 に基づき，最小特異値 $\sigma_m(B^{(n)})$ のジョンソン下界による下からの見積り $\vartheta_1^{(n)}$ を用いて，シフト量を $\theta^{(n)2} = (\max\{0, \vartheta_1^{(n)} - \varepsilon\})^2$ と与えている．前節でみた mdLVs アルゴリズムの収束性より，$n \to \infty$ で，$w_{2k}^{(n)} \to 0$ となるため，n が十分大きいとき，ジョンソン下界による最小特異値の見積り値は最小特異値 $\sigma_m(B^{(n)})$ に近づく．下界 (5.72) による見積りについても同様である．この結果，シフト量 $\theta^{(n+1)2}$ は $\theta^{(n+1)2} < \sigma_m{}^2(B^{(n)})$ を保ちつつ $\sigma_m{}^2(B^{(n)})$ に近づく．同時に，シフトされた変数 $\bar{w}_{2m-1}^{(n+1)}, \bar{w}_{2m-3}^{(n+1)}$ は，それぞれ，$\sigma_m{}^2(B^{(n)}) - \sigma_m{}^2(B^{(n)}) = 0$，および，$\sigma_{m-1}{}^2(B^{(n)}) - \sigma_m{}^2(B^{(n)})$ に近づく．特異値の平方の差を

$$gap := \sigma_{m-1}{}^2(B^{(n)}) - \sigma_m{}^2(B^{(n)}) > 0 \qquad (5.91)$$

とおく．

シフト量 $\theta^{(n)2}$ は常に最小特異値 $\sigma_m(B^{(n)})$ の平方より小さくなるように選ぶので，定理 5.9 より $\bar{w}_{2m-2}^{(n+1)} \bar{w}_{2m-1}^{(n+1)} > 0$ となる．(5.90) において $\bar{w}_{2m-2}^{(n)} \bar{w}_{2m-1}^{(n)}$

---

[21] mdLVs アルゴリズムを実装した DBDSLV ルーチン [85, 86] では，スケール倍によって，$\delta^{(n)} u_{2k-1}^{(n)}$ を 10^{200} 程度の浮動小数点数として扱っている．

は正だから，$\bar{w}_{2m-1}^{(n)} + u_{2m-2}^{(n)} - \theta^{(n+1)^2}$ も正である．最良のシフトが選ばれていれば，一度の反復で，$\bar{w}_{2m-1}^{(n+1)} = 0$ かつ $\bar{w}_{2m-2}^{(n+1)} = 0$ となる．このとき

$$0 = \bar{w}_{2m-1}^{(n)} + u_{2m-2}^{(n)} - \theta^{(n+1)^2} - \frac{\bar{w}_{2m-2}^{(n)} \bar{w}_{2m-1}^{(n)}}{\bar{w}_{2m-3}^{(n+1)}} \leq \frac{\bar{w}_{2m-2}^{(n)} \bar{w}_{2m-1}^{(n)}}{\bar{w}_{2m-3}^{(n+1)}} \quad (5.92)$$

が成り立つ．したがって，

$$\left| \bar{w}_{2m-1}^{(n)} + u_{2m-2}^{(n)} - \theta^{(n+1)^2} - \frac{\bar{w}_{2m-2}^{(n)} \bar{w}_{2m-1}^{(n)}}{\bar{w}_{2m-3}^{(n+1)}} \right| \leq \frac{\bar{w}_{2m-2}^{(n)} \bar{w}_{2m-1}^{(n)}}{\bar{w}_{2m-3}^{(n+1)}} \quad (5.93)$$

であるから，(5.90) より

$$\frac{\left| \bar{w}_{2m-2}^{(n+1)} \bar{w}_{2m-1}^{(n+1)} \right|}{(\bar{w}_{2m-2}^{(n)} \bar{w}_{2m-1}^{(n)})^2} \leq \frac{1}{(\bar{w}_{2m-3}^{(n)})^2} \quad (5.94)$$

が得られる．mdLVs アルゴリズムの収束次数について以下が成り立つ．

5.17 [命題]　最小特異値を十分な精度で見積もることができ，スケーリングで近似式 (5.89) が成り立てば，

$$\left| \bar{w}_{2m-2}^{(n+1)} \bar{w}_{2m-1}^{(n+1)} \right| \leq O\left(\frac{1}{gap^2} \right) (\bar{w}_{2m-2}^{(n)} \bar{w}_{2m-1}^{(n)})^2 \quad (5.95)$$

が成り立ち，mdLVs アルゴリズムは 2 次収束する．

次に，$B^{(n)^\top} B^{(n)}$ の一部の副対角成分が零に収束する局面における mdLVs アルゴリズムの収束次数について調べる．このような局面では，隣接する対角成分は特異値の平方とシフト量の差に収束している．$B^{(n)^\top} B^{(n)}$ の第 m 行と第 m 列を除いてできる $m-1$ 次小行列を T，$m-1$ 次単位行列を I とし，$m-1$ 次単位ベクトル $\mathbf{e} = (0, \ldots, 0, 1)^\top$ を準備する．

$B^{(n)}$ の最小特異値の平方 $\sigma_m{}^2 = \sigma_m{}^2(B^{(n)})$ は対称 3 重対角行列 $B^{(n)^\top} B^{(n)}$ の最小固有値でもあるから，$\det(B^{(n)^\top} B^{(n)} - \sigma_m{}^2 I_m) = 0$ となる．I_m は m 次単位行列．これを第 m 行について展開することで，

$$w_{2m-1}^{(n)} + w_{2m-2}^{(n)} - \sigma_m{}^2 = w_{2m-3}^{(n)} w_{2m-2}^{(n)} \mathbf{e}^\top (T - \sigma_m{}^2 I)^{-1} \mathbf{e} \quad (5.96)$$

を得る．逆行列 $(T - \sigma_m{}^2 I)^{-1}$ の存在は，3 重対角対称行列とその小行列の固有値の分離定理 [98] から従う．

さて，シフト量を $\theta^{(n)2} = S^{(n)}, (S^{(n)} := w_{2m-2}^{(n)} + w_{2m-1}^{(n)})$ と選ぶ．$S^{(n)}$ は $B^{(n)\top}B^{(n)}$ の第 (m,m) 成分である．mdLVs アルゴリズムの 1 反復

$$B^{(n+1)\top}B^{(n+1)} = B^{(n)\top}B^{(n)} - S^{(n)}I_m \tag{5.97}$$

を考える．(5.97) は (5.89) の意味で成り立つ．(5.97) の両辺の行列式をとって第 m 行について展開すると

$$S^{(n+1)} = -w_{2m-3}^{(n)}w_{2m-2}^{(n)}\mathbf{e}^\top(T - S^{(n)}I)^{-1}\mathbf{e} \tag{5.98}$$

が導かれる．ここでは逆行列 $(T - S^{(n)}I)^{-1}$ の存在を仮定している．(5.96) と (5.98) の和をとって，レゾルベントの第 1 等式 [76] を用いると

$$\begin{aligned}
&S^{(n+1)} + S^{(n)} - \sigma_m{}^2 \\
&= w_{2m-3}^{(n)}w_{2m-2}^{(n)}\mathbf{e}^\top\left((T - \sigma_m{}^2 I)^{-1} - (T - S^{(n)}I)^{-1}\right)\mathbf{e} \\
&= w_{2m-3}^{(n)}w_{2m-2}^{(n)}(\sigma_m{}^2 - S^{(n)}))\mathbf{e}^\top(T - \sigma_m{}^2 I)^{-1}(T - S^{(n)}I)^{-1}\mathbf{e} \\
&= -w_{2m-3}^{(n)}{}^2 w_{2m-2}^{(n)}{}^2 \mathbf{e}^\top(T - \sigma_m{}^2 I)^{-1}\mathbf{e} \\
&\quad \times \mathbf{e}^\top(T - \sigma_m{}^2 I)^{-1}(T - S^{(n)}I)^{-1}\mathbf{e}
\end{aligned}$$

となる．小行列 T の第 $(m-1, m-1)$ 成分は $w_{2m-4}^{(n)} + w_{2m-3}^{(n)}$ であることに注意する．mdLVs アルゴリズムの収束性より，$w_{2m-4}^{(n)} \to 0, w_{2m-3}^{(n)} \to \sigma_{m-1}{}^2$ だから，$\mathbf{e}^\top(T - \sigma_m{}^2 I)^{-1}\mathbf{e} \to 1/gap$．同様にして

$$\frac{|S^{(n+1)} + S^{(n)} - \sigma_m{}^2|}{w_{2m-3}^{(n)}{}^2 w_{2m-2}^{(n)}{}^2} \to O\left(\frac{1}{gap^3}\right) \tag{5.99}$$

を得る．同時に，$w_{2m-1}^{(n+1)} \to 0, w_{2m-1}^{(n)} \to \sigma_m{}^2$ より，$S^{(n+1)} + S^{(n)} - \sigma_m{}^2 = w_{2m-2}^{(n+1)} + w_{2m-1}^{(n+1)} + w_{2m-2}^{(n)} + w_{2m-1}^{(n)} - \sigma_m{}^2 \to 0$．ここでは最良のシフト $\theta^{(n)2} = \sigma_m{}^2$ が選ばれ，$S^{(n)} = w_{2m-2}^{(n)} + w_{2m-1}^{(n)} = \sigma_m{}^2$ となる場合を考える．このとき，(5.97) を用いると

$$\frac{|w_{2m-2}^{(n+1)} + w_{2m-1}^{(n+1)}|}{\sqrt{w_{2m-3}^{(n+1)}w_{2m-2}^{(n+1)}}} \leq O\left(\frac{1}{gap^3}\right)\left(\sqrt{w_{2m-3}^{(n)}w_{2m-2}^{(n)}}\right)^3 \tag{5.100}$$

となる．これは $n+1$ における対称 3 重対角行列 $B^{(n+1)\top}B^{(n+1)}$ の第 (m,m) 成分 $w_{2m-2}^{(n+1)} + w_{2m-1}^{(n+1)}$ と第 $(m, m-1)$ 成分 $\sqrt{w_{2m-3}^{(n+1)}w_{2m-2}^{(n+1)}}$ の比が，n におけ

る $B^{(n)\top}B^{(n)}$ の第 $(m,m-1)$ 成分の3乗で抑えられるという意味で，mdLVs アルゴリズムの「3次収束性」を示している．

mdLVs アルゴリズムは特異値に2次ないし3次収束する高速アルゴリズムであることが示された．この意味で，丸め誤差の蓄積も起きにくく，前節の結果と合わせて，収束性の保証された数値安定の高速高精度の特異値計算アルゴリズムであると結論されよう．

8. mdLVs アルゴリズム：数値実験

本節では，シフト付き特異値計算の mdLVs アルゴリズムの数値計算例を与える．

表5.1 での比較対象は，同様に，収束性と数値安定性が保証され固有値に最大で3次収束することがわかっているシフト付き QR アルゴリズム (QRs) を，特異値計算向けに改良したデーメル・カハン法である．具体的には，デーメル・カハン法を実装した LAPACK の DBDSQR ルーチン，dLV アルゴリズムと mdLVs アルゴリズムの試作ルーチンを比較する．収束判定は同一条件を採用する．mdLVs アルゴリズムにおいてパラメータ $\delta^{(n)}$ は $\delta^{(n)}=1$ に固定する．また，シフト量はジョンソン下界を用いて設定し，減次や分割が起きれば小さな行列の特異値計算に帰着させるものとする．対象とする行列は4節と同一で，上2重対角行列の次数は $m=100$ と $m=1000$ である．特異値分布は次数の違いによらずほぼ同じ傾向をもつ．表5.1 に数値実験結果を与える[22]．シフトの導入により行列のタイプによらず高速化が実現できていること，および，行列の次数の増加と計算時間の増加を比較して mdLVs アルゴリズムが優れたス

表5.1 QRs, dLV, mdLVs アルゴリズムによる特異値計算時間 (sec)

	$m=100$			$m=1000$	
	DBDSQR	dLV	mdLVs	DBDSQR	mdLVs
B_1	0.02	0.27	0.02	2.20	1.37
B_2	0.03	0.13	0.02	2.27	1.34
B_3	0.02	174	0.02	2.00	1.32

---

[22] 計算機 CPU: Pentium 3, CPU 850 MHz, RAM: 128 MB における倍精度計算．

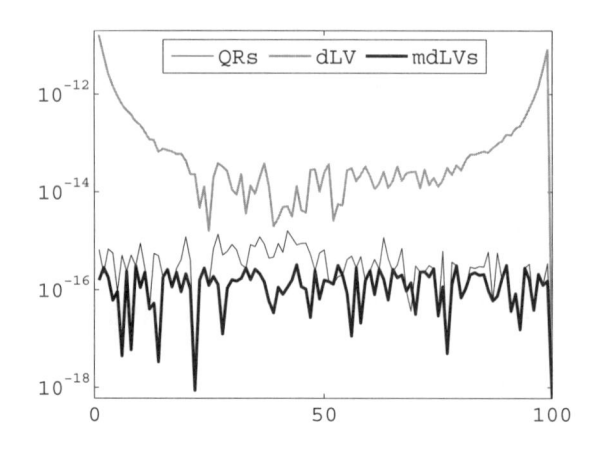

図 5.12 QRs, dLV, mdLVs アルゴリズムによって計算された
特異値の相対誤差の分布 ($m=100$)

ケラビリティ (scalability) をもつことがわかる．

次に，図 5.12 では，$m=100$ 次の特異値分布がクラスターをもつ行列 B_3 について，計算された 100 個の特異値（x-軸）のもつ相対誤差（y-軸）を比較する．シフトの導入によって dLV アルゴリズムの相対誤差（グレー線）は大きく減少している．デーメル・カハン QRs 法による相対誤差（細線）と比較しても mdLVs アルゴリズム（太線）の高精度性は明らかであり，ほぼすべての特異値について相対誤差は**マシンイプシロン** (machine epsilon) 程度である[23]．この実験では正確な特異値と相対誤差の計算にのみ多倍長計算を用いているので，グラフ上には倍精度計算におけるマシンイプシロンより小さな誤差がプロットされている．

以下では，**ハイパフォーマンスコンピューティング** (high performance computing, HPC) の観点から，より大規模な行列を対象としてルーチンレベルでの比較数値実験を行う．DBDSQR ルーチンだけでなく，収束性や数値安定性は保証されていないものの dqds アルゴリズムを実装した高速高精度特異値計算ルーチンとされる LAPACK の DLASQ との比較も必要となる．DLASQ は（収束

---

[23] マシンイプシロンとは，計算機の中で 1 の次に大きな最小の有限桁の浮動小数点数を $1+\epsilon_M$ と表したときの ϵ_M をいう．倍精度計算では $\epsilon_M = 2.22 \times 10^{-16}$ である．

表 5.2 DBDSQR, DLASQ, DBDSLV ルーチンによる特異値計算時間 (sec)

GNU compiler			Intel Fortran 8.1 compiler		
DBDSQR	DLASQ	DBDSLV	DBDSQR	DLASQ	DBDSLV
23.85	8.5	19.96	—	6.82	6.32

する場合に) 最も高い相対精度をもつ高速上 2 重対角特異値計算ルーチンとされている. 表 5.2 は 10000 個の特異値を区間 $[1, 100]$ 上にランダムに与え,同じ特異値をもつ $m = 1000$ 次の上 2 重対角行列を 100 個生成し,DBDSQR ルーチン,DLASQ ルーチン,および,mdLVs アルゴリズムを実装した DBDSLV ルーチン [85, 86] による平均計算時間を与えている[24]. 計算時間については使用する CPU と**コンパイラ** (compiler)[25] の影響が大きいことがわかる. 特異値分解の計算時間全体における特異値計算の占める割合はわずかなため,より高精度な特異値が得られることが,後に続く特異ベクトル計算のためには重要である.

続いて,1000 個の特異値を区間 $[1, 500]$ 上にランダムに与え,同じ特異値をもつ 1000 次の上 2 重対角行列を生成してテスト行列とする. 相似変換で対角行列を上 2 重対角行列にする際,数式処理を用いた整数計算を行うのでテスト行列自身の信頼性は高い. 図 5.13 は,このようにして生成したテスト行列について dqds アルゴリズムを実装した DLASQ ルーチン(×)と mdLVs アルゴリズムを実装した DBDSLV ルーチン(●)を比較している. 計算された 1000 個の特異値(x-軸)のもつ相対誤差(y-軸)を表している[26]. 小さな特異値のもつ相対誤差では DLASQ と DBDSLV の相対誤差は同程度であるが,全般的には,mdLVs アルゴリズムがより高精度である.

表 5.3 は図 5.13 と同じ実験を 1000 次の上 2 重対角行列 100 個について繰り返したときに,1000 個の特異値についての相対誤差の総和の平均値である. DBDSLV ルーチンは,DBDSQR や DLASQ に対してより高精度である. 1 個の特異値がもつ平均的な相対誤差は 1.85×10^{-16} で,ほぼマシンイプシロン程

---

[24] 表 5.2 において,CPU はともに Itanium を用いている. Intel Fortran 8.1 compiler では,平方根演算のパイプライン化によってジョンソン下界に基づく原点シフト量の計算が高速化されるため,mdLVs の平均計算時間が短縮されている.
[25] CPU は中央処理装置の略,コンパイラはプログラムを機械語に翻訳するプログラム.
[26] 計算機 CPU: Intel Pentium 4, 2.8 GHz, RAM: 3 GB における倍精度計算. (髙田雅美氏による数値実験)

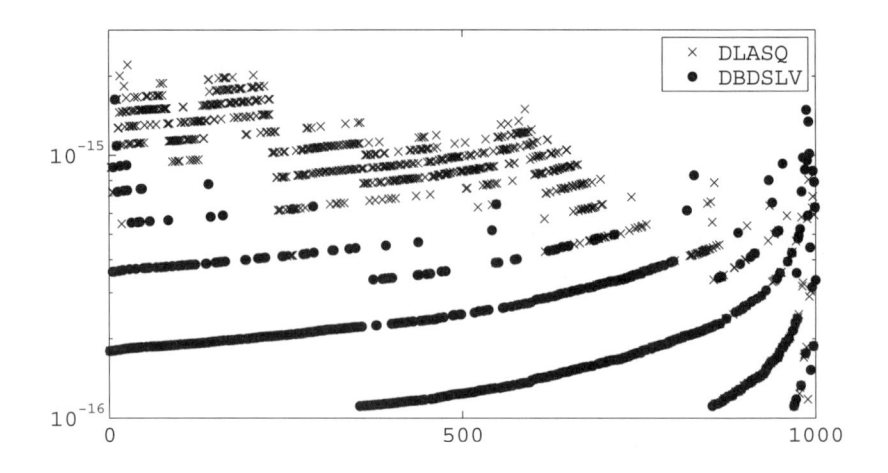

図 5.13　DLASQ, DBDSLV(mdLVs) ルーチンによって計算された特異値の相対誤差の分布 ($m = 1000$)

表 5.3　DBDSQR, DLASQ, DBDSLV(mdLVs) ルーチンによる特異値の相対誤差の総和 ($m = 1000$)

Pentium 4		
DBDSQR	DLASQ	DBDSLV
9.48×10^{-13}	4.56×10^{-13}	1.85×10^{-13}

度である.

図 5.14 は, 特異値のわかった 1000 次上 2 重対角行列 (条件数 $10^{10} \sim 10^{58}$) を数式処理の整数計算を使って無誤差に 100 個生成し, 横軸にその条件数の対数を, 縦軸に計算された 1000 個の特異値の相対誤差の総和を, DBDSLV (●), DLASQ (×), DBDSQR (△) についてプロットしたものである[27]. 条件数の違いによらず, 100 個のすべてにおいて相対誤差の総和は

$$\text{DBDSLV(mdLVs)} < \text{DLASQ(dqds)} \ll \text{DBDSQR}(QR\text{s})$$

---

[27] コンパイラは PGI Fortran である. アルゴリズムの精度を忠実にみるため SSE 機能は使っていない. (木村欣司氏による数値実験)

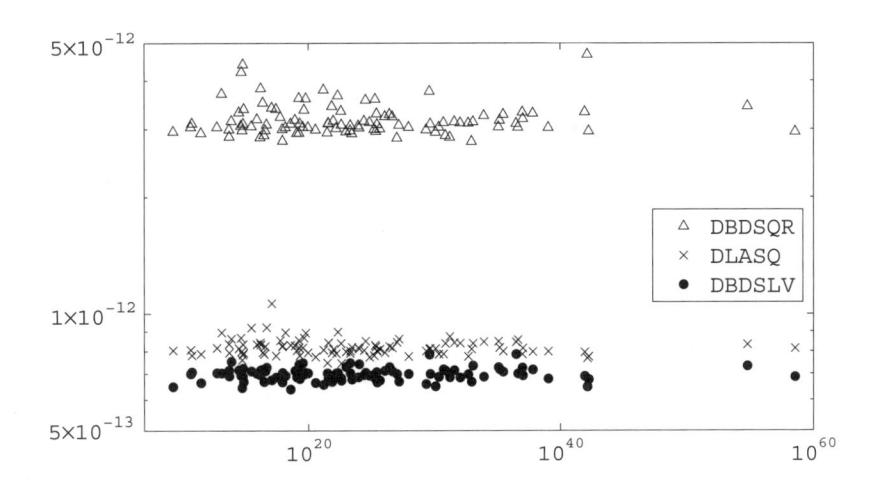

図 5.14 DBDSQR, DLASQ, DBDSLV (mdLVs) ルーチンによる特異値の相対誤差の総和（横軸は条件数の対数, $m = 1000$）

となり，mdLVs アルゴリズムの高精度性が裏付けられる[28].

9. まとめ

本章では，可積分系離散時間ロトカ・ボルテラ方程式に基づいて，与えられた行列の特異値を計算する新しい計算法，dLV アルゴリズムと mdLVs アルゴリズム，を定式化した．特に，mdLVs アルゴリズムは収束性，数値安定性が保証されているだけでなく，ライブラリで公開されている国際標準の特異値計算ルーチンと比べて，上 2 重対角行列の特異値問題では最も高精度である．この理由として，適切なシフト量の設定法が与えられており，桁落ちや零割の起きにくいアルゴリズムであることがあげられる．また，特異値に 2 次ないし 3 次収束する高速アルゴリズムであり，反復回数も少なく，丸め誤差の蓄積も少ない．

可積分系の視点で mdLVs アルゴリズムをみたとき，その高精度性を支える性質は何であろうか．同じく可積分系である離散時間戸田方程式に基づく pqds

---

[28] さらに多くの例や多様な計算機環境のもとでの比較数値実験については [85, 86] を，数式処理を使ったテスト行列の生成方法については [87] を参照されたい．計算機環境によっては DBDSLV ≈ DLASQ ≪ DBDSQR となることもある．

アルゴリズム，dqds アルゴリズムとの違いはどこにあるか．直交多項式のクリストフェル変換から離散時間ロトカ・ボルテラ方程式 (dLVs アルゴリズム)

$$u_k^{(n+1)} = \frac{1+\delta^{(n)}u_{k+1}^{(n)}}{1+\delta^{(n+1)}u_{k-1}^{(n+1)}}u_k^{(n)} \qquad (5.101)$$

を導出した際に明らかなように，モーメント列の正値性に起因して，変数 $u_k^{(n)}$ は正の値をとる行列式の比で表される ((5.34) 参照)．この性質は離散時間戸田方程式（pqd アルゴリズム）についても同じである．そればかりか，両者の間には，直接的な変数変換

$$\begin{aligned} q_k^{(n)} &= \frac{1}{\delta^{(n)}}\left(1+\delta^{(n)}u_{2k-2}^{(n)}\right)\left(1+\delta^{(n)}u_{2k-1}^{(n)}\right), \\ e_k^{(n)} &= \delta^{(n)}u_{2k-1}^{(n)}u_{2k}^{(n)}, \\ \theta^{(n)2} &= 1/\delta^{(n)} - 1/\delta^{(n+1)} \end{aligned} \qquad (5.102)$$

が存在する．この結果，条件 $1/\delta^{(n)} - 1/\delta^{(n+1)} \geq 0$ ((5.19) 参照) のもとで，dLVs アルゴリズムの漸化式は pqds アルゴリズムの漸化式に変形可能である．補助変数 $d_k^{(n)}$ を導入して pqds を書き直したものが dqds アルゴリズムの漸化式である．このことから，定理 5.5 でみたように，1 反復における丸め誤差は同程度で，(収束する場合は) いずれも高い相対精度をもつと結論される．これは qd, dLV など可積分系起源のアルゴリズムに共通するよい性質である．

一歩進んで，dLVs アルゴリズムの収束定理（定理 5.3）は，変換 (5.102) を経由して，そのまま pqds アルゴリズム，dqds アルゴリズムについても成り立つようにみえる．しかし，離散時間ロトカ・ボルテラ方程式の導出の際に必要とした条件 $0 < \delta^{(n)}$ ((4.50) 参照)，収束定理の証明で用いた条件 $0 < \delta^{(n)} < M$ ((5.16) 参照) を見落としてはならない．$\delta^{(n)} < 0$ であっても $\delta^{(n)} \leq \delta^{(n+1)}$ であれば条件 (5.19) は成り立ち，シフト付き qd アルゴリズム (5.6) は定式化される．(5.42) でみた dLV アルゴリズムの収束の速さ

$$R_1 := \max_k \frac{\sigma_{k+1}^2 + 1/\delta}{\sigma_k^2 + 1/\delta}$$

からわかるように，原点シフトの効果が顕著となるのは $\delta^{(n)} < 0$ の領域である．変換 (5.102) で dLVs と移りあう pqds, dqds アルゴリズムなどのシフト付き qd アルゴリズムは，この領域で高次収束性を実現している．ところが，こ

の場合，$1+\delta^{(n)}u_k^{(n)} \leq 0$ となる可能性があり，dLV アルゴリズムの収束性の証明は困難となる．変数 $\bar{w}_k^{(n)}$ を用いると (5.102) の第 1 式は，n が十分大きいとき，

$$q_m^{(n)} = \bar{w}_{2m-1}^{(n)} + u_{2m-2}^{(n)} + \frac{1}{\delta^{(n)}} \approx \sigma_m{}^2 + \frac{1}{\delta^{(n)}} \tag{5.103}$$

と書け，$\delta^{(n)} < 0$ では $q_m^{(n)} < \sigma_m{}^2$ となり，シフト量を $\theta^{(n)2} < \sigma_m{}^2$ と選んでもシフト付き qd アルゴリズム (5.6) において $q_m^{(n)}$ の正値性が壊れる可能性がある．このように，pqds, dqds 両アルゴリズムの高速性は数値不安定性と隣り合わせである．

別の角度から (5.102) をみよう．pqds, dqds 両アルゴリズムで起きていることを，変換 (5.102) を通じて，dLVs アルゴリズムの変数でみることができる．dLVs の変数 $u_k^{(n)}$, $\delta^{(n)}$ がすべて正であれば，qds の変数 $q_k^{(n)}$, $e_k^{(n)}$ はすべて正となる．しかし，この逆は成り立たない．pqds, dqds 両アルゴリズムにおいて上 2 重対角行列 B が与えられれば，$q_k^{(0)} > 0$, $e_k^{(0)} > 0$ なる初期値が定まるが，(5.102) を通じて対応する dLVs の変数 $u_k^{(0)}$ をみていくと，$\delta^{(0)}$ をどのように選んでも，$u_3^{(0)} < 0$ となることがありうる．したがって，$1+\delta^{(0)}u_k^{(0)} \leq 0$ となることがある．一方，同じ上 2 重対角行列 B について dLVs アルゴリズムの初期値をみると，必ず，$u_k^{(0)} > 0$, したがって，$1 + \delta^{(0)}u_k^{(0)} > 1$ が成り立つ．

以上が dLVs アルゴリズムの変数からみた pqds アルゴリズムや dqds アルゴリズムにおいて収束証明が困難な理由である．

では，なぜ mdLVs アルゴリズムはシフト付きアルゴリズムとして収束証明をもつのだろうか．mdLVs アルゴリズムのシフトの導入プロセスは漸化式で表すと (5.85) となり，pqds アルゴリズムや dqds アルゴリズムとよく似ているようにみえる．しかし，mdLVs アルゴリズムの収束の速さは

$$R_2 := \max_k \frac{\sigma_{k+1}{}^2 - \theta^{(n)2} + 1/\delta^{(n)}}{\sigma_k{}^2 - \theta^{(n)2} + 1/\delta^{(n)}} \tag{5.104}$$

によって支配され，$\delta^{(n)} < 0$ とすることなく，効果的なシフト量の選択が可能である．定理 5.9, 系 5.10 でみたように，変数 $\bar{w}_k^{(n)}$ の正値性が壊れることはなく，mdLVs の収束証明の重要な論拠となっている．シフトの導入の影響は，正の値をとる変数 $\bar{w}_k^{(n)}$ と $w_k^{(n)}$ の間のスケール変換 $w_k^{(n)} = \gamma_k^{(n)}\bar{w}_k^{(n)}$ に吸収される．mdLVs アルゴリズムの変数は，dLV の変数である $u_k^{(n)}$, 不等間隔差分ステップサイズ $\delta^{(n)}$ に加えて，補助変数 $w_k^{(n)}$ と $\bar{w}_k^{(n)}$ である．これらはす

べて正の値をとる変数である．正値性，正確にいえば，単なる正値性ではなく，

$$1 + \delta^{(n)} u_k^{(n)} > 1$$

なる量による除算の帰結として，高い相対精度が保証される．同時に，数列 $\Pi_{n=0}^{N}(1 + \delta^{(n)} u_{k\pm 1}^{(n)})$ の単調性と有界性から，変数 $w_k^{(n)}$ の特異値への収束性が従う．mdLVs アルゴリズムはシフト付きであってもなお，変数の正値性を保証する特異値計算アルゴリズムということができよう．実際，ランダムに生成した 1000 次行列 100 個についての数値実験（表 5.3）で，個々の特異値がもつ平均的な相対誤差は，ほぼマシンイプシロン程度であることが確認されている．

6

特異値分解I-SVDアルゴリズム

　特異値分解 *(SVD/Singular Value Decomposition)* には特異値と左右の特異ベクトル行列が必要である．特異値分解の幅広い応用の中では特異ベクトルのもつ情報が役に立つことが多い．前章で述べた特異値計算アルゴリズム $mdLVs$ に特異ベクトルの高速・高精度計算アルゴリズムを加えて，新しい特異値分解アルゴリズムの全体が完成する．本章では，可積分系に基づく新構想の特異ベクトル計算アルゴリズムについて解説する．

1. 種々の特異値分解アルゴリズム

　前章で述べたように，現在，最も代表的な特異値分解アルゴリズムは，1965年に提案されたガラブ・カハン法 [30] に基づいている [29, 60][1]．この方法の手順は以下の通りである．

(i) 前処理として，与えられた長方形行列 A をハウスホルダー変換によって上2重対角行列 B へ変形する．

(ii) 優れた固有値計算法である QR アルゴリズムにより，対称な3重対角行列 $B^\top B$ の固有値（B の特異値の平方）を計算する．

(iii) 特異値と同時に B の右特異ベクトルを計算し，再度の QR 分解により左特異ベクトルを計算する．

(iv) B の左右の特異ベクトルの逆変換により，A の特異ベクトルを構成する．

---

[1] ハウスホルダー変換による上2重対角化を経由せず密行列 $A^\top A$ から A を特異値分解する方法として**ヤコビ法** (Jacobi method)[16] がある．固有値・固有ベクトル計算のヤコビ法は1846年に遡る歴史をもち，特に小さい固有値について高精度とされているが，低速なため，積極的に利用されることは少ない．

$B^\top B$ の固有値はすべて相異なり，対応する固有ベクトルは互いに直交する．ガラブ・カハン法の完成形であるデーメル・カハン法 [17] におけるステップ (i), (ii), (iii) の計算量は，それぞれ，$8m^3/3$, $O(m^2)$, $O(m^3)$ である．また，k 本の特異ベクトルが必要な場合の (iv) の計算量は $O(km^2)$ である．ここに m は $B^\top B$ の次数である．m が大きいとき，長方形行列 A の特異値分解の総計算量の多くが特異ベクトルに要する $O(m^3)$ の計算である．デーメル・カハン法は標準的な数値計算ライブラリ LAPACK[55] において FORTRAN ルーチン DBDSQR として公開され，特異値と特異ベクトルを数値安定に計算できる唯一のルーチンとして，多くの汎用ソフトウェアにおいて利用されている．QR 分解に現れる直交行列の積がそのまま特異ベクトルを与えることから，特異ベクトルの直交性は良好である．しかしながら，特異ベクトルの計算量が $O(m^3)$ と大きく，特異値と右特異ベクトルの同時計算に伴い，必要な数だけ特異ベクトルを計算することは困難である．また，特異値と右特異ベクトルの同時計算の並列化による高速化は容易ではない [99]．特異値の精度も十分とはいえない [85]．

QR アルゴリズムによる対称な 3 重対角行列の固有値・固有ベクトル計算の高速化，並列化のため，**分割統治法** (divide and conquer algorithm)[12, 32] が開発されている．この方法は対称な 3 重対角行列のすべての固有値・固有ベクトルを計算する最速のアルゴリズムといわれ [16]，特異値分解にも直ちに応用できる．具体的には，(ii) の $B^\top B$ の固有値・固有ベクトルの問題を半分の次数の 3 重対角行列の固有値・固有ベクトルの問題 2 個に分割し，QR アルゴリズムを用いて個々の小問題の固有値・固有ベクトルを計算し，固有ベクトルを利用して小問題の計算結果をつなぎ合わせる（統治する）ことで，もとの行列の固有値・固有ベクトルを得る方法である．大規模行列では何段にも分割する．固有値が密集して分布する場合には収束が速くなり，(iii) の固有ベクトル計算の計算量が $O(m^2)$ となることもある [17]．しかし，一般にベクトル計算量は $O(m^3)$ であり，必要な数だけ固有ベクトルを計算することも難しい．必要とする作業領域が大きい，小さな特異値の相対精度が保障されないなどの欠点もある．分割統治法は LAPACK において DBDSDC ルーチンとして公開されている．

以上の QR アルゴリズムによる行列分解法に対して，対称 3 重対角行列の固有値分解[2]では，固有値計算と固有ベクトル計算を完全に分離して行うとい

---

[2] 上 2 重対角行列 B の特異値分解 $B = U\Sigma V^\top$ にならって，固有値からなる対角行列 Λ と単位長さの固有ベクトルを列ベクトルとする直交行列 V による対称 3 重対角行列 T の対角化

う考え方がある．よく知られたものに**二分法** (bisection method) と**逆反復法** (inverse iteration method) の組合せがある．二分法は対称な 3 重対角行列の固有値が相異なる実数であることに注目し，固有多項式 $|\lambda I - B^\top B|$ の符号からある区間における固有値の数を計算し，さらに，区間を狭めていって，ただ 1 つの固有値を含む狭い区間から固有値の近似値を得る方法である．固有値が十分に分離している行列の必要な数 (k 個) の固有値を計算するのに都合がよいが，それ以外では収束が遅く，固有値が密集して分布する場合に計算量は最悪で $O(k^2 m)$ となる [17]．条件数の大きな行列では精度が急に悪化することがある．LAPACK には，対称 3 重対角行列の固有値計算のための二分法のルーチン DSTEBZ がある．

逆反復法は前段で求められた近似固有値から固有ベクトルを計算する手法である．行列 $T = B^\top B$ の固有値 $\sigma_j{}^2$ の近似値 $\hat{\sigma}_j{}^2$ が二分法で得られたとする[3]．$\hat{\sigma}_j{}^2$ に対する固有ベクトル $\boldsymbol{v}_j$ を求めることが問題である．固有ベクトルの定義より

$$(B^\top B - \sigma_j{}^2 I)\boldsymbol{v}_j = 0$$

であり，係数行列 $B^\top B - \sigma_j{}^2 I$ は正則ではない．一方，$\hat{\sigma}_j{}^2$ は $\sigma_j{}^2$ の近似値であるから一般に $B^\top B - \hat{\sigma}_j{}^2 I$ は正則となり，逆行列 $(B^\top B - \hat{\sigma}_j{}^2 I)^{-1}$ が存在する．固有ベクトル $\boldsymbol{v}_j$ に対して

$$(B^\top B - \hat{\sigma}_j{}^2 I)^{-1} \boldsymbol{v}_j = \frac{1}{\hat{\sigma}_j{}^2 - \sigma_j{}^2} \boldsymbol{v}_j$$

が成り立つ．$(\hat{\sigma}_j{}^2 - \sigma_j{}^2)^{-1}$ は行列 $(B^\top B - \hat{\sigma}_j{}^2 I)^{-1}$ の固有値である．ここで，$\hat{\sigma}_j{}^2$ は $\sigma_j{}^2$ に十分近く，他の固有値 $\sigma_k{}^2$ に対して $|\hat{\sigma}_j{}^2 - \sigma_j{}^2| < |\hat{\sigma}_j{}^2 - \sigma_k{}^2|$, $(j \neq k)$ が成り立つと仮定する．すなわち，$(\hat{\sigma}_j{}^2 - \sigma_j{}^2)^{-1}$ は $(B^\top B - \hat{\sigma}_j{}^2 I)^{-1}$ の絶対値最大の固有値とする．このとき，$\hat{\sigma}_j{}^2$ に対応する固有ベクトル $\boldsymbol{v}_j$ は (適当に選んだ $\boldsymbol{x}^{(0)}$ を初期値とする) べき乗法の反復計算

$$\boldsymbol{x}^{(n+1)} = (B^\top B - \hat{\sigma}_j{}^2 I)^{-1} \boldsymbol{x}^{(n)}$$

のもとで極限 $\lim_{n \to \infty} \boldsymbol{x}^{(n)} = \boldsymbol{v}_j$ として計算される．以上が逆反復法の手順である．より正確には，ベクトル $\boldsymbol{v}_j = (v_j(1), v_j(2), \ldots, v_j(m))^\top$ を $\boldsymbol{v}_j / \|\boldsymbol{v}_j\| = \bar{\boldsymbol{v}}_j$

$T = V \Lambda V^\top$ を**固有値分解** (eigenvalue decomposition) ということがある．
[3] ここでは上 2 重対角行列 B の特異値分解に二分法を応用するため，T として正定値な対称 3 重対角行列 $B^\top B$ を考えている．

により正規化すると，各 $\bar{v}_j$ は $T = B^\top B$ を対角化する直交行列 V の列ベクトルとなる．特異値分解では，$\bar{v}_j$ は B の右特異ベクトル，$V = (\bar{v}_1, \bar{v}_2, \ldots, \bar{v}_m)$ は右直交行列である．左直交行列は $U = BV\Sigma^{-1}$ で与えられ，B の特異値分解が完了する．U, V を左，右特異ベクトル行列ということがある．対称 3 重対角行列の固有値分解のための逆反復法は，LAPACK の DETEIN ルーチンとして利用されている．

二分法と逆反復法による固有値分解では固有値計算と固有ベクトル計算が完全に分離しているため，少数の固有ベクトルを選択的に計算したり，逆反復法の並列化は容易である．実際は，逆行列 $(B^\top B - \hat{\sigma}_j^2 I)^{-1}$ の計算を避けて，既知の $x^{(n)}$ に対して連立 1 次方程式

$$(B^\top B - \hat{\sigma}_j^2 I)x^{(n+1)} = x^{(n)}$$

を近似的に解いて $x^{(n+1)}$ を求め，これを反復する．近似固有値 $\hat{\sigma}_j^2$ が高精度に計算され真値 σ_j^2 に近いときは，係数行列 $B^\top B - \hat{\sigma}_j^2 I$ は**悪条件** (ill-conditioned) となり，ベクトル v_j を高精度に計算することは難しくなる[4]．一方，$\hat{\sigma}_j^2$ の精度が悪ければ特異ベクトルの精度も期待できない．また，固有値が密集する場合は精度だけでなく固有ベクトルの直交性が落ちやすい[5]．特殊な対称 3 重対角行列に対しては反復計算が収束しないことがある．このように，二分法と逆反復法による固有値分解は精度や収束性に問題があり，固有値が十分に分離している比較的小規模な行列以外には使いにくい．左特異ベクトルの計算ではさらに誤差が増大する．このため，二分法と逆反復法による上 2 重対角行列の特異値分解ルーチンはまだ開発されていない．

1997 年，パーレットとディロン (Parlett-Dhillon)[70] は，実対称 3 重対角行列 $B^\top B$ の近似固有値 $\hat{\sigma}_j^2$ が何らかの方法で求められている場合に，逆反復法に代わる新しい固有ベクトル計算法を提案している．すなわち，固有方程式 $(B^\top B - \hat{\sigma}_j^2 I)v_j = 0$ に対して係数行列 $B^\top B - \hat{\sigma}_j^2 I$ の**ツイスト分解** (twisted factorization) と呼ばれる分解を構成することで固有ベクトルを求めている[6]．

---

[4] 問題を高精度で解くことの難しさは最大特異値と最小特異値の比で表される**条件数** (condition number) の大きさで見積もることができる．非正則に近い正則行列は零に近い特異値をもち，一般に条件数は大きくなる．

[5] 線形代数でよく知られているように，対称行列の相異なる固有値に対応する真の固有ベクトルは互いに直交するから，数値計算で得られる固有ベクトルも同じ性質をもたねばならない．多くの応用において固有ベクトルの直交性は情報処理機能そのものである．

[6] ツイスト分解の起源はずっと古く，2 階微分方程式の境界値問題の数値解析に現れる悪条件な連立 1 次方程式に対する **2 方向ガウス消去法** (two-sided Gaussian elimination algorithm)[4,

これは, 特異値分解では右特異ベクトル v_j を計算することに相当する. パーレットとディロンのツイスト分解では, まず, qd アルゴリズムに類似する 2 種類の変換による $B^\top B - \hat{\sigma}_j^2 I$ の 3 角行列分解を 2 種類計算し, その因子を用いてツイスト分解を実現する. 以後, これらの変換を **qd 型変換** (qd type transformations)と呼ぶことにする. この固有ベクトル計算法は, 以下の良好な性質をもつ.

 i) すべての固有ベクトル計算は $O(m^2)$ で完了する.

 ii) k 本のみの固有ベクトル計算は $O(km)$ で完了する.

 iii) 固有ベクトルは独立に計算でき, 並列化が容易である.

 iv) 固有値の差 (相対ギャップ) が大きい場合には, 固有ベクトルは互いに十分な直交性をもつ.

この固有ベクトル計算法は **MR^3 アルゴリズム** (Multiple Relatively Robust Representations algorithm)[70] と呼ばれている. 後にディロンとパーレット自身 [18] が iv) について述べているように, 相対ギャップが小さい場合は, 固有ベクトルの直交性が保証されないばかりか, 数値安定かつ高精度な固有ベクトル計算が可能とは限らない. また, 逆反復法同様, MR^3 には左特異ベクトルの計算法が述べられておらず, 特異値分解のためのルーチンは開発されていない. 正定値な対称 3 重対角については, MR^3 アルゴリズムと dqds アルゴリズム [22] による固有値計算とを組み合わせることで, 固有値, 固有ベクトルの組を計算することが可能となるが, 前章で論じたように, dqds アルゴリズムの収束性は明らかではない. MR^3 は全体として開発途上にあるアルゴリズムといえよう.

本章では, qd 型変換に代わる新たな変換として 2 種類の **dLV 型変換** (dLV type transformations) を導入し, 2 種類の 3 角行列分解の高精度な実行を可能とする. 次に, この分解をもとにして, 対称 3 重対角行列 $B^\top B - \hat{\sigma}_j^2 I$ のツイスト分解を計算する方法を述べる. $\hat{\sigma}_j^2$ のままでは $B^\top B - \hat{\sigma}_j^2 I$ は悪条件であるが, $\hat{\sigma}_j^2$ を対称 3 重対角行列 $B^\top B$ に対する原点シフトとみなし, 前章 4 節の

$$\theta^{(0)2} = \frac{1}{\delta^{(0)}} - \frac{1}{\delta^{(1)}}$$

95] として導入されたものである. 3 重対角行列の固有ベクトル計算では, **2 重分解** (double factorization) と呼ばれる 3 重対角行列の 2 種類の 3 角行列分解を利用したツイスト分解法が開発されている [28].

を用いて，$\hat{\sigma}_j{}^2$ を二度の原点シフト $1/\delta^{(0)}$, $1/\delta^{(1)}$ に分離することで良条件の3角行列分解を実行するのである．パラメータ $\delta^{(0)}$ の適切な選択により，相対ギャップが小さい場合にも性質 iv) を実現し，広いクラスの対称3重対角行列の高精度なツイスト分解が可能となるものと期待される．さらに，固有値分解に留まることなく，上2重対角行列の特異値計算を，収束性が保証された mdLVs アルゴリズム [47, 48]（前章参照）で高精度に行ったのち，dLV 型変換による高精度なツイスト分解を用いて特異ベクトルを計算する高速高精度な可積分特異値分解 I-SVD アルゴリズム (Integrable Singular Value Decomposition) を定式化する．この方法は MR^3 の性質 iv) を改善しており，I-SVD を実装した DBDSLV ルーチンは，デーメル・カハン QRs アルゴリズムに基づく現在の標準的特異値分解ルーチン DBDSQR に比べて，同等の信頼性をもち，特異ベクトルの直交性はやや劣るものの，ベクトル自身の精度では上回り，上2重対角行列の特異値分解法としてかなり高速である．I-SVD に前処理 (i) や逆変換 (iv) を加えることで密行列 A の特異値分解法となり，デーメル・カハン法における (i)～(iv) に対して十分な優位性をもつ．また，高速特異値分解ルーチン DBDSDC に対しては，相対精度で上回り，多くの行列でより高速である．k 組の特異値と特異ベクトルを求める場合の I-SVD アルゴリズムの計算量は，通常のハウスホルダー変換の (i)，mdLVs による (ii)，I-SVD による (iii)，さらに (iv) についてみると，それぞれ，$8m^3/3$, $O(m^2)$, $O(km)$, $O(km^2)$ であり，$k \ll m$ の場合はとりわけ高速となる．

2. dLV 型変換による2重コレスキー分解

与えられた m 次上2重対角行列 B に対して，高速高精度な特異値計算法である mdLVs アルゴリズムによって，B のすべての特異値 $\hat{\sigma}_j$ が求められているとする．mdLVs アルゴリズムとはいえ，計算された特異値は一般にいくらかの誤差を含む．このとき，対称3重対角行列 $B^\top B - \hat{\sigma}_j^2 I$ は厳密には正則行列であり，連立1次方程式

$$(B^\top B - \hat{\sigma}_j{}^2 I)\boldsymbol{v}_j = 0 \tag{6.1}$$

の解 $\boldsymbol{v}_j = (v_j(1), v_j(2), \ldots, v_j(m))^\top$ は $\boldsymbol{v}_j = 0$ のみである．もし，σ_j が真の特異値ならば，例えば，$v_j(1) = 1$ とおいて，零でないベクトル $\boldsymbol{v}_j$ の成分を

順に決めていくことができるが,$\hat{\sigma}_j$ が近似値であればそれはできない. 逆に, $\boldsymbol{v}_j$ が真の特異ベクトルならば, 近似値 $\hat{\sigma}_j$ に対しては, $(B^\top B - \hat{\sigma}_j^2 I)\boldsymbol{v}_j \neq 0$ となる. そこで, (6.1) の右辺に適切な残差項 $\boldsymbol{c}_j \neq 0$ を加えた連立 1 次方程式

$$(B^\top B - \hat{\sigma}_j{}^2 I)\boldsymbol{v}_j = \boldsymbol{c}_j \tag{6.2}$$

を解くことで, より真値に近い特異ベクトルを得ることができよう. ただし, $\hat{\sigma}_j$ が高精度であるほど, 係数行列 $B^\top B - \hat{\sigma}_j{}^2 I$ は悪条件となるため, 連立 1 次方程式 (6.2) を解くのに反復解法を利用するのは有効ではない. 以下では, $B^\top B - \hat{\sigma}_j{}^2 I$ の何らかの分解に基づく解法を考察する. 議論の過程で残差項 $\boldsymbol{c}_j$ の表現は明らかとなる.

正定値実対称行列は, 下 3 角行列 (または, 上 3 角行列) とその転置行列の積に分解可能である. これは**コレスキー分解** (Cholesky factorization, または, チョレスキー分解) と呼ばれる. 3 角行列の逆行列計算は容易であるから, 正定値実対称行列を係数行列とする連立方程式はコレスキー分解を経由して解くことができ, ガウスの消去法より計算量の点で有利である [98]. 係数行列 $B^\top B - \hat{\sigma}_j{}^2 I$ は以下の 2 種類のコレスキー分解が可能である. 具体的には, 上 2 重対角行列 ((k,k) 成分と $(k,k+1)$ 成分以外がすべて零の上 3 角行列) または下 2 重対角行列 ((k,k) 成分と $(k+1,k)$ 成分以外がすべて零の下 3 角行列) とその転置行列との積の形で

$$B^\top B - \hat{\sigma}_j{}^2 I = \begin{cases} (B^+)^\top B^+, \\ (B^-)^\top B^-, \end{cases} \tag{6.3}$$

$$B^+ := \begin{pmatrix} b_1^+ & b_2^+ & & & \\ & b_3^+ & \ddots & & \\ & & \ddots & b_{2m-2}^+ & \\ 0 & & & b_{2m-1}^+ \end{pmatrix}, \tag{6.4}$$

$$B^- := \begin{pmatrix} b_1^- & & & 0 \\ b_2^- & b_3^- & & \\ & \ddots & \ddots & \\ & & b_{2m-2}^- & b_{2m-1}^- \end{pmatrix} \tag{6.5}$$

と表現できる.分解 (6.3) を **2 重コレスキー分解** (double Cholesky factorization) と呼ぶことにする.$\hat{\sigma}_j{}^2$ が $B^\top B$ の最小固有値より大きい場合は,$B^\top B - \hat{\sigma}_j{}^2 I$ は正定値ではない.この場合も $B^\pm$ を複素行列とすることで,複素型の 2 重コレスキー分解 (6.3) を導入することができる.

問題は,$B^\top B - \hat{\sigma}_j{}^2 I$ が悪条件の場合に,コレスキー分解は数値不安定になりやすく,高精度に 3 角行列を計算することが難しいことである.分解 (6.3) をいかに実現するかを考える.5 章 5 節において,不等間隔離散ロトカ・ボルテラ方程式の差分ステップサイズの逆数の差 $\theta^{(n)2} = 1/\delta^{(n)} - 1/\delta^{(n+1)}$ は,特異値計算の dLV アルゴリズムに対する原点シフト量を与えることをみた.時刻 $n=0$ でみれば,与えられた正定値な 3 重対角対称行列 $B^\top B = (B^{(0)})^\top B^{(0)}$ に対して,$1/\delta^{(0)} - 1/\delta^{(1)}$ だけ原点シフトして特異値計算を開始することを意味する.この見方を悪条件行列のコレスキー分解に応用する.係数行列 $B^\top B - \hat{\sigma}_j{}^2 I$ は $B^\top B$ に対する原点シフトである.シフト量である近似特異値(の平方)を

$$\hat{\sigma}_k{}^2 = \frac{1}{\delta^{(0)}} - \frac{1}{\delta^{(1)}} \tag{6.6}$$

のように表す.この結果,目標とするコレスキー分解

$$B^\top B - \left(\frac{1}{\delta^{(0)}} - \frac{1}{\delta^{(1)}} \right) I = (B^+)^\top B^+ \tag{6.7}$$

は次の 3 つのステップに分割することができる.

$$B^\top B - \frac{1}{\delta^{(0)}} I = (\mathcal{W}^{(0)})^\top \mathcal{W}^{(0)}, \tag{6.8}$$

$$(\mathcal{W}^{(0)})^\top \mathcal{W}^{(0)} = (\mathcal{W}^{(1)})^\top \mathcal{W}^{(1)}, \tag{6.9}$$

$$(\mathcal{W}^{(1)})^\top \mathcal{W}^{(1)} + \frac{1}{\delta^{(1)}} I = (B^+)^\top B^+, \tag{6.10}$$

$$\mathcal{W}^{(n)} := \begin{pmatrix} \mathcal{W}_1^{(n)} & \mathcal{W}_2^{(n)} & & & \\ & \mathcal{W}_3^{(n)} & \ddots & & \\ & & \ddots & \mathcal{W}_{2m-2}^{(n)} & \\ 0 & & & \mathcal{W}_{2m-1}^{(n)} \end{pmatrix}, \quad (n=0,1), \tag{6.11}$$

$$\mathcal{W}_k^{(n)} := \sqrt{u_k^{(n)}(1 + \delta^{(n)} u_{k-1}^{(n)})}. \tag{6.12}$$

パラメータ $\delta^{(0)}$ の値によっては $B^\top B - \frac{1}{\delta^{(0)}} I$ は正定値ではないので,コレスキー分解 (6.8) は複素型,すなわち,$\mathcal{W}_k^{(n)}$ が純虚数となる場合も含んでいる.

第 1 式 (6.8) を書き下すと

$$\begin{cases} b_{2k-1}{}^2 = \dfrac{1}{\delta^{(0)}} \left(1 + \delta^{(0)} u_{2k-2}^{(0)}\right) \left(1 + \delta^{(0)} u_{2k-1}^{(0)}\right), \\ b_{2k}{}^2 = \delta^{(0)} u_{2k-1}^{(0)} u_{2k}^{(0)} \end{cases} \quad (6.13)$$

となる．パラメータ $\delta^{(0)}$ を B の特異値の近似値の平方，すなわち，$B^\top B$ の固有値の逆数を避けて選ぶ必要がある．そのためには，$B^\top B$ の最小固有値の下からの見積りを $\bar{\sigma}_m{}^2$ とするとき[7]，

$$\delta^{(0)} > \frac{1}{\bar{\sigma}_m{}^2} \quad (6.14)$$

なる適当な正の値にとり，$u_0^{(0)} \equiv 0$ とおいて，与えられた b_k から順に $u_k^{(0)}$ を計算する．ここでは $u_k^{(0)} > 0$ となる保証はない．もし $1 + \delta^{(0)} u_j^{(0)}$ が零に近いときは，最初に戻って $\delta^{(0)}$ を取り直す．$B^\top B - 1/\delta^{(0)} I$ は一般に悪条件ではないから，このようにして高精度な（複素）コレスキー分解 (6.8) を実現できる．一般に，$u_{2k-1}^{(0)}$ と $u_{2k}^{(0)}$ とは同符号，$1 + \delta^{(0)} u_{2k}^{(0)}$ と $1 + \delta^{(0)} u_{2k+1}^{(0)} < 0$ も同符号である．

第 2 式 (6.9) は

$$u_k^{(0)}(1 + \delta^{(0)} u_{k-1}^{(0)}) = u_k^{(1)}(1 + \delta^{(1)} u_{k-1}^{(1)}), \quad u_0^{(1)} = 0, \quad u_{2m}^{(1)} = 0 \quad (6.15)$$

と表される．ここにパラメータ $\delta^{(1)}$ は，(6.6) によって $\delta^{(0)}$ から一意に $\delta^{(1)} = \delta^{(0)}/(1 - \delta^{(0)} \hat{\sigma}_k{}^2) < 0$ と定まる．漸化式 (6.15) は不等間隔離散ロトカ・ボルテラ (dLV) 方程式

$$u_k^{(n)}(1 + \delta^{(n)} u_{k+1}^{(n)}) = u_k^{(n+1)}(1 + \delta^{(n+1)} u_{k-1}^{(n+1)}) \quad (6.16)$$

に類似するが，添え字が異なる．形式的に $\delta^{(0)} = \delta^{(1)}$ とおけば，$u_k^{(0)} = u_k^{(1)}$ となることから**定常離散ロトカ・ボルテラ変換** (stationary discrete Lotka-Volterra (stdLV) transformation) と名づけられている [49]．(6.14) より $\delta^{(0)} \neq \delta^{(1)}$ であるから，一般に $u_k^{(0)} \neq u_k^{(1)}$ である．もし漸化式計算の途中で $1 + \delta^{(1)} u_{k-1}^{(1)}$ で桁落ちが発生すれば，$u_k^{(1)}$ には大きな誤差が含まれる．そのような場合には最初に戻って $\delta^{(0)}$ を取り直す．

---

[7] 最小固有値の下からの見積りには，前節の特異値計算アルゴリズム mdLVs で用いたジョンソン下界が有効である．

第3式 (6.10) は，ロトカ・ボルテラ変換の変数から2重対角行列を再構成するプロセスである．具体的に書き下すと

$$\begin{cases} \dfrac{1}{\delta^{(1)}} \left(1+\delta^{(1)}u^{(1)}_{2k-2}\right)\left(1+\delta^{(1)}u^{(1)}_{2k-1}\right) = {b^+_{2k-1}}^2, \\ \delta^{(1)} u^{(1)}_{2k-1} u^{(1)}_{2k} = {b^+_{2k}}^2 \end{cases} \quad (6.17)$$

となる．(6.9) より $b^{+2}_k \neq 0$ である．$u^{(0)}_k$ とは異なり，$u^{(1)}_{2k-1}$ と $u^{(1)}_{2k}$，$1+\delta^{(1)}u^{(1)}_{2k}$ と $1+\delta^{(1)}u^{(1)}_{2k+1}$ との同符号性は必ずしも成り立たない．ゆえに，$b^{+2}_k < 0$ となることもありうる．

$B^\top B - 1/\delta^{(0)} I = B^\top B - \hat{\sigma}_j^2 I - 1/\delta^{(1)} I$ とみれば，(6.8) は非正則に近い正則行列 $B^\top B - \hat{\sigma}_j^2 I$ に対する原点シフトとみなせる．適切な $\delta^{(0)}$ の選択により，コレスキー分解が数値不安定となるのを回避している．一方，(6.9), (6.10) はシフトされた3重対角行列のコレスキー行列 $\mathcal{W}^{(0)}$ をシフトなしの3重対角行列 $B^\top B - \hat{\sigma}_j^2 I$ のコレスキー行列 B^+ に戻す手続きである．

次に，もうひとつのコレスキー分解 $B^\top B - \hat{\sigma}_j^2 I = (B^-)^\top B^-$ について考える．近似特異値（の平方）を

$$\hat{\sigma}_k^2 = \frac{1}{\delta^{(0)}} - \frac{1}{\delta^{(-1)}} \quad (6.18)$$

のように分割する．分割 (6.18) の $\delta^{(0)}$ は，分割 (6.6) の $\delta^{(0)}$ と異なってよい．(6.7) と同様に，悪条件行列のコレスキー分解

$$B^\top B - \left(\frac{1}{\delta^{(0)}} - \frac{1}{\delta^{(-1)}}\right) I = (B^-)^\top B^- \quad (6.19)$$

を3つのステップ

$$B^\top B - \frac{1}{\delta^{(0)}} I = (\mathcal{W}^{(0)})^\top \mathcal{W}^{(0)}, \quad (6.20)$$

$$(\mathcal{W}^{(0)})^\top \mathcal{W}^{(0)} = (\mathcal{V}^{(-1)})^\top \mathcal{V}^{(-1)}, \quad (6.21)$$

$$(\mathcal{V}^{(-1)})^\top \mathcal{V}^{(-1)} + \frac{1}{\delta^{(1)}} I = (B^-)^\top B^-, \quad (6.22)$$

$$\mathcal{V}^{(-1)} := \begin{pmatrix} \mathcal{V}^{(-1)}_1 & \mathcal{V}^{(-1)}_2 & & & \\ & \mathcal{V}^{(n)}_3 & \ddots & & \\ & & \ddots & \mathcal{V}^{(-1)}_{2m-2} & \\ 0 & & & \mathcal{V}^{(-1)}_{2m-1} \end{pmatrix}, \quad (6.23)$$

$$\mathcal{V}_k^{(-1)} := \sqrt{u_k^{(-1)}(1+\delta^{(-1)}u_{k+1}^{(-1)})} \tag{6.24}$$

に分割する．$\mathcal{W}^{(0)}$ は (6.11) と同一であるが，B^- が下 2 重対角であることに注意する．

第 1 式 (6.20) は (6.8) と同じである．第 2 式 (6.21) を書き下すと

$$u_k^{(0)}(1+\delta^{(0)}u_{k-1}^{(0)}) = u_k^{(-1)}(1+\delta^{(-1)}u_{k+1}^{(-1)}), \quad u_0^{(0)} = 0, \quad u_{2m}^{(-1)} = 0 \tag{6.25}$$

と表される．パラメータ $\delta^{(-1)}$ は一意に $\delta^{(-1)} = \delta^{(0)}/(1 - \delta^{(0)}\hat{\sigma}_k^2) < 0$ と定まる．漸化式 (6.25) は離散ロトカ・ボルテラ (dLV) 方程式 (6.16) の逆方向の時間発展を表すことから，**逆時間離散ロトカ・ボルテラ変換** (reverse-time discrete Lotka-Volterra (rdLV) transformation) と名づけられている [49]．$1 + \delta^{(-1)}u_{k+1}^{(-1)}$ で桁落ちが発生する場合は，(6.20) にもどって $\delta^{(0)}$ から取り直す．

第 3 式 (6.22) では

$$\begin{cases} \dfrac{1}{\delta^{(-1)}}(1 + \delta^{(-1)}u_{2k-2}^{(-1)})(1 + \delta^{(-1)}u_{2k-1}^{(-1)}) = b_{2k-1}^{-}{}^2, \\ \delta^{(-1)}u_{2k-1}^{(-1)}u_{2k}^{(-1)} = b_{2k}^{-}{}^2 \end{cases} \tag{6.26}$$

によって $u_k^{(-1)}, \delta^{(-1)}$ から b_k^{-2} を逐次計算する．

以上によって 2 重コレスキー分解 (6.3) が計算される．stdLV 変換と rdLV 変換を合わせて dLV 型変換と名づけよう．パラメータ $\delta^{(0)}$ を最初にどのように選べば再設定が不要になるかは未解明であるが，重要なことは，ある程度悪条件の行列であっても，原理的には dLV 型変換によって高精度な 2 重コレスキー分解が実現可能なことである [49]．これに対して，パーレットとディロンの 2 重コレスキー分解の計算法 [70] とその改良版 [18] では，dLV 型変換に相当するステップにおいて $\delta^{(0)}, \delta^{(\pm 1)}$ のような自由に選べるパラメータがなく，桁落ちへの対応が困難である．このため，固有値の相対ギャップが小さい場合に，固有ベクトルの直交性が保証されないだけでなく，数値安定かつ高精度な固有ベクトル計算が可能とは限らない [99]．実際，ウィルキンソン行列と呼ばれる固有値が近接する対称 3 重対角行列では固有ベクトルに大きな誤差が発生する [20]．また，条件数の非常に大きなある対称 3 重対角行列について，パーレットとディロンの手法では，コレスキー分解における大きな誤差の発生が報告されている [49]．

3. ツイスト分解による特異ベクトル計算

本節では2重コレスキー分解 (6.3) から高精度の特異ベクトルを計算する手順を説明する．ここでは，パーレットとディロンのツイスト分解 [70, §5] と同様に，残差項を加えた連立1次方程式 $(B^\top B - \hat{\sigma}_j^2 I)\boldsymbol{v}_j = \boldsymbol{c}_j$ において，残差項を

$$\boldsymbol{c}_j = \gamma_{j,\rho} \boldsymbol{e}_\rho, \quad \boldsymbol{e}_\rho := (0,\ldots,0,1,0,\ldots,0)^\top, \tag{6.27}$$

$$\gamma_{j,k} = {b_{2k-1}^+}^2 + {b_{2k-1}^-}^2 - (b_{2k-2}{}^2 + b_{2k-1}{}^2 - \hat{\sigma}_j{}^2) \neq 0 \tag{6.28}$$

と選ぶ．$\boldsymbol{e}_\rho$ は単位行列 I の ρ 列目のベクトルである．ρ は残差パラメータの絶対値 $|\gamma_{j,k}|$ を最小とする k として定める．

2重コレスキー分解を用いて

$$N(k) = \begin{cases} \dfrac{b_{2k}^+}{b_{2k-1}^+}, & (k=1,2,\ldots,\rho-1), \\[6pt] \dfrac{b_{2k}^-}{b_{2k+1}^-}, & (k=\rho,\rho+1,\ldots,m-1), \end{cases} \tag{6.29}$$

$$D^+(k) = {b_{2k-1}^+}^2, \quad (k=1,2,\ldots,\rho-1), \tag{6.30}$$

$$D^-(k) = {b_{2k-1}^-}^2, \quad (k=\rho+1,\rho+2,\ldots,m) \tag{6.31}$$

を導入する．(6.17) と (6.26) より ${b_{2k-1}^\pm}^2 {b_{2k}^\pm}^2 = b_{2k-1}{}^2 b_{2k-1}{}^2 > 0$ だから，$b_{2k}^\pm$ が実数ならば $b_{2k\mp1}^\pm$ も実数，$b_{2k}^\pm$ が純虚数ならば $b_{2k\mp1}^\pm$ も純虚数となる．したがって，(6.29) なる $N(k)$ は必ず実数となる．さらに，

$$N_\rho := \begin{pmatrix} 1 & & & & & & \\ N(1) & 1 & & & & & \\ & \ddots & \ddots & & & & \\ & & N(\rho-1) & 1 & N(\rho) & & \\ & & & & 1 & \ddots & \\ & & & & & \ddots & N(m-1) \\ & & & & & & 1 \end{pmatrix}, \tag{6.32}$$

$$D_\rho := \mathrm{diag}(D^+(1),\ldots,D^+(\rho-1),\gamma_{j,\rho},D^-(\rho+1),\ldots,D^-(m)) \tag{6.33}$$

とおけば，連立1次方程式 $(B^\top B - \hat{\sigma}_j^2 I)\boldsymbol{v}_j = \gamma_{j,\rho}\boldsymbol{e}_\rho$ の係数行列は

3. ツイスト分解による特異ベクトル計算 195

```
┌─────────────────────────┐
│   $B^\top B - \hat{\sigma}_j{}^2 I$   │
└─────────────────────────┘
         1st Cholesky tr.
  ↓↓↓↓↓↓↓↓↓↓↓↓↓↓↓
┌───────────────────────────────────────┐
│ $B^\top B - \dfrac{1}{\delta^{(0)}} I = (\mathcal{W}^{(0)})^\top \mathcal{W}^{(0)}$ │
└───────────────────────────────────────┘
    stdLV tr.           rdLV tr.
  ↓↓↓↓↓↓              ↓↓↓↓↓↓
┌──────────────────┐ ┌──────────────────┐
│ $(\mathcal{W}^{(0)})^\top \mathcal{W}^{(0)} = (\mathcal{W}^{(1)})^\top \mathcal{W}^{(1)}$ │ │ $(\mathcal{W}^{(0)})^\top \mathcal{W}^{(0)} = (\mathcal{V}^{(-1)})^\top \mathcal{V}^{(-1)}$ │
└──────────────────┘ └──────────────────┘
            2nd Cholesky tr.
   ↓↓↓↓↓↓             ↓↓↓↓↓↓
┌──────────────────────┐ ┌──────────────────────┐
│ $(\mathcal{W}^{(1)})^\top \mathcal{W}^{(1)} + \dfrac{1}{\delta^{(1)}} I$ │ │ $(\mathcal{V}^{(-1)})^\top \mathcal{V}^{(-1)} + \dfrac{1}{\delta^{(-1)}} I$ │
│  $= (B^+)^\top B^+$   │ │  $= (B^-)^\top B^-$   │
└──────────────────────┘ └──────────────────────┘
              ↓
┌─────────────────────────────────────┐
│ $B^\top B - \hat{\sigma}_j{}^2 I = N_\rho D_\rho (N_\rho)^\top$ │
└─────────────────────────────────────┘
```

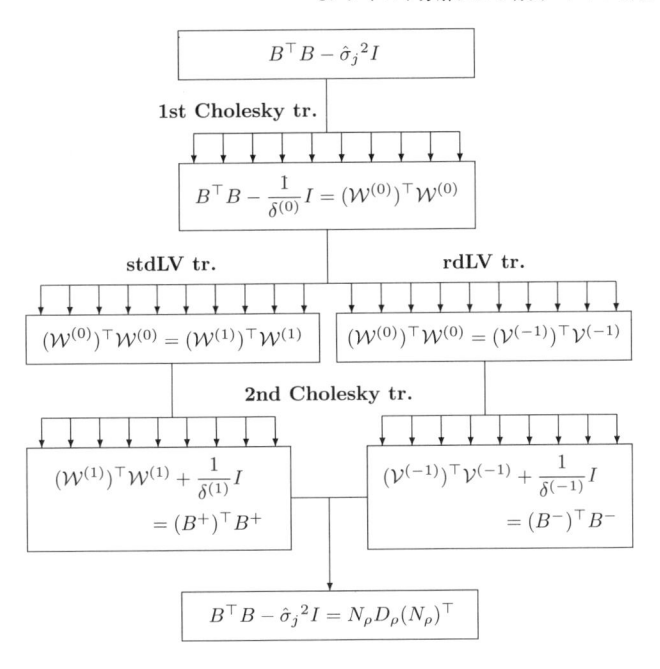

図 6.1 dLV 型変換による $B^\top B - \hat{\sigma}_j{}^2 I$ のツイスト分解

$$B^\top B - \hat{\sigma}_j{}^2 I = N_\rho D_\rho (N_\rho)^\top \tag{6.34}$$

と表される．これが $B^\top B - \hat{\sigma}_j{}^2 I$ のツイスト分解である．N_ρ は ρ 次の下 2 重対角行列と $m - \rho + 1$ 次の上 2 重対角行列を (ρ, ρ) 成分で重ねてできた行列で，$N(k)$ についてみると ρ 行目でねじれたようにみえることから，N_ρ を**ツイスト行列** (twisted matrix) という．一方向のコレスキー分解 (6.7), (6.19) では 2 重対角行列の端の成分に丸め誤差が蓄積しやすいが，途中でねじることで，誤差の蓄積を軽減する効果があると考えられる．2 重コレスキー分解 (6.3) が求まると，あとは B の次数 m 回の除算を行うだけでツイスト分解 (6.34) が完了する．2 重コレスキー分解からツイスト分解への計算の手順は，図 6.1 のように表される．

$D_\rho e_\rho = \gamma_{j,\rho} e_\rho$, $N_\rho e_\rho = e_\rho$, $D_\rho N_\rho e_\rho = N_\rho D_\rho e_\rho$ なので，もしベクトル v_j が

$$N_\rho^\top v_j = e_\rho \tag{6.35}$$

を満たせば，$\boldsymbol{v}_j$ は $(B^\top B - \hat{\sigma}_j{}^2 I)\boldsymbol{v}_j = \gamma_{j,\rho}\boldsymbol{e}_\rho$ を満たし，$\hat{\sigma}_j{}^2$ に対応する $B^\top B$ の固有ベクトルである．D_ρ の対角成分が $D^+(k) \neq 0$ かつ $D^-(k) \neq 0$ ならば，反復解法なしで連立 1 次方程式 (6.35) の解 $\boldsymbol{v}_j$ は

$$v_j(k) = \begin{cases} 1, & (k = \rho), \\ -N(k)v_j(k+1), & (k = \rho-1, \rho-2, \ldots, 1), \\ -N(k-1)v_j(k-1), & (k = \rho+1, \rho+2, \ldots, m) \end{cases} \quad (6.36)$$

のようにわずかな演算で求められる．ある k_0 について $D^+(k_0) = 0$ または $D^-(k_0) = 0$ であっても，B の (k,k) 成分である b_{2k-1} と $(k,k+1)$ 成分である b_{2k} によって

$$v_j(k_0) = \begin{cases} -\dfrac{b_{2k_0+1}b_{2k_0+2}}{b_{2k_0-1}b_{2k_0}}v_j(k_0+2), & (k_0 < \rho), \\[2ex] -\dfrac{b_{2k_0-5}b_{2k_0-4}}{b_{2k_0-3}b_{2k_0-2}}v_j(k_0-2), & (k_0 > \rho) \end{cases} \quad (6.37)$$

と計算できる [70, §6]．

一本の固有ベクトルについてツイスト行列の成分をすべて求めるのに除算 m 回が必要であった．その他の演算と合わせて，k 本の固有ベクトルについて $O(km)$，全固有ベクトルについて $O(m^2)$ の計算量で計算は完了する．

4. I-SVD アルゴリズム：数値実験

mdLVs アルゴリズムで特異値を求め，さらに dLV 型変換によるツイスト分解を利用して特異ベクトルを算出するアルゴリズムが，I-SVD アルゴリズムである．I-SVD アルゴリズムの計算量は，特異値計算部 $O(m^2)$，特異ベクトル計算部 $O(m^2)$，全体で $O(m^2)$ である．これは現在の標準解法であるデーメル・カハン法のそれぞれ $O(m^2)$，$O(m^3)$，全体で $O(m^3)$ に対して，大規模行列の特異値分解では決定的な差がある．また，前章でみたように，特異値の精度では mdLVs アルゴリズムは QR アルゴリズムを大きく上回る．本節では I-SVD ルーチンとデーメル・カハン法を実装した LAPACK[55] の DBDSQR ルーチンとの特異ベクトルの精度を含めた比較数値実験 [49] を紹介する．LAPACK では他にも特異値分解ルーチンと明示されているものはあるが，いずれも内部で DBDSQR が呼び出されている．パーレットとディロンの MR^2 については，

表 6.1 実験で使用する $m \times m$ 上 2 重対角行列

	b_{2k-1}	b_{2k}	$\dfrac{gap}{\sigma_m}$
Type 1	10	1	$gap \approx 4/(m-1)$ $\sigma_m \sim 0$
Type 2	2	0.001	$gap \approx 0.002/(m-1)$ $\sigma_m \sim 0$
Type 3	$\begin{cases} 1 & (k=1) \\ 2 & (k \neq 1) \end{cases}$	$\begin{cases} 0.001 & (k=1) \\ 0.002 & (k \neq 1) \end{cases}$	$gap \approx 0.002/(m-1)$ $\sigma_m \sim 1$

gap: 特異値の近接度, σ_m: 最小特異値

左特異ベクトル行列 U の計算手順を含む特異値分解ルーチンは公開されていないので,比較の対象としない.

I-SVD アルゴリズムの特異値計算部で mdLVs アルゴリズムを用いるのは,収束性が保証されている点以外にも,以下の理由による.ツイスト分解 (6.34) によって直交性のよい特異ベクトル v_j を求めるには,できるだけ精度のよい特異値 σ_j が得られている必要がある.収束証明はないものの,特異値を高速かつ高精度に得るための LAPACK ルーチンとして,dqds アルゴリズムに基づく DLASQ ルーチンがある.このルーチンに比べて,mdLVs アルゴリズムに基づく DBDSLV ルーチンは 2~3 倍程度の実行時間を要するが,精度の面ではより優れている [85]. 前処理における上 2 重対角化のためのハウスホルダー変換の計算量が $O(m^3)$ であるのに対して,mdLVs アルゴリズムと dqds アルゴリズムの特異値の計算量はともに $O(m^2)$ であり,後に続く特異ベクトルに必要な計算量は $O(m^2)$ だから,次数 m が大きくなるにつれて,与えられたデータ行列の特異値分解全体の所要時間に占める特異値計算部の実行時間は小さくなる.よって,特異値計算には速度よりも精度を重視した mdLVs アルゴリズムを利用するのがよい.

以下,数値実験[8]は表 6.1 のように特異値 $\sigma_1 > \cdots > \sigma_m > 0$ の近接度 $gap \approx (\sigma_1 - \sigma_m)/(m-1)$ と最小特異値 σ_m が異なる 3 種類のテスト行列を対象とする.ただし,条件数が大きい行列 Type 3 の最小特異値 σ_m は孤立しているので,近接度を $gap \approx (\sigma_1 - \sigma_{m-1})/(m-1)$ としている.Type 3 は集積

---

[8] 計算機環境は,CPU:Intel Pentium 4, 2.66 GHz, RAM:1024 MB である.

表 6.2 DBDSQR ルーチンと DBDSLV(I-SVD) ルーチンの誤差（$\times 10^{-13}$）

	$\|B - U\Sigma V^\top\|_\infty / \|B\|_\infty$		$\|U^\top U - I\|_\infty$		$\|V^\top V - I\|_\infty$	
	DBDSQR	I-SVD	DBDSQR	I-SVD	DBDSQR	I-SVD
Type 1	1.40	2.59	1.24	2.07	1.24	2.08
Type 2	1.76	2.89	1.16	2.02	1.18	2.09
Type 3	1.80	2.48	1.19	1.97	1.17	1.97

した特異値の分布をもつ.

まず, DBDSQR ルーチンおよび DBDSLV(I-SVD) ルーチンによって次数 $m = 1000$ の上 2 重対角行列テスト行列を特異値分解して, 特異値分解の相対誤差 $\|B - U\Sigma V^\top\|_\infty / \|B\|_\infty$, および, 特異ベクトルの直交性の誤差の総和 $\|U^\top U - I\|_\infty, \|V^\top V - I\|_\infty$ を求めた. その結果, 表 6.2 のように 2 つのルーチンで発生する誤差に大きな差はみられなかった. つまり, これらの行列については 2 つのルーチンともほぼ同程度の精度で特異値分解できる. DBDSQR ルーチンでは優れた直交性をもつ特異ベクトルが求められるとされているが, DBDSLV(I-SVD) ルーチンでも, やや劣るがほぼ同程度の直交性が確認された. I-SVD のもつ良好な直交性は, MR^3 における相対ギャップが大きい場合の固有ベクトルの直交性の解析とほぼ同様に説明されよう. 最近, 固有値が集積する行列では MR^3 で計算した固有ベクトルの直交性が悪化することが報告されている [18]. I-SVD では近接する特異値 σ_j, σ_{j+1} に応じてパラメータ $\delta^{(0)}$ を取り替えることができ, 直交性の悪化をある程度回避できると考えられる. また, 条件数が非常に大きな係数行列では MR^3 ではコレスキー分解の精度が悪化するが, I-SVD では精度が保たれる例が報告されている [49].

次に, 2 つのルーチンのもとで, 次数 $m = 1000, 2000, 3000$ の上 2 重対角行列テスト行列の特異値分解に要する実行時間を測定した. 表 6.3 に示すように, 行列によらず DBDSLV(I-SVD) ルーチンがより高速であった.

通常は, 前処理として, 与えられた密正方行列 A をハウスホルダー変換により上 2 重対角化し, I-SVD ルーチンにより上 2 重対角行列 B の特異値と左右の特異ベクトルをすべて計算し, さらに後処理として, 左右の特異ベクトル行列を 1 次変換してもとの行列 A の左右の特異ベクトルをすべて計算することで特異値分解が完了する. 図 6.2 は, このいわばフルコースの特異値分解につい

表 6.3　DBDSQR ルーチンと DBDSLV(I-SVD) ルーチンの計算時間 (sec)

	$m = 1000$		$m = 2000$		$m = 3000$	
	DBDSQR	I-SVD	DBDSQR	I-SVD	DBDSQR	I-SVD
Type 1	64.38	0.98	1365.88	4.01	5290.72	10.09
Type 2	51.46	0.93	1228.41	4.01	5337.81	10.11
Type 3	51.51	1.00	1135.12	3.99	4751.86	10.04

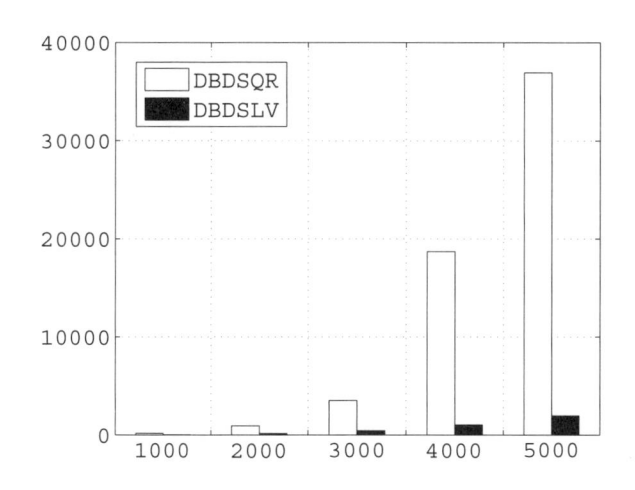

図 6.2　DBDSLV(I-SVD) ルーチンと DBDSQR ルーチンによる密正方行列の特異値分解計算時間 (sec)

て，標準解法である DBDSQR ルーチンと本書で解説した DBDSLV(I-SVD) ルーチンの実行時間の比較である[9]．横軸は密正方行列の次数 m，縦軸は特異値分解完了までの総時間 (sec) である．I-SVD アルゴリズムの優位性が顕著に現れている．m 本すべてではなく k 本の特異ベクトルだけが必要な問題では，I-SVD アルゴリズムの特異ベクトルの計算量は $O(m^2)$ から $O(km)$ に減少するが，DBDSQR ルーチンでは $O(m^3)$ のままであるので，両者の計算時間の差

---

[9] ランダムに生成した密行列 A について前処理 (i) と逆変換 (iv) の合計時間を比較している．計算機環境は以下の通り．CPU：Intel Pentium 4, 2667 MHz, RAM：DDR-333 512 MB, コンパイラ：GNU 3.3.5.

は一層拡大する.

特異値をより高精度で計算できることと合わせて，I-SVD アルゴリズムは実用レベルに達した高速・高精度・高信頼の新しい特異値分解アルゴリズムといってよいだろう．

5. おわりに

dqds アルゴリズムや mdLVs アルゴリズムの登場で上2重対角行列 B の特異値 σ_j が非常に高精度に求められるようになった反面，このようにして得られた $\hat{\sigma}_j$ については，対称3重対角行列 $B^\top B - \hat{\sigma}_j^2 I$ は非正則に近い正則行列となり，そのコレスキー分解は数値不安定で，ツイスト分解を求める際に桁落ちが発生しやすくなる．ツイスト分解を実現するには係数行列 $B^\top B - \hat{\sigma}_j^2 I$ の2重分解（2種類の3角行列分解）が必要であるが，パーレットとディロンの手法 [18, 19, 70] ではシフト量が固定されているため，係数行列が非正則行列に近く，特異値間の相対ギャップが小さい場合には，特異ベクトルが大きな誤差をもつことは避けられない．

本章では，特異値の平方 $\hat{\sigma}_j^2$ を

$$\hat{\sigma}_j{}^2 = \frac{1}{\delta^{(0)}} - \frac{1}{\delta^{(\pm 1)}} \tag{6.38}$$

に従って2つに分離し，悪条件でない係数行列のそれぞれについて複素型の2重コレスキー分解を行う手法を提案している．前章で述べた不等間隔離散可積分系の差分ステップサイズを自由に動かせるパラメータ $\delta^{(0)}$, $\delta^{(\pm 1)}$ として扱うことで，係数行列の条件数を変えることができるのである．これらの2つのコレスキー分解を相互に結ぶのが dLV 型変換である．dLV 型変換を数値安定に実行できるよう，パラメータ $\delta^{(0)}$ を適切に選べばよい．この結果，係数行列 $B^\top B - \hat{\sigma}_j^2 I$ の高精度ツイスト分解が実現される．

本章で与えた高精度ツイスト分解法は，悪条件の3重対角行列の係数行列をもつ**連立1次方程式の直接解法** (direct method for linear equations) でもある．ツイスト分解の前段階である2重コレスキー分解を，悪条件でない2段のコレスキー分解を通じて実現している．同様な考え方は，より一般の係数行列をもつ連立1次方程式にも適用可能と考えられる．

7

結論

　本書は，2章においてモーザーの研究 [59] に基づいて有限非周期戸田方程式のもつ様々な機能を概観し，3章で直交多項式について必要事項を準備した後，4〜6章では，筆者らによる可積分な特異値分解アルゴリズムの研究 [45, 46, 47, 48, 49, 85, 86] を解説している．この研究では，連分数展開型の漸化式による数値安定な高速固有値・特異値計算というルティスハウザーの構想を，qd アルゴリズム（離散戸田方程式）ではなく，離散ロトカ・ボルテラ (dLV) 方程式を使って実現している．ルティスハウザーは著名な数値解析の研究者であるが，本書のアプローチは従来の数値解析の枠組みから外れるためか，難解に受け取られることが多い．応用数学，数値解析，科学技術計算などの研究者から，

　i) なぜ可積分系はアルゴリズムになるのか，可積分なアルゴリズムに共通する性質は何か，

　ii) なぜ可積分系は「良い」アルゴリズムになりうるのか，

　iii) mdLVs アルゴリズムや I-SVD アルゴリズム以外に可積分系に基づく実用的なアルゴリズム開発は可能か，

などの疑問や質問が寄せられている．ここでは本書のまとめとして，これらに答えることとしたい．

　i) なぜ可積分系はアルゴリズムになりうるのかについて，まず，外形的な説明を与える．モーザーの有限非周期戸田方程式についてみれば，2章でみたように，格子の個数は「有限」とはいえ，無限に広がった1次元の軸上の斥力の非線形格子モデルであり，時間無限大 $t \to \infty$ で個々の格子が無限の彼方に飛び去る描像が，別の変数についてみれば，平衡点に収束するアルゴリズムの挙動に対応している．可積分系に共通の表現形式であるラックス表示は，行列の

固有値保存変形の方程式である．適切な境界条件で考えた可積分系の時間発展が，固有値など必要な物理量の計算手順とみなせることに不思議はない．

さらに，可積分系では大きな差分ステップサイズでも解の挙動が変わらない離散化が可能である．つまり，離散時間可積分系による計算アルゴリズムの定式化が可能となる．広田の双線形形式は，行列式の効率のよい計算公式でもある．ルティスハウザーの qd アルゴリズムや本書で論じた dLV アルゴリズムは，そのようなアルゴリズムである．

一方，可積分系を直交多項式の変形方程式とみればどうだろうか．離散可積分系の時間発展は直交多項式からその核多項式へのクリストフェル変換であるが，3章2節でみたように，再生核の観点では，クリストフェル変換は2乗ノルムを最小とする方向への多項式に変形でもある．ゆえに，離散可積分系の時間発展が，直交多項式による近似の精度を上げる働き，すなわち，アルゴリズムの機能をもつことがわかる．これはより本質的な理解である．

可積分系とは，解を具体的に書き下すことができる非線形力学系と解されている．このことは可積分なアルゴリズムの漸化式の一般項の表示式が得られることを意味する．本書5章4節では，漸化式の一般項を用いて，dLV アルゴリズムのステップ数 $n \to \infty$ での挙動，収束次数，特異値の分布や差分ステップサイズ δ と収束の速さの関係を解析した．一方では，シフト付き qd アルゴリズムでどのようにして桁落ちが起きうるのかも論じられた．このような見通しのよさが可積分なアルゴリズムの身上である．

ii) なぜ可積分系は良いアルゴリズムになりうるのかに答えるためには，少し踏み込んだ検討が必要である．可積分なアルゴリズムが実用化可能なものとなるためには関門がある．離散時間可積分系は四則演算のみからなる比較的シンプルな漸化式で，多くの場合，**陽的** (explicit) であり，変数の値はすべて逐次代入で計算可能である．**陰的** (implicit) な離散時間可積分系でも多くの場合，補助変数の導入により陽的にできることが知られている．ただ，減算に起因して桁落ちや数値不安定性が発生する可能性がある．単なる可積分系の構造だけでは，このような現象を防ぐことはできない．qd アルゴリズムが一度，歴史の中に消えた理由もここにある．

本書では，直交多項式の理論に基づいて，対称な直交多項式のクリストフェル変換から dLV アルゴリズムの漸化式を導出した．発見的，代数的導出法と比較して，差分ステップサイズや変数の正値性が成り立つことが著しい特徴であ

る．この結果，dLV は数値安定性に恵まれることになった．また，不等間隔離散可積分系 dLV が自然に得られることも大きなメリットである．

ルティスハウザーの dqd アルゴリズムは補助変数の導入により qd アルゴリズムの減算をなくしたもので，dLV アルゴリズム同様，数値安定性をもつ．ただ，そのままでは収束は遅く，収束を加速するため原点シフトを必要とする．dqds アルゴリズムである．この漸化式は dLV アルゴリズムの漸化式と代数的には等価であり，やはり，行列式解をもつ離散時間可積分系である．しかし，高次収束する場合は，dLV と異なり変数の正値性，さらには，数値安定性の確認が困難である．このように，可積分系の枠内で計算速度は改善できても，数値安定性については可積分性とは異なる考え方を必要とする．

本書 5 章 5 節で定式化した mdLVs アルゴリズムは，変数の正値性を損なうことなく高次収束性を実現したアルゴリズムである．dLV アルゴリズムの解の正値性，単調性がそのまま成り立つように原点シフトを行っている．dLV アルゴリズムの可積分性は，新しい高速高精度で数値安定な特異値計算アルゴリズム mdLVs 開発の基盤である．可積分性は，広い意味で，アルゴリズムの良さにつながるものといえよう

iii) 6 章でみたように，dLV の不等間隔な差分ステップを利用して dLV 型変換の stdLV と rdLV を導入し，高速高精度の特異ベクトル計算が可能となった．これは悪条件な対称 3 重対角行列を係数とする連立 1 次方程式の高精度コレスキー分解による高速解法とみなすことができる．dLV 型変換は不等間隔離散ロトカ・ボルテラ (dLV) 方程式に類似するが同一ではない．このように異なる目的には異なる離散可積分系が必要である．

dLV は実軸上の対称な直交多項式のクリストフェル変換を利用して導出された．同様に，単位円周上の直交多項式，双直交多項式，あるいは，直交関数系のクリストフェル変換から得られるいくつかの離散可積分系が知られている．それぞれが本書で扱った離散戸田方程式や離散ロトカ・ボルテラ方程式とは異なる可積分系であるが，やはり，ラックス表示やタウ関数解をもっている．このような可積分系の豊かな土壌の中から，今後，新しい連分数展開や一般化固有値問題，一般の連立 1 次方程式の解法が育つものと期待したい．

参考文献

[1] M. J. アブロビッツ, H. シーガー (薩摩順吉, 及川正行 訳), ソリトンと逆散乱変換, 日本評論社, 1991.

[2] N. I. Akhiezer, The Classical Moment Problem and Some Related Questions in Analysis, Olver & Boyd, Edinburgh, 1965.

[3] V. I. アーノルド, 古典力学の数学的方法, 岩波書店, 1980.

[4] I. Babuska, Numerical stability in problems of linear algebra, SIAM J. Numer. Anal., **9**(1972), 53–77.

[5] G. A. Baker Jr. and P. Graves-Morris, Padé Approximations 2nd Ed., Cambridge, New York, 1996.

[6] Yu. M. Berezanski, The integration of semi-infinite Toda chain by means of inverse spectral problem, Rep. Math. Phys., **24** (1986), 21–47.

[7] R. W. Brockett, Some geometrical questions in the theory of systems, IEEE Trans. Automat. Control, **21**(1976), 446–455.

[8] R. W. Brockett, Dynamical systems that sort lists, diagonalize matrices and solve linear programming problems, Lin. Alg. Appl., **146**(1991), 79–91.

[9] T. S. Chihara, An Introduction to Orthogonal Polynomials, Gordon & Breach, New York, 1978.

[10] M. T. Chu, A differential equation approach to the singular value decomposition of bidiagonal matrices, Lin. Alg. Appl., **80**(1986), 71–79.

[11] M. T. Chu, On the continuous realization of iterarive processes, SIAM Review, **30**(1988), 375–397.

[12] J. J. Cuppen, A divide and conquer method for the symmetric tridiagonal eigenproblem, Numer. Math., **36**(1981), 177–195.

[13] P. Deift, J. Demmel, L.-C. Li and C. Tomei, The bidiagonal singular value decomposition and Hamiltonian mechanics, SIAM J. Numer. Anal., **28**(1991), 1463–1516.

[14] P. Deift, L. C. Li, T. Nanda and C. Tomei, The Toda flow on a geneic orbit is integrable, Commun. Pure Appl. Math., **39**(1986), 183–232.

[15] P. Deift, L. C. Li and C. Tomei, Matrix factorizations and integrable systems, Commun. Pure Appl. Math., **42**(1989), 443–521.

[16] J. Demmel, Applied Numerical Linear Algebra, SIAM, Philadelphia, 1997.

[17] J. Demmel and W. Kahan, Accurate singular values of bidiagonal matrices, SIAM J. Sci. Sta. Comput., **11**(1990), 873–912.

[18] I. S. Dhillon and B. N. Parlett, Orthogonal eigenvectors and relative gaps, SIAM J. Matrix Anal. Appl., **25**(2004), 858–899.

[19] I. S. Dhillon and B. N. Parlett, Multiple representations to compute orthogonal eigenvectors of symmetric tridiagonal matrices, Lin. Alg. Appl., **387**(2004), 1–28.

[20] I. S. Dhillon, B. N. Parlett and C. Vömel, Glued matrices and the MRRR algorithm, SIAM J. Sci. Comput., **27**(2005), 496–510.

[21] A. Erdélyi ed., Higher Transcendental Functions Based, in Part, on Notes Left by Harry Bateman and Compiled by the Staff of the Bateman Manuscript Project, Vols. 1-3, McGraw-Hill, New York, 1953-1955.

[22] K. V. Fernando, B. N. Parlett, Accurate singular values and differential qd algorithms, Numer. Math., **67** (1994), 191-229.

[23] H. Flaschka, The Toda lattice, II. Existense of integrals, Phys. Rev. B, **9**(1974), 1924–1925.

[24] J. G. F. Francis, The QR transformation, Parts I and II, The Computer J., **4**(1961-1962), 265–271, 332–345.

[25] F. R. Gantmacher, The Theory of Matrices, Vol. 1, Chelsea, New York, 1959.

[26] F. R. Gantmacher, The Theory of Matrices, Vol. 2, Chelsea, New York, 1959.

[27] C. S. Gardner, J. M. Greene, M. D. Kruskal and R. Miura, Method for solving the Korteweg-de Vries equation, Phys. Rev. Lett., **19**(1967), 1095–1097.

[28] S. K. Godunov, V. I. Kostin and A. D. Mitchenko, Computation of an eigenvector of symmetric tridiagonal matrices, Siberian Math. J., **26**(1985), 81–85.

[29] G. H. Golub and C. Reinsch, Singular value decomposition and least squares solutions, Numer. Math., **14** (1970), 403-420.

[30] G. H. Golub and C. F. Van Loan, Matrix Computation, Third Edition, The Johns Hopkins Univ. Press, Baltimore, 1996.

[31] C. Gu, H. Hu and Z. Zhou, Darboux Transformations in Integrable Systems, Springer, Dordrecht, 2005.

[32] M. Gu and S. C. Eisenstat, A divide-and-conquer algorithm for the symmetric tridiagonal eigenproblem, SIAM J. Mat. Anal. Appl., **16**(1995), 172–191.

[33] M. Hénon, Integrals of the Toda lattice. Phys. Rev. B, **9**(1974), 1921–1923.

[34] P. Henrici, Applied and Computational Complex Analysis Vol. 1, John Wiley & Sons, New York, 1974.

[35] P. Henrici, Applied and Computational Complex Analysis Vol. 2, John Wiley & Sons, New York, 1977.

[36] R. Hirota, Exact N-soliton solutions of a nonlinear lumped network equation, J. Phys. Soc. Japan, **35**(1973), 289–294.

[37] R. Hirota, Nonliear partial difference equations. I-V, J. Phys. Soc. Japan, **43**(1977), 1424–1433, 2074–2078, 2079–2086, **45**(1978), 321–332, **46**(1979), 312–319.

[38] R. Hirota, Discrete analogue of a generalized Toda equation, J. Phys. Soc. Japan, **50**(1981), 3785–3891.

[39] R. Hirota, Toda molecule equations, in: Algebraic Analysis Vol. 1, M. Kashiwara and T. Kawai eds., Academic Press, Boston, 1988, pp. 203–216.

[40] 広田良吾，直接法によるソリトンの数理，岩波書店，1992, R. Hirota, The Direct Method in Solion Theory, Cambridge Univ. Press, Cambridge, 2004.

[41] R. Hirota, Conserved quantities of "random-time Toda equatiopn", J. Phys. Soc. Japan, **66**(1997), 283–284.

[42] R. Hirota, S. Tsujimoto and T. Imai, Difference scheme of soliton equations, in; Future Directions of Nonlinear Dynamics in Physical and Biological Systems, Christiansen, P.L. Eilbeck, J.C. and Parmentier, R.D. eds., Plenum, New York, 1993, pp. 7–15.

[43] 一松信，近似式，竹内書店，1963.

[44] 一松信，特殊関数入門，森北出版，1999.

[45] M. Iwasaki and Y. Nakamura, On a convergence of solution of the discrete Lotka-Volterra system, Inverse Problems, **18** (2002), 1569-1578.

[46] M. Iwasaki and Y. Nakamura, An application of the discrete Lotka-Volterra system with variable step-size to singular value computation, Inverse Problems, **20** (2004), 553-563.

[47] 岩崎雅史，中村佳正，特異値計算アルゴリズム dLV の基本性質について，日本応用数理学会論文誌，**15** (2005), 287–306.

[48] M. Iwasaki and Y. Nakamura, Accurate computation of singular values in terms of shifted integrable schemes, Japan J. Indust. Appl. Math., **23** (2006).

[49] 岩崎雅史，阪野真也，中村佳正，実対称3重対角行列の高精度ツイスト分解とその特異値分解への応用，日本応用数理学会論文誌，**15** (2005), 461–481.

[50] C. R. Johnson, A Gersgorin-type lower bound for the smallest singular value, Lin. Alg. Appl., **112** (1989), 1-7.

[51] B. Kostant, The solution of a generalized Toda lattice and representation theory, Adv. Math., **34**(1979), 195–338.

[52] P. S. Krishnaprasad, Symplectic mechanics and rational functions, Ricerche Automat., **10**(1979), 107–135.

[53] V. N. Kublanovskaya, On some algorithms for the solution of the compute eigenvalue problem, USSR Comput. Math. Phys., **3**(1961), 637–657.

[54] G.L. ラム Jr. (戸田盛和 監訳), ソリトン：理論と応用, 培風館, 1983.

[55] LAPACK, http://www.netlib.org/lapack/

[56] P. D. Lax, Integrals of nonlinear equations of evolution and solitary waves, Commun. Pure Appl. Math., **21**(1968), 467–490.

[57] S. V. Manakov, Complete integrability and stochastization in discrete dynamical systems, Soviet. Phys. JETP, **40**(1975), 269–274.

[58] R. Miura, C. S. Gardner and M. D. Kruskal, Korteweg-de Vries equation and generalization, II. Existence of conservation laws and constants of motion, J. Math. Phys., **9**(1968), 1204–1209.

[59] J. K. Moser, Finitely many mass points on the line under the influence of an exponential potential – An integrable system –, in: Dynamical Systems. Theory and Applications, J. Moser ed., Lec. Notes in Phys., Vol. 38, Springer-Verlag, Berlin, 1975, pp. 467–497.

[60] 中川徹, 小柳義夫, 最小二乗法による実験データ解析, 東京大学出版会, 1992.

[61] 中村佳正, 非線形可積分系の応用解析の試み, 計測と制御, 31巻8号 (1992), 872–877; 非線形可積分系の応用解析の展開, 応用数理, 2巻4号 (1992), 330–342.

[62] Y. Nakamura, The level manifold of a generalized Toda equation hierarchy, Trans. Amer. Math. Soc., **333**(1992), 83–94.

[63] Y. Nakamura, A tau-function of the finite nonperiodic Toda lattice, Phys. Lett. A, **195**(1994), 346–350.

[64] Y. Nakamura, Calculating Laplace transforms in terms of the Toda molecule, SIAM J. Sci. Comput., **20**(1999), 306–317.

[65] 中村佳正,可積分系とアルゴリズム,可積分系の応用数理(中村編),裳華房,2000, pp. 171–223.

[66] Y. Nakamura, K. Kajiwara and H. Shiotani, On an integrable discretization of the Rayleigh quotient gradient system and the power method with a shift, J. Comput. Appl. Math., **96**(1998), 77–90.

[67] Y. Nakamura and A. Mukaihara, Dynamics of the finite Toda molecule over finite fields and a decoding algorithm, Phys. Lett. A, **249**(1998), 295–302.

[68] E. M. Nikishin and V. N. Sorokin, Rational Approximations and Orthogonality, Amer. Math. Soc., Providence, 1991.

[69] B. N. Parlett, The new qd algorithm, Acta Numerica, 1995, pp. 459–491.

[70] B. N. Parlett and I. S. Dhillon, Fernando's solution to Wilkinson's problem: An application of double factorization, Lin. Alg. Appl., **267**(1997), 247–279.

[71] B. N. Parlett and O. A. Marques, An implementation of the dqds algorithm (positive case), Lin. Alg. Appl., **309**(2000), 217–259.

[72] H. Rutishauser, Ein Quotienten-Differenzen-Algorithmus, Z. angew. Math. Phys., **5**(1954), 233–251.

[73] H. Rutishauser, Ein infinitesimales Analogon zum Quotienten-Differenzen-Algorithmus, Arch. Math., **5**(1954), 132–137.

[74] H. Rutishauser, Solution of eigenvalue problems with the LR-transformation, Nat. Bur. Standards Appl. Math. Ser., **49**(1958), 47–81.

[75] H. Rutishauser, Lectures on Numerical Mathematics, Birkhäuser, Boston, 1990.

[76] F. シャトラン(伊理正夫,伊理由美 訳),行列の固有値,シュプリンガー・フェアラーク東京, 1993.

[77] 佐武一郎,線型代数学,裳華房, 1958.

[78] M. Sato and Y. Sato, Soliton equations as dynamical systems on infinite dimensional Grassmann manifold, in: Lecture Notes in Numerical and Applied Analysis, Vol. 5, Kinokuniya, Tokyo, 1982, pp. 259–271.

[79] K. Sogo, Toda molecule equation and quotient-difference method, J. Phys. Soc. Japan, **62**(1993), 1081–1084.

[80] V. Spiridonov and A. Zhedanov, Discrete Darboux transformations, the discrete-time Toda lattice, and the Askey-Wilson polynomials, Methods Appl. Anal., **2**(1995), 369–398.

[81] V. Spiridonov and A. Zhedanov, Discrete-time Volterra chain and classical orthogonal polynomial, J. Phys. A: Math. Gen., **30** (1997), 8727-8737.

[82] Y. B. Suris, The Problem of Integrable Discretization: Hamiltonian Approach, Birkhauser, Boston, 2003.

[83] W. W. Symes, The QR algorithm and scattering for the finite nonperiodic Toda lattice, Physica, **4D**(1982), 275–280.

[84] G. Szegö, Orthogonal Polynomials, Amer. Math. Soc., Providence, 1939.

[85] 髙田雅美, 岩﨑雅史, 木村欣司, 中村佳正, 高精度特異値計算ルーチンの開発とその性能評価, 情報処理学会論文誌, **46**, No.SIG12(2005), 299-311.

[86] M. Takata, K. Kimura, M. Iwasaki and Y. Nakamura, An evaluation of singular value computation by the discrete Lotka-Volterra system, Proceedings of The 2005 International Conference on Parallel and Distributed Processing Techniques and Applications, Vol. II, pp. 410-416.

[87] 髙田雅美, 木村欣司, 岩﨑雅史, 中村佳正, 高速特異値分解のためのライブラリ開発, 情報処理学会論文誌, **47** (2006).

[88] M. Toda, Vibration of a chain with nonlinear interaction, J. Phys. Soc. Japan, **22**(1967), 431–436.

[89] M. Toda, Waves in nonlinear lattice, Prog. Theor. Phys. Suppl., **45**(1970), 174–200.

[90] 戸田盛和, 非線形格子力学, 岩波書店, 1978, M. Toda, Theory of Nonlinear Lattice, Springer-Verlag, NewYork, 1981.

[91] 戸川隼人, マトリクスの数値計算, オーム社, 1971.

[92] S. Tsujimoto, On a discrete analogue of the two-dimensional Toda lattice hierarchy, Publ. RIMS, Kyoto Univ., **38**(2002), 113–133.

[93] S. Tsujimoto, Y. Nakamura and M. Iwasaki, The discrete Lotka-Volterra system computes singular values, Inverse Problems, **17** (2001), 53-58.

[94] K. Ueno and K. Takasaki, Toda lattice hierarchy, in: Advances Studies in Pure Mathematics, Vol. 4, Kinokuniya, Tokyo, 1984, pp. 1-95.

[95] H. A. van del Vorst, Analysis of a parallel solution method for tridiagonal linear systems, Parallel Computing, **5**(1987), 303–311.

[96] D. S. Watkins, Isospectral flows, SIAM Review, **26**(1984), 379–391.

[97] J. H. Wilkinson, The Algebraic Eigenvalue Problem, Oxford: Clarendon Press, 1965.

[98] 山本哲朗, 数値解析入門, サイエンス社, 1976.

[99] 山本有作, 密行列固有値解法の最近の発展 (I) —Multiple Relatively Robust Representations アルゴリズム—, 日本応用数理学会論文誌, **15**(2005), 181–208.

[100] 山内恭彦, 杉浦光夫, 連続群論入門, 培風館, 1960.

[101] 柳井晴夫, 竹内啓, 射影行列一般逆行列特異値分解, 東京大学出版, 2000.

[102] N. J. Zabusky and M. D. Kruskal, Interaction of solitons in a collisionless plasma and the recurrence of initial staes, Phys. Rev. Lett., **15**(1965), 240–243.

[103] V. E. Zakharov and L. D. Faddeev, Korteweg-de Vries equation: A coompletely integrable Hamiltonian system, Funct. Anal. Appl., **5**(1971), 280–287.

[104] V.E. Zakharov and A.V. Mikhailov, Relativistically invariant two-dimensional modles of field theory which are integrable by means of the inverse scattering problem method, Sov. Phys. JETP, **47**(1979), 1017–1027.

[105] V.E. Zakharov and A.B. Shabat, Integration of nonlinear evolution equations of mathematical physics by inverse scattering transform method, Func. Anal. Appl., **8**(1974), 43–53.

[106] A. Zhedanov, Rational spectral transformations and orthogonal polynomials, J. Comput. Appl. Math., **85**(1997), 67–86.

索　引

【欧文】

dLVs アルゴリズム　156
dLV アルゴリズム　144
dLV 型変換　187
dLV 表　144
dqds アルゴリズム　136
dqd アルゴリズム　135

I-SVD アルゴリズム　188

KdV 方程式　1, 88
KdV 方程式階層　35

LAPACK　117
LDU 分解　55
LR アルゴリズム　10, 116
LR 分解　115

mdLVs アルゴリズム　158
MR^3 アルゴリズム　187

pqds アルゴリズム　134

qd アルゴリズム　9, 102, 133
qd 型変換　187
qd 表　102
QR アルゴリズム　11, 117, 130
QR フロー　36
QR 分解　28, 117

【ア】

悪条件　186
アンダーフロー　136

【イ】

1 次収束　109
入れ子構造　70
陰的　202

【ウ】

ヴァンデルモンド行列式　23
上ヘッセンベルグ行列　37

【オ】

オーバーフロー　153

【カ】

ガウスの消去法　55
ガウス・ヤコビの積分公式　77
可解　25
核多項式　86
可積分系　25
可積分系の機能数理　12, 48
可積分離散　96
ガラブ・カハン法　130
完全積分可能　2, 18

【キ】

逆散乱法　1, 89, 93
逆時間離散ロトカ・ボルテラ変換　193
逆反復法　185

求積　18

【ク】

クラス N 関数　119
グラム・シュミットの直交化　28
クラメルの公式　57
クリストフェル係数　70
クリストフェル・ダルブーの公式　65
クリストフェル変換　86
クロネッカーアルゴリズム　124

【ケ】

桁落ち　133
ゲルシュゴリン型下界　164
減次　154
原点シフト　49, 116, 132, 160

【コ】

交換子積　17
高次の戸田方程式　35
後退安定　151
勾配方程式　47
コーシー指数　40
固有値分解　185
固有値保存変形　4, 17
コレスキー分解　141, 189
コンパイラ　177
コンパニオン行列　40

【サ】

最急降下方程式　47
再生核　65
サイムス　11
佐藤理論　6
ザハロフ・シャバット方程式　42
作用角変数　18
3 項漸化式　21, 52
3 次収束　12, 175

【シ】

ジェロニマス変換　87
周期戸田格子方程式　15
条件数　186

ジョンソン下界　164
シルベスターの行列式恒等式　44, 104, 145

【ス】

数値不安定性　11
スケラビリティ　176

【セ】

正規　72
正準変換　2
正定値　54
正の列　54
前進安定　151
前進型 qd アルゴリズム　112

【ソ】

双線形化法　3
双線形形式　5, 46
ソリトン　1, 89
ソリトン方程式　2

【タ】

第 1 種多項式　64
対称な線形汎関数　61, 81
対称な直交多項式　61, 82, 97
第 2 種多項式　64
タウ関数　5, 46
ダルブー変換　89

【チ】

チェビシェフ連分数　119
チュー　38
直交多項式　4, 51

【ツ】

ツイスト行列　195
ツイスト分解　186

【テ】

停止条件　147
定常離散ロトカ・ボルテラ変換　191
デーメル・カハン法　132

索　引　215

【ト】
特異値　128
特異値分解　128
特異点閉じ込め　119
特異ベクトル　128
戸田型方程式　31
戸田方程式階層　31
戸田盛和　3
ドレッシング法　89

【ニ】
2次収束　109, 173
2重括弧のラックス表示　49
2重コレスキー分解　190
2重分解　187
二分法　185
2方向ガウス消去法　186

【ネ】
ネバンリンナの補間問題　119

【ハ】
ハイパフォーマンスコンピューティング　176
ハウスホルダー変換　37, 130
パデ近似　72, 118
ハンケル行列式　22, 54
ハンバーガーのモーメント問題　119
半無限戸田方程式　4, 96, 127

【ヒ】
菱形則　92
非自励離散　96
ピボット　55
広田良吾　3, 96

【フ】
ファバードの定理　62
フィルター性　66
不等間隔離散　96
浮動小数点演算　130
フラシュカの変数　16
プリュッカー関係式　44, 145

フロア関数　123
ブロケット方程式　49
プロパー　108
分割　157
分割統治法　184

【ヘ】
べき乗法　49, 185
ベックルント変換　93

【ホ】
ポアソン括弧　18
包合系をなす　19
補間問題　119
保存量　2, 17

【マ】
マシンイプシロン　176
マルコフパラメータ　22
丸め誤差　131

【ミ】
みかけの極　89

【ム】
無限可積分系　3
無限戸田格子方程式　3

【モ】
モーザー　12, 79
モニック　61
モーメント　5, 52
モーメント母関数　6

【ヤ】
ヤコビの行列式恒等式　44, 104
ヤコビ法　183

【ユ】
有限非周期戸田方程式　15
有理関数　19, 107

【ヨ】
陽的　202

【ラ】
ラックス行列　4, 17
ラックス対　2
ラックス表示　2, 16, 38
ラプラス変換　76, 125

【リ】
離散化　7, 48
離散時間ラックス表示　118, 140
離散戸田方程式　8, 96
離散類似　7
離散ロトカ・ボルテラ方程式　101, 139

リュービル・アーノルドの定理　18
両立条件　2, 91, 99

【ル】
ルティスハウザー　9, 103

【レ】
零曲率方程式　42
レゾルベント　23, 174
連分数　21, 70, 118
連立1次方程式の直接解法　200

【ロ】
ロトカ・ボルテラ方程式　35, 82, 101

著者紹介

中 村 佳 正
（なか むら よし まさ）

1983年	京都大学大学院工学研究科数理工学専攻博士課程修了
現　在	京都大学大学院情報学研究科 教授
	工学博士
著　書	「可積分系の応用数理」(裳華房, 2000, 共著)

共立叢書 現代数学の潮流
可積分系の機能数理

2006 年 4 月 10 日　初版 1 刷発行

著　者　中 村 佳 正
発行者　南 條 光 章
発行所　共立出版株式会社
　　　　東京都文京区小日向 4-6-19
　　　　電話　東京 (03) 3947-2511 番 (代表)
　　　　郵便番号 112-8700
　　　　振替口座 00110-2-57035
　　　　URL http://www.kyoritsu-pub.co.jp/

印　刷　加藤文明社
製　本　関山製本

検印廃止

NDC 413, 418
ISBN 4-320-01804-4
© Yoshimasa Nakamura 2006
Printed in Japan

社団法人
自然科学書協会
会員

JCLS ＜㈳日本著作出版権管理システム委託出版物＞
本書の無断複写は著作権法上での例外を除き禁じられています．複写される場合は，そのつど事前に㈳日本著作出版権管理システム（電話03-3817-5670, FAX 03-3815-8199）の許諾を得てください．

共立叢書 現代数学の潮流

21世紀のいまを活きている数学の諸相を描くシリーズ!!

編集委員：岡本和夫・桂　利行・楠岡成雄・坪井　俊

数学には、永い年月変わらない部分と、進歩と発展に伴って次々にその形を変化させていく部分とがある。これは、歴史と伝統に支えられている一方で現在も進化し続けている数学という学問の特質である。また、自然科学はもとより幅広い分野の基礎としての重要性を増していることは、現代における数学の特徴の一つである。「共立講座 21世紀の数学」シリーズでは、新しいが変わらない数学の基礎を提供した。これに引き続き、今を活きている数学の諸相を本の形で世に出したい。「共立講座 現代の数学」から30年。21世紀初頭の数学の姿を描くために、私達はこのシリーズを企画した。これから順次出版されるものは伝統に支えられた分野、新しい問題意識に支えられたテーマ、いずれにしても、現代の数学の潮流を表す題材であろうと自負する。学部学生、大学院生はもとより、研究者を始めとする数学や数理科学に関わる多くの人々にとり、指針となれば幸いである。

<編集委員>

離散凸解析
室田一雄著／318頁・定価3990円（税込）
【主要目次】序論（離散凸解析の目指すもの／組合せ構造とは／離散凸関数の歴史）／組合せ構造をもつ凸関数／離散凸集合／M凸関数／L凸関数／共役性と双対性／ネットワークフロー／アルゴリズム／数理経済学への応用

積分方程式 ―逆問題の視点から―
上村　豊著／304頁・定価3780円（税込）
【主要目次】Abel積分方程式とその遺産／Volterra積分方程式と逐次近似／非線形Abel積分方程式とその応用／Wienerの構想とたたみこみ方程式／乗法的Wiener-Hopf方程式／分岐理論の逆問題／付録

リー代数と量子群
谷崎俊之著／276頁・定価3780円（税込）
【主要目次】リー代数の基礎概念（包絡代数／リー代数の表現／可換リー代数のウェイト表現／生成元と基本関係式で定まるリー代数／他）／カッツ・ムーディ・リー代数／有限次元単純リー代数／アフィン・リー代数／量子群

グレブナー基底とその応用
丸山正樹著／272頁・定価3780円（税込）
【主要目次】可換環（可換環とイデアル／可換環上の加群／多項式環／素元分解環／動機と問題）／グレブナー基底／消去法とグレブナー基底／代数幾何学の基本概念／次元と根基／自由加群の部分加群のグレブナー基底／層の概観

多変数ネヴァンリンナ理論とディオファントス近似
野口潤次郎著／276頁・定価3780円（税込）
【主要目次】有理型関数のネヴァンリンナ理論／第一主要定理／微分非退化写像の第二主要定理／他

超函数・FBI変換・無限階擬微分作用素
青木貴史・片岡清臣・山崎　晋共著／322頁・定価4200円（税込）
【主要目次】多変数整型函数とFBI変換／超函数と超局所函数／超函数の諸性質／無限階擬微分作用素／他

可積分系の機能数理
中村佳正著／224頁・定価3780円（税込）
【主要目次】序論／モーザーの戸田方程式研究：概観／直交多項式と可積分系／直交多項式のクリストフェル変換とqdアルゴリズム／dLV型特異値計算アルゴリズム／特異値分解I-SVDアルゴリズム／結論

続刊テーマ（五十音順）

テーマ	著者
アノソフ流の力学系	松元重則
ウェーブレット	新井仁之
極小曲面	宮岡礼子
剛　性	金井雅彦
作用素環	荒木不二洋
写像類群	森田茂之
数理経済学	神谷和也
制御と逆問題	山本昌宏
相転移と臨界現象の数理	田崎晴明・原　隆
代数的組合せ論入門	坂内英一・坂内悦子・伊藤達郎
代数方程式とガロア理論	中島匠一
特異点論における代数的手法	渡邊敬一・泊　昌孝
粘性解	石井仁司
保型関数特論	伊吹山知義
ホッジ理論入門	斎藤政彦
レクチャー結び目理論	河内明夫

（続刊テーマは変更される場合がございます）

◆各冊：A5判・上製本・220～330頁

共立出版
http://www.kyoritsu-pub.co.jp/